奶牛营养与营养代谢病

张凡建　艾君涛　编著

中国农业大学出版社
·北京·

内 容 简 介

本书共五章，内容涉及奶牛消化生理概述、奶牛营养与代谢、奶牛饲料与日粮配合技术、围产期奶牛营养代谢病和围产期奶牛代谢病的综合防控。本书概述了国内外学者在奶牛营养调控和营养代谢病防治方面的最新科研进展与研究成果，特别是与围产期奶牛的营养需求和代谢紊乱相关的研究进展。本书可供规模化奶牛场从业人员、高等农业院校畜牧兽医类专业师生及从事奶牛营养与营养代谢病研究的科研人员阅读和参考。

图书在版编目(CIP)数据

奶牛营养与营养代谢病 / 张凡建，艾君涛编著. --北京：中国农业大学出版社，2020.10

ISBN 978-7-5655-2447-9

Ⅰ.①奶… Ⅱ.①张…②艾… Ⅲ.①乳牛-家畜营养学②乳牛-动物疾病-代谢病
Ⅳ.①S823.9②S858.2

中国版本图书馆 CIP 数据核字(2020)第 203429 号

书　　名 奶牛营养与营养代谢病

作　　者 张凡建　艾君涛　编著

策划编辑 张　程　　**责任编辑** 张　程

封面设计 刘佳琦　李尘工作室

出版发行 中国农业大学出版社

社　　址 北京市海淀区圆明园西路 2 号　　**邮政编码** 100193

电　　话 发行部 010-62733489，1190　　读者服务部 010-62732336

编辑部 010-62732617，2618　　出　版　部 010-62733440

网　　址 http://www.caupress.cn　　**E-mail** cbsszs@cau.edu.cn

经　　销 新华书店

印　　刷 涿州市星河印刷有限公司

版　　次 2020 年 10 月第 1 版　　2020 年 10 月第 1 次印刷

规　　格 170mm×240mm　　16 开本　　16.75 印张　　253 千字

定　　价 69.80 元

前　言

《全国奶业发展规划（2016—2020年）》明确提出，要发展奶牛标准化规模养殖，推进奶业供给侧结构性改革，强化科技创新，提高奶业发展的质量效益和竞争力。为了实现振兴民族奶业，保障奶业持续健康发展的目标，必须在乳品产业链的源头即奶牛健康养殖方面下功夫。

随着养殖业的规模化发展和养殖结构的调整，以及饲养管理方式的改变，群发性奶牛营养代谢病日趋严重，特别是由亚临床疾病所导致的生长发育缓慢和生产性能降低已成为造成养殖业经济损失的主要原因。为了解决奶牛生产中存在的问题，研究人员在奶牛营养学和营养代谢病防治的研究已取得了重大进展，有些研究成果已广泛应用于奶牛生产。鉴于目前市面上专门关注奶牛营养需求与营养代谢病防控的著作较少，我们编著了《奶牛营养与营养代谢病》一书，以期进一步提高我国奶牛养殖水平和生产效益，促进我国奶牛养殖业的健康发展。

编著者多年来一直从事与奶牛健康养殖和营养代谢病防治研究、技术推广相关的工作，在奶牛营养调控和围产期健康保健实践中积累了丰富的经验。本书全面总结了国内外学者在奶牛营养调控和营养代谢病防治方面的最新成就，特别是与奶牛围产期的营养需求和代谢紊乱相关的研究进展。本书的编写力求简练易懂，切合生产实际需要。本书可供规模化奶牛场、高等院校畜牧兽医类专业师生和从事奶牛营养及营养代谢病研究的科研人员阅读和参考。本书由北京市农业科技推动项目（20180132）和北京农业职业学院科研项目（XY-YF-20-05）联合资助出版。

由于时间仓促，加之编著者专业水平有限，掌握资料可能不全，书中难免有疏漏、不足之处，请同行专家及其他读者批评指正。

张凡建　艾君涛

2019年11月4日

目　录

第一章　奶牛消化生理概述

第一节　奶牛消化系统结构及功能

一、奶牛消化系统基本特点

奶牛为了满足机体生长、发育、泌乳、繁殖等一系列新陈代谢活动的需求，需要不断从外界获取营养物质。消化系统是保证奶牛新陈代谢正常运行的重要系统，其功能就是从外界摄取食物，经过消化、吸收营养物质，再将残渣排出体外。动物的消化系统一般包括消化管和消化腺两部分。消化管即食物通过的管道，主要包括口腔、咽、食管、胃、小肠、大肠和肛门。消化腺是分泌消化液的腺体，其中位于胃壁和肠壁内的腺体称为壁内腺，主要包括胃腺和肠腺；位于消化管外独立存在的腺体称为壁外腺，主要包括唾液腺、肝脏和胰腺。唾液腺导管开口于口腔，肝脏和胰腺导管开口于十二指肠。

奶牛是反刍动物，其消化系统结构和功能的诸多方面不同于单胃动物。了解这些差异对正确饲养奶牛并获得最佳生产性能是很重要的。从消化系统的起始部位（口腔）开始，奶牛和单胃动物就表现出了明显的差异。奶牛没有上门齿和犬齿，依靠上齿板和下门齿，在嘴唇和舌头的辅助下进行采食。

奶牛拥有 4 个胃室，分别为瘤胃、网胃、瓣胃和皱胃（又称真胃），而单胃动物只有 1 个胃室（图 1-1）。因此，奶牛有着足够的空间加工、处理体积庞大的草料并为机体提供养分。就消化道容量与体重的比例而言，奶牛是人类的 9 倍。另外，瘤胃为数量巨大的微生物提供了一个非常理想的环境，瘤胃内的细菌数一般为每毫升 25 亿～50 亿个。瘤胃的细菌数量与饲料的种类、饲喂的制度、喂食后取样的时间、季节以及纤毛虫存在与否都有关系。

瘤胃微生物的两个重要功能是:使反刍动物能够利用粗饲料和能够消化纤维。瘤胃微生物把饲料中的纤维素和戊聚糖分解成可利用的有机酸,主要是乙酸、丙酸和丁酸(通常称为挥发性脂肪酸,VFA)。这些 VFA 通过瘤胃壁被大量吸收,可以满足反刍动物 60%～80%的能量需求。微生物的消化作用在反刍动物营养学中占有很重要的地位,这也是反刍动物几乎可以完全依赖粗饲料生存的根本原因。

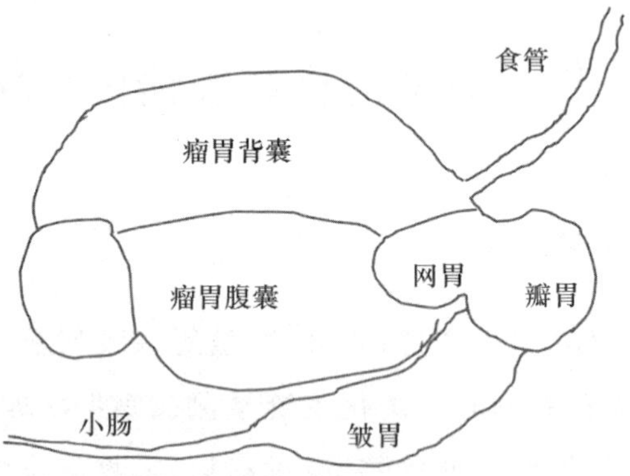

图 1-1　反刍动物胃模式图

瘤胃微生物与其宿主是标准的共生关系,其能合成宿主所需的营养。瘤胃微生物可以合成或制造出所有的 B 族维生素和所有的必需氨基酸,甚至可以利用非蛋白氮混合物(NPN),如尿素、氨化物或劣质饲料蛋白合成氨基酸。从瘤胃流出的微生物最终在后部胃肠道中逐步被消化。

在反刍过程中,奶牛将粗饲料颗粒形成的食团从瘤胃反刍至口腔并再次咀嚼,每个食团需要咀嚼 1 min 左右再吞咽下去。奶牛每天会花 8 h 甚至更多的时间来完成反刍。其具体所需时间依日粮类型不同而有所变化,粗糙且纤维含量高的饲料需要较长的时间。反复的咀嚼过程可以使饲料颗粒变小并刺激唾液的分泌,这对于缓冲瘤胃内的 pH 是至关重要的。因此,反刍行为关系着动物能够食入并利用的饲料量。饲料颗粒应尽量小才能通过瘤胃。高质量牧草的纤维含量要低于低劣牧草的纤维含量,奶牛需要咀嚼的时间较少,食团反刍时间较短,且以较高的速率通过瘤胃,因此这类饲草尽管可以增加牛的采食量,但降低了分泌到瘤胃的唾液量,同时也增加了瘤胃酸中毒的风险。一定纤维含量的日粮对于牛来说是非常必要的。

与单胃动物的消化作用相比，瘤胃微生物的消化作用能产生更多的气体，这些气体必须被排出（主要为二氧化碳和甲烷），否则会导致瘤胃臌气。通常，这些气体会以嗳气的形式很快被自由排出，也有少部分通过瘤胃吸收进入血液后在肺部随呼吸被排出。

二、奶牛消化过程概述

狭义地讲，消化就是蛋白质、脂肪和复杂的碳水化合物被分解到足够小的单位进而可以被吸收的过程。这个过程主要通过消化酶来完成，酶是一种在常温下催化生化反应而又不被利用的有机催化剂，酶活性在饲料通过消化道时所发生的化学反应过程中起主导作用。

（一）口腔的消化

消化过程是从奶牛的口腔开始的。在牛的口腔中主要进行 3 个物理消化过程：采食、咀嚼和吞咽。采食可以定义为把食物卷入口腔的过程。牛主要依靠口腔的各部分，如舌、唇和牙齿来采食。咀嚼的过程包括物理性的磨碎和撕裂食物并伴随着唾液的混合作用，唾液可以润滑食物，同时伴有一些酶的消化作用。此时，经咀嚼后的食物形成了一个小而紧实的可进入后段消化管的球体，称为食团。

舌是牛采食的主要器官之一。牛的舌可以伸得很长，上面长满了乳头状的突起，便于卷住饲草和其他粗饲料。饲料被送入口腔后，在门齿和齿板的不断作用下被切碎。在整个咀嚼过程中，舌起 3 方面的作用。首先，舌的运动使饲料被送到口腔的不同部位且被切断和嚼碎，在饲料与口腔内各种分泌液混合后，最终形成一个食团。其次，舌上的味蕾构成神经控制系统，使牛能挑选饲料并控制采食量。如果饲料发苦或味道较差，来自味蕾的刺激就会发出让动物停止采食的信号。相反，合适的味道能够刺激食欲。味蕾细胞大量分布在牛舌尖，舌中部只有极少的量，舌后部的密度最高。舌的最后一个作用是开启吞咽动作。当食团被充分混合好之后，舌将其送至口腔的后部，在这里神经受体受到刺激，吞咽动作开始发生。

牙齿在咀嚼过程中主要起着机械性的辅助作用，其通过对食物的撕扯、切断，增大食物与消化液接触的面积。牛是草食动物，没有上门齿犬齿，仅依靠上齿板和下门齿来切碎饲草。

吞咽是咀嚼后食团被吞入的过程，包括非主动和主动的反射。在咀嚼完成后，食团被舌头卷入口腔的后部。当食团通过咽喉部时，咽喉部的反射性关闭对呼吸有短暂性的抑制作用，食团最后通过食道进入胃部。

唾液腺在那些对消化有重要作用的附属器官间起了一个联络网的作用。牛有 3 对最重要的唾液腺，即腮腺、颌下腺和舌下腺。唾液在咀嚼、形成食团和吞咽过程中起辅助性作用。每天有 100～200 L 的唾液被分泌到瘤胃中，如果没有这些水分，吞咽将会变得很困难。唾液也提供了一个营养素回流到瘤胃中的途径：唾液中含有尿素、黏蛋白、磷、镁和氯化物，这些物质在瘤胃中可以很容易地被瘤胃细菌和原虫所利用。如果嗳气过程不能正常进行，气体就会在瘤胃中聚集并且能够导致严重的臌气。唾液作为表面活性剂，可以预防这个问题的发生。唾液可以溶解饲料中那些只要一经溶解就能被味蕾感觉到的化学成分。口腔中的黏膜必须保持湿润才能维持活性，唾液也为此提供了可能。唾液中大量的 Na^+ 和其他阳离子在食物中起到了缓冲剂的作用，这一点对于泌乳牛来说非常重要。

(二)咽和食管的通过

咽是控制空气和食物通过的结构。口腔末端、食管、鼻腔后部、耳咽管和喉通过这个器官组合在一起。在吞咽动作的过程中，勺状软骨关闭通往喉部的通道，会厌软骨被动地覆盖住喉部通道，可以使食物安全地进入食道，且防止任何食物进入呼吸道。

食管是一段从咽延伸到瘤胃贲门的肌肉管。食管的肌肉组织和神经组织通过蠕动使食团移动。蠕动是平滑肌收缩和舒张共同作用的结果，使食团在食管中作单向运动。

(三)胃的消化

家畜个体之间消化力存在差异，主要归因于胃区功能分化发育的不同。奶牛经常被描述为拥有 4 个胃(图 1-1)。事实上，反刍动物只有 1 个复杂的胃，由 4 个形态学上截然不同的胃室组成，分别称瘤胃、网胃、瓣胃和皱胃，习惯上称瘤胃、网胃、瓣胃为前胃。

1. 瘤胃

瘤胃可被看作一个供厌氧微生物繁殖的发酵罐，为微生物活动及繁殖提供良好条件。食物和水分相对稳定地进入瘤胃，供给微生物生长繁殖所需要的营养，节律性瘤胃运动将内容物搅拌混合，并使未消化的食物残渣和微生物均匀地排入后段消化道。

瘤胃内微生物有一定的区系、数量，并在一定范围内保持恒定。瘤胃微生物主要有细菌、古细菌、厌氧真菌、原虫和少量噬菌体。其中细菌的数量最多，瘤胃液中有 10^{10}～10^{11} 个/mL；原虫在数量上比细菌少，在瘤胃液中有 10^{5}～10^{6}个/mL，但由于其体积较大，在瘤胃微生态总量中占相当大的比例；真菌游动孢子数则为 10^{3}～10^{5} 个/mL。瘤胃微生物之间既存在协同关系又有竞争关系。一种微生物的代谢产物可以被其他微生物利用，而不同微生物利用底物转化为发酵产物的代谢间相互依赖。

瘤胃微生物区系、数量的稳定依赖于饲料供应的稳定。如果饲料变化，微生物就会发生适应性变化。当饲料突变而微生物不能适应时，便会发生消化障碍，从而导致营养障碍。

瘤胃内容物含水量为 84%～94%，且相对稳定，使渗透压接近血液水平，利于微生物的生长繁殖。由于瘤胃内容物的酵解，瘤胃内的温度高达 39～41 ℃。瘤胃内 pH 变动范围为 5.5～7.5。饲料发酵过程中产生的大量挥发性脂肪酸，主要通过随唾液进入瘤胃的碳酸氢盐和蛋白质分解生成的氨来调节由碱性物质中和产生的酸性物质，才可以维持瘤胃内一定的酸碱平衡，维持微生物群系的高度活性。

瘤胃内容物高度缺氧，瘤胃内的厌氧环境有利于能量物质被机体利用。瘤胃内的厌氧环境由发酵产生的气体如二氧化碳、甲烷及微量的氮、氢等来维持，随食物进入的一些氧气，很快会被瘤胃内的兼性厌氧菌利用；瘤胃的节律性运动能促进微生物和食糜混合，以便于微生物与食糜充分接触。

瘤胃中存在着大量的与牛“共生”的细菌和纤毛虫，这些微生物的生命活动对瘤胃的消化过程起着极其重要的主导作用。饲料中 70%～80%的可消化干物质和50%以上的粗纤维在瘤胃内消化，产生挥发性脂肪酸、二氧化碳和氨，以合成自身需要的蛋白质、B族维生素及维生素K。有人把瘤胃称作一个活的、庞大的、高度自动化的"饲料发酵缸"。另外，虽然奶牛瘤胃不具备分泌消化液的能力，但是其胃壁强大的纵形肌肉环，能有力地收缩和舒张，进行节律性地蠕动，以便搅拌和揉磨胃中的食物。胃黏膜上发达的乳头状突起也更具有助于食物的揉磨与搅匀。

瘤胃微生物分泌α淀粉酶、蔗糖酶、呋喃果聚糖酶、蛋白酶、胱氨酸酶、纤维素酶、半纤维素酶等，这些酶将饲料中碳水化合物、蛋白质和脂肪分解成挥发性脂肪酸、NH_3等物质，同时微生物发酵产生的CH_4、CO_2、H_2、N_2等气体，通过嗳气排出。

瘤胃微生物将碳水化合物消化分解为二氧化碳和挥发性脂肪酸。在产生的挥发性脂肪酸中，最主要的是乙酸、丙酸和丁酸。这些终产物可被瘤胃吸收并提供动物所需的大部分能量。当饲喂高精料日粮时，通常瘤胃中会产生大量的乳酸，致使瘤胃pH下降。由于瘤胃中大部分的细菌对pH敏感，pH的任何波动都会引起微生物数量的下降并改变微生物的构成比例。当瘤胃pH降低严重时，动物可能会拒食，呈现急性的消化障碍症状。

瘤胃微生物将摄取的脂类物质转化为脂肪酸和甘油。甘油随后主要被转化为丙酸，同时长链脂肪酸过瘤胃到小肠中被吸收。只有极少量的日粮蛋白质能够逃脱瘤胃的降解过程。日粮蛋白质被降解的程度取决于它的溶解度。大部分的日粮蛋白质被微生物降解并合成为微生物蛋白。微生物蛋白是优质动物蛋白，被转运到肠道并被吸收。伴随着不同的日粮蛋白质的分解，瘤胃中会产生氨，这些氨可以被瘤胃壁吸收，或形成用于细菌蛋白合成的氮源前体物。如果日粮中含有大量的糖和淀粉，则产生的氨浓度低。

在瘤胃发酵的整个过程中，产生各种各样的气体并通过嗳气被排出。甲烷和二氧化碳是瘤胃中含量最丰富的两种气体：甲烷占瘤胃气体体积的30%～40%，二氧化碳占65%左右。

2. 网胃

网胃和瘤胃有着相似的生理功能。食道将内容物清空并将其运送至由网胃和瘤胃共同形成的一个叫作胃前庭的凸起区域。网胃的内部结构类似于蜂巢，是外来物的收集室，同时也是消化场所。奶牛摄取的食物经过这两个胃室，在瘤胃中的各种微生物作用下可彻底被消化分解。

3. 瓣胃

瓣胃主要是将来自瘤胃和网胃的食糜水分滤去，通过瓣胃强有力的收缩，将粗大饲料在瓣胃叶片之间进行研磨、粉碎，并将食糜送入皱胃。经瓣胃机械性消化后，食糜变得细而干，干物质含量达 22.6%，明显高于瘤胃和网胃内的干物质含量(瘤胃内干物质含量约 17%，网胃内干物质含量约 13%)。在食糜中，直径小于 1 mm 的颗粒占 67.67%以上，直径大于 3 mm 的颗粒不到 1%。

瓣胃内容物 pH 为 5.5 左右，微生物活动被抑制，吸附在纤维上的纤维素酶可以继续作用分解纤维素，将纤维素分解为糖。瓣胃内约消化 20%的纤维素。此外，瓣胃具有很强的吸收机能，可以吸收水分、VFA 和无机物等。

4. 皱胃

皱胃是一个功能类似非反刍动物胃的组织。这个胃室的消化过程与单胃动物的胃非常相似，又称真胃。皱胃黏膜为有腺黏膜，其功能与单胃动物的胃黏膜相似，可分泌胃液。胃液中主要含有盐酸、胃蛋白酶、凝乳酶等。与单胃动物的胃液相比，皱胃胃液的盐酸含量明显较低，而凝乳酶含量较高，特别是哺乳期含量更高。牛胃液 pH 为 2.0～4.1，绵羊胃液 pH 为 1.0～1.3。

因食糜不断进入皱胃，其胃液分泌是连续的。胃液分泌受神经、体液调控。迷走神经兴奋可以促进其分泌，VFA 可能是主要的刺激因子。此外，胃液还受十二指肠的反射性调节，十二指肠扩张和酸性食糜刺激均可反射性地引起胃液分泌减少。胃泌素是促进胃液分泌的主要体液调节因素，而皱胃食糜的 pH 是影响胃泌素分泌的主要因素。当皱胃食糜 pH 升高时，胃泌素的分泌得到促进，当皱胃食糜 pH 降低时，则胃泌素的分泌受到抑制。

一般情况下，当胃体部处于静止状态，幽门部出现强烈的收缩时，食糜被送入十二指肠，即胃的排空。胃的排空受神经、体液调节。当迷走神经兴奋时，皱胃运动被增强。当皱胃被充满时，皱胃感受器受到刺激，反射性促进皱胃运动，促进胃的排空。而当食糜进入十二指肠后刺激十二指肠感受器时，则反射性地抑制皱胃运动，抑制胃的排空。缩胆囊素、胰泌素、胃泌素等胃肠激素是主要的体液调节因素。缩胆囊素、胰泌素抑制胃运动，抑制胃的排空；胃泌素则促进皱胃运动,促进胃的排空。

在临床上,真胃变位发病率较高,目前其主要原因是在高精料饲喂条件下,大量 VFA 和乳酸进入皱胃,皱胃运动受到抑制。

在前胃食糜进入皱胃后,瘤胃微生物不断被盐酸杀死。这些微生物蛋白及未被瘤胃微生物消化的饲料蛋白质等被胃蛋白酶初步分解后排入十二指肠。

(四)消化腺的作用

胰腺区包括胰腺管和胰腺。胰腺管是一根从胰腺通往小肠的导管。胰腺是消化的辅助器官,是动物的消化生理过程中不可或缺的腺体结构。胰腺作为内分泌和外分泌的腺体,在生理上有截然不同的功能。其内分泌功能在于其能分泌胰岛素和胰高血糖素,其外分泌功能在于其能产生并分泌出小肠内消化所必需的消化液。

除胰腺和唾液腺之外,肝脏是胃肠道系统中另一个不可或缺的附属器官。从胃和小肠开始,大部分被吸收的营养物质都要通过门静脉运送到肝脏,它是动物机体的一个最大的腺体。肝脏不仅仅在营养物质代谢和储存过程中发挥着重要作用,同时还能生成胆汁。胆汁在小肠内脂质吸收过程中是必需的。

肝脏在消化和吸收过程中最主要的一个作用就是分泌胆汁。胆汁促进日粮脂肪的溶解和吸收,同时帮助排泄某些废弃物,如胆固醇和血红蛋白分解的副产物。胆汁的绿色是由红细胞分解的终产物(胆绿素和胆红素)所引起的。胆汁含有大量的盐分,这些盐分是由钠离子、钾离子与胆酸结合形成的。这些盐分在小肠中与脂质结合形成微粒。这些微粒是由已被乳化和溶解吸收的不溶性脂肪酸及甘油一脂形成的胶状复合物。微粒一旦形成,脂质就能被消化并且其终产物(脂肪酸和甘油)能穿过小肠黏膜屏障进入淋巴系统。胆盐并不随着脂质被转运,它们进入肝肠循环中进行重复利用。

胆汁分泌量差异很大。极度饥饿的动物只能产生很少量的胆汁。相反地,饲喂了高脂肪日粮的动物会产生大量、充足的胆汁,以保证其吸收效率。一般来说,胆汁分泌量取决于血流的速度、动物的营养状态、饲喂的日粮类型和胆汁的肝肠循环。

(五)肠的消化与吸收

1. 小肠

小肠在解剖学上被分为3部分:十二指肠、空肠和回肠。第一段的十二指肠起源于胃部的幽门括约肌,以一根短肠系膜附着于机体腹腔壁上。胆汁和胰液都会流入这一段。接下来的一段是空肠。空肠和回肠之间并没有明确的界限,于是人为地以回盲折的游离端来划分。

在小肠的整个内壁上覆盖着大量的指状突起,称之为肠绒毛。每根肠绒毛都由一根称之为乳糜管的淋巴管和一组毛细血管组成。肠绒毛的表面覆盖着大量的微绒毛,它们为吸收提供了更多的接触表面积。小肠终止于回盲瓣,这是一个可以控制食糜从小肠流向盲肠和大肠的括约肌。这种结构可以阻止食糜倒流回小肠。

纯净的小肠液是一种无色或灰黄色的混浊碱性液体,pH为8.2～8.7,主要成分为水、无机物、有机物。无机物主要是碳酸氢盐;有机物主要包括黏蛋白、消化酶、免疫球蛋白等。此外,小肠液中含有较多固体颗粒,这些固体颗粒主要是脱落的黏膜上皮细胞、白细胞等。小肠液的生理功能主要有以下4个方面。

①大量的小肠液可以稀释食糜,使其渗透压下降,以利于营养物质的吸收。

②小肠液中的肠致活酶(肠激酶)能激活胰液中的胰蛋白酶原变为有活性的胰蛋白酶,有利于蛋白质的消化。肠致活酶可能是小肠腺分泌到肠腔中唯一的消化酶。其他消化酶主要来自脱落的黏膜上皮细胞,它们对肠腔内的消化可能不起作用。

③中和胃酸,保护肠黏膜,并为消化酶提供适宜的环境。小肠液中含有大量碳酸氢盐,特别是十二指肠腺分泌的小肠液的碳酸氢盐含量更高。

④小肠液中的许多细胞内酶主要位于肠上皮细胞的刷状缘上或细胞内,如肠肽酶、双糖酶等。这此细胞内酶将刷状缘上或进入细胞内的肽、双糖等营养物质彻底分解。

2. 大肠

牛的盲肠和结肠由几层肌肉组成。第一层环形肌是结肠肠管的最基本部分，这种肌肉有利于结肠运动。除了这层肌肉外，3 条纵向肌组成了结肠带。这些条状的肌肉组成了一组贯穿于结肠的袋状或囊状结构，这种结构被称为结肠袋。食糜储存于结肠袋中有利于水分的吸收。在结肠中可以发现大量分泌黏液的杯状细胞，但没有发现类似小肠中发现的那种肠绒毛。

在接近结肠末端处有一个一端封闭的囊状结构，称为盲肠。牛的盲肠发育并不完全，并且在消化过程中也无关紧要。盲肠可以吸收一些挥发性脂肪酸，但是大量的水和电解液是在结肠被吸收的。

大肠黏膜腺体分泌的黏稠的碱性液体，pH 为 7.5～8.0。其主要成分是水、碳酸氢盐、磷酸盐等。大肠液不含消化酶，因而没有化学性消化作用。其主要作用是中和酸性发酵产物，为微生物提供适宜的环境。

第二节　反刍与唾液分泌

一、反刍

反刍是指牛等反刍动物将瘤胃内的食物通过反刍运动吐到口腔中进行咀嚼，然后再吞咽下去的多次反复的行为。反刍行为是通过瘤胃、网胃的皱褶及网胃胃壁、贲门周围的接触性刺激引起的将食团吐到口腔中的反射行为，瘤胃内的纤维素饲料及形成瘤胃覆盖层的饲料对反刍有一定的促进作用。

反刍在奶牛消化代谢方面具有重要意义。第一，粗糙的食糜颗粒通过反刍逐渐变得细小，易于奶牛的消化吸收；第二，在反刍过程中，食糜与奶牛唾液的不断混合，中和了瘤胃消化过程中产生的酸性物质。

奶牛的反刍次数可以用来判断牛的健康状况。正常的泌乳牛在每次反刍后至少咀嚼 50 次以上才会再将食团吞咽下去。当牛生病时，其咀嚼次数会降低甚至咀嚼停止。通过观察反刍次数，也可以衡量牛的愈后恢复状态。反刍的另一个重点是唾液。奶牛在咀嚼时会分泌唾液，当采食碳水化合物含量较高的精饲料时，瘤胃内的 pH 会下降，奶牛会通过分泌碳酸氢钠含量较多的唾液来调整 pH。分泌更多的唾液对于维持良好的瘤胃内环境是非常重要的。

如奶牛感到非常舒适，在挤奶时也是可以观察到其反刍的。采食后的牛群在进入反刍阶段后，便可以观察牛群的反刍状态，即观察大概有多少头牛在反刍、反刍的节奏如何等。在休息时一般有60%的牛进行反刍，但是这个数字会受喂食饲料时机的影响。正常的牛应该横卧着反刍，如果站立着进行反刍的牛太多，就应该考虑设施是否出了问题。

二、唾液

唾液是由多种唾液腺分泌的混合液体。唾液一昼夜的分泌量因动物种类和饲料种类不同而有较大差异，牛为100～200 L。

唾液是一种无色、无味、透明、略带黏性的弱碱性液体。唾液的pH因动物不同而有所差异，反刍动物为8.1。唾液的主要成分是水，占98.5%～99.4%，其次是溶解在水中的无机物和有机物。无机物主要是K^+、Na^+、Ca^{2+}、Cl^-、HCO_3^-等无机离子，其中K^+、HCO_3^-含量特别高，而Na^+、Cl^-含量特别低。唾液中的无机离子浓度与唾液分泌速率有关，分泌速率高时，唾液中Na^+、Cl^-含量升高，K^+浓度下降；分泌速率低时，则呈相反现象。有机物主要是黏蛋白、溶菌酶、淀粉酶（牛、羊、马唾液中一般没有或活性较低）、脂肪分解酶（犊牛）。唾液的生理作用主要有以下7个方面。

①湿润口腔和饲料，便于咀嚼和吞咽。

②溶解食物中的某些物质刺激味觉，促进食欲和其他消化液的分泌。

③消化淀粉。唾液中淀粉酶能将淀粉分解为麦芽糖。

④冲淡、中和、洗去有害物质，杀灭细菌（溶菌酶和硫氰酸离子可以杀死细菌）。

⑤唾液中含有的大量HCO_3^-和PO_4^{3-}可以中和瘤胃有机酸，维持适宜的pH。

⑥唾液中含有的大量尿素参与尿素再循环，提高氮的利用率。

⑦犊牛唾液中的脂肪分解酶可以将脂肪分解为脂肪酸。

第三节　瘤胃微生物种类

奶牛是反刍动物，具有不同于其他单胃草食动物的特殊生理结构，可食用难以被其他动物消化的纤维素物质，并通过自身的生物转化，将一些人类无法直接利用的营养物质合成动物性蛋白质，供人类所用。奶牛瘤胃与肠道中的微生态系统可以帮助宿主消化动物体自身难以利用的粗纤维（纤维素、半纤维素、木质素），从大量的低营养的植物纤维中摄取其所需的能量，并且还具有为宿主分解代谢过程中产生的有毒物质的能力。不同部位的微生物群落组成与数量都有很大的差异，如瘤胃中的优势菌群为一些纤维素降解菌，而肠道中的优势菌群则逐渐转化为可利用果糖的微生物。造成这些差异的主要原因是微生物所定殖的各个部位均承担着各自不同的生理功能。

奶牛瘤胃内栖居着数量庞大、多种多样的微生物，其区系受到宿主遗传背景、生长发育、日粮和环境卫生条件等诸多因素的影响。瘤胃作为一个庞大的菌种资源库，其中的微生物主要包括瘤胃细菌、瘤胃真菌和瘤胃原虫。据不完全统计，成年牛瘤胃中栖息的细菌种类超过 200 种，活菌数高达 10^{11} 个/mL，真菌孢子为 10^3～10^5 个/mL，瘤胃原虫为 10^5～10^6 个/mL。

一、瘤胃细菌

瘤胃细菌的种类主要有纤维素分解菌、淀粉分解菌、半纤维素分解菌、蛋白质分解菌、脂肪分解菌、乳酸利用菌和乳酸菌等。瘤胃中的内容物按数量计，瘤胃细菌的数量最多；按容积计，则瘤胃细菌容积与纤毛虫的容积相当，各占约 50%，但就代谢强度与其作用的重要性而言，细菌远超于纤毛虫。瘤胃内细菌的形态多种多样，可利用的底物范围较广。

细菌是瘤胃中数量最多的一种微生物，在 1 克瘤胃内容物中，细菌数为 10^7～10^{12} 个。瘤胃内细菌种类繁多。根据其对底物利用情况归纳成如下 9 类。

（一）纤维素分解菌

纤维素分解菌能产生纤维素酶，还可能利用纤维二糖。参与纤维分解的细菌主要有产琥珀酸丝状杆菌（*Bacteroides succinogenes*）、黄色瘤胃球菌（*Puminococcus tumefaciens*）、白色瘤胃球菌（*Ralbus*）、小瘤胃杆菌（*R. parvum*）、溶纤维运动杆菌（*Cillobacterium cellulosslvens*）、溶纤梭菌（*Costyidium cellutosolvens*）。瘤胃球菌（黄色和白色）和产琥珀酸丝状杆菌是瘤胃内最主要的纤维素分解菌；

溶纤维运动杆菌可发酵利用的底物范围相对较广，其不但可以降解纤维，更可以降解蛋白质；溶纤梭菌的发酵底物范围相对来讲也较为广泛，但其不是瘤胃内主要的纤维分解菌。

(二)半纤维素分解菌

分解纤维素的细菌通常能利用半纤维素，但许多能利用半纤维素的细菌不能分解纤维素。分解半纤维素的细菌主要包括丁酸弧菌属（*Butyrivibrio*）、多毛毛螺菌（*Lachnospira multiparit*）、瘤胃拟杆菌（*Bacteroides ruminicola*）、溶纤维丁酸弧菌（*Butyrivibrio fibrisolvens*）等。

(三)淀粉分解菌

许多纤维素分解菌也具有分解淀粉的能力。分解淀粉的细菌主要有嗜淀粉拟杆菌（*Bacteroides amylophilus*）、反刍兽新月单胞菌（*Selenomonas ruminatium*）、溶淀粉琥珀酸单胞菌（*Succinimonas amylolytica*）、牛链球菌（*Streptococcus bovis*）等。

(四)蛋白分解细菌

瘤胃中参与分解蛋白质的细菌主要有丁酸弧菌属、琥珀酸弧菌属（*Succnivibrio*）、反刍兽新月单胞菌及其变种、普通类杆菌（*Bacteroides vulgatus*）、消化链球菌（*Peptostreptococcus evolutus*）和疏螺旋体属（*Borrelia*）等。

(五)氨基酸分解菌

分解氨基酸的细菌主要有瘤胃类杆菌、反刍新月单胞菌、溶纤维丁酸弧菌、牛链球菌、埃氏消化链球菌（*Peptostreptococcus elsdenli*）、嗜淀粉类杆菌。

(六)脂肪分解菌

参与分解脂肪的细菌主要有解脂菌属中梭形梭杆菌（*Fusobacterium fusiforme*）、多态梭杆菌（*F. polymorphum*）、小梭杆菌（*F. vescum*）和反刍新月单胞菌变种等。另外，溶纤维丁酸弧菌还具有氢化作用，可还原饱和的脂肪酸，它是最早被发现可以进行生物氢化作用的瘤胃细菌。除此之外，有研究者还发现，瘤胃细菌中的其他细菌也具有氢化作用，如白色瘤胃球菌、真细菌和螺旋体的一些菌株。

(七)利用有机酸的瘤胃细菌

在瘤胃中能够利用有机酸的细菌主要有分解乳酸反刍新月单胞菌(*Selenomonasruminantium* subsp. *Iactilytica*)、向碱性韦荣氏球菌(*Veillonella alcalescens*)、产气弧菌(*V. gazogenes*)、埃氏消化链球菌、埃氏巨型球菌(*Megasphaera elsdenii*)、产琥珀酸弧菌(*Vibrio succinogenes*)、丙酸杆菌属(*Propionii bacterium* sp.)、脱硫弧菌(*Desulphovibrio*)等。

(八)产甲烷菌

从瘤胃中分离的产甲烷细菌主要有反刍甲烷杆菌(*Methanobacterium ruminantium*)、运动甲烷杆菌(*M. mobile*)、甲酸甲烷杆菌(*M. formicium*)、索氏甲烷杆菌(*M. soehngenii*)、甲烷单胞菌(*Methanomonas*)、甲烷八叠球菌(*Methanosarcina sp.*)和厌氧甲烷杆菌(*M. suboxydans*)等。

(九)合成维生素的细菌

合成B族维生素是奶牛胃肠道微生物的主要功能之一。奶牛胃肠道微生物合成的维生素，可以满足动物的需要。由瘤胃到肠道，微生物合成B族维生素的能力逐渐加强。在盲肠部位，维生素 B_{12} 的含量最高。在胃肠道中合成的维生素主要包括维生素 B_1、维生素 B_2、维生素 B_6、维生素 B_{12}、烟酸、叶酸、泛酸、生物素和维生素K。胃肠道中微生物合成的这些维生素数量足以保证动物的需要。胃肠中合成B族维生素的微生物主要有大肠埃希菌、丙酸杆菌、牛链球菌等。瘤胃中合成维生素 B_{12} 的微生物主要有反刍新月单胞菌、消化链球菌等。合成胡萝卜素的细菌主要有形成黄色素的球菌和杆菌。球菌包括链球菌、微球菌，主要来自瘤胃，其次来自小肠和盲肠，而在结肠和直肠含量较少。杆菌包括嗜海水黄杆菌(*Flavobacterium halmephilum*)、湿润黄杆菌(*F. uliginosum*)、深黄短杆菌(*Brevibacterium fulvum*)、暗褐短杆菌(*B. fuscum*)等。

二、瘤胃真菌

瘤胃真菌的发现经历了较为曲折的过程，因为早期的科学家普遍认为，自然界中不存在严格厌氧的真菌。直到1975年瘤胃中真菌的存在被首次证实后，人们才对其进行了更深入的研究。已有16种厌氧真菌被从瘤胃中分离出来。学者们对区分真菌的种属所持的依据和标准多种多样，并且生长培养基也能影响某些真菌的形态特征。因此对真菌的种属的分类存在多个模板，目前最通用的是将其分为6个属：根囊鞭菌属（*Orpinomyces*）、厌氧鞭菌属（*Anaeromyces*）、新美鞭菌属（*Neocallimastix*）、梨囊鞭菌属（*Promyces*）、枯梗鞭菌属（*Cyllamyces*）和盲肠鞭菌属（*Caeomyces*）。

近年来的研究表明，真菌不仅在降解饲粮中的植物纤维过程中起重要作用，还与瘤胃中的细菌有着互利共生的合作关系。目前从瘤胃中分离得到的真菌共计6个属16个种之多。根据游离孢子的形态和菌丝的形成方式，可将它们划分为两种类型，即单中心类型真菌和多中心类型真菌。利用瘤胃真菌降解纤维素也是目前研究的热点，一些高效降解纤维素的厌氧真菌也被作为饲料添加剂加以利用。研究发现，真菌对瘤胃发酵的影响十分显著，真菌更偏向于利用饲粮中的木质素而非纤维素类物质。

三、瘤胃原虫

瘤胃原虫主要是纤毛虫，极少数是鞭毛虫。就个体而言，与瘤胃内其他微生物相比，瘤胃原虫体积最大。瘤胃原虫不仅存在于反刍动物瘤胃内，还存在于其他草食动物的消化道内，如兔、马和鹿等。瘤胃内纤毛虫的种类随宿主的种类、日粮、饲养管理以及其所处环境的不同而不同。

瘤胃内的纤毛虫根据其形态特征的不同，可分为全毛虫和内毛虫。根据纤毛虫在形态方面的特征，可分为全毛虫和贫毛虫两大类。

（一）全毛虫目（Holomastigotoides）

全毛虫目主要的科为均毛虫科（Isotrichidae），瘤胃中有其3个属。

（1）均毛虫属（*Isotricha*）　其包括2个种，即肠等毛虫（*I. intestinalis*）和原

口等毛虫(*I. prostoma*)。

(2)密毛虫属(*Dasytricha*)　其仅有 1 个种,即厚毛虫(*D. ruminantium*)。

(3)布契利氏属(*Biitschlia*)　其在瘤胃中较少见。

这 3 个属的数量仅为瘤胃纤毛虫的 1%～5%。

(二)贫毛虫目(Oligotrich)

贫毛虫目主要的科为头毛虫科(Ophryoscolecidae),包括 7 个属,在瘤胃中常见的有 4 个属。

(1)内毛虫属(*Entodinium*)　其是纤毛虫在反刍动物瘤胃中的代表。在瘤胃中占纤毛虫总量占 60%～70%。本属主要有 *E. simplex*、*E. vorax* 等 10 多种。

(2)双毛虫属(*Diplodinium*)　其又分无甲亚属(*Anoplodinium*)、真双毛亚属(*Eudiplodium*)、多甲亚属(*Polylastron*)、硬甲亚属(*Ostracodinium*),本属占瘤胃纤毛虫总数的 15%～30%。

(3)前毛虫属(*Epidinium*)　其常见的有无尾前虫(*Ep. ecaudatum*)等。本属占瘤胃内总数的 1%～20%。

(4)头毛虫属(*Ophryoscoex*)　其常见的如有尾头毛虫(*O. caudatum*),本属占瘤胃纤毛虫总数的 1%～2%。

也可根据其利用的营养物质进行分类,如利用可溶性糖的原虫、降解淀粉的原虫以及降解纤维素的原虫。

经过长期的选择和适应,微生物和宿主之间及微生物群落与群落之间形成了一种相互制约、相互依赖的动态平衡。这种平衡对于维持反刍动物的机体健康、提高反刍动物的生产性能。

第二章　奶牛营养与代谢

第一节　碳水化合物营养代谢

反刍动物日粮中的碳水化合物可分为纤维性碳水化合物和非纤维性碳水化合物。纤维性碳水化合物的主要营养生理功能包括保证瘤胃的健康和为机体提供能量；非纤维性碳水化合物（NFC）的营养生理功能包括为瘤胃微生物提供能量，为机体提供能量和葡萄糖。

一、碳水化合物的消化吸收

（一）碳水化合物在瘤胃的消化吸收

前胃是反刍动物消化粗饲料的主要场所。前胃内微生物每天消化的碳水化合物占采食粗纤维和无氮浸出物的70%～90%。其中瘤胃容积相对大，是微生物寄生的主要场所，每天消化碳水化合物的量占采食量的50%～55%，具有重要的营养意义。碳水化合物在瘤胃中的代谢分为两个阶段：第一阶段是将各种复杂的碳水化合物（纤维素、半纤维素、果胶）水解为寡聚糖，主要是双糖（纤维二糖、麦芽糖和木二糖）和单糖，这一过程是在细胞外微生物酶催化下完成的；第二阶段是微生物将第一阶段降解产生的各种糖立即吸收进入细胞内进一步分解。

双糖与单糖在瘤胃微生物中不稳定，被其吸收后迅速地被细胞内酶降解为挥发性脂肪酸（VFA），先将单糖转化为丙酮酸，以后的代谢途径可有差异，同时产生 CH_4 和热量。饲料中未降解的和细菌本身的碳水化合物占采食碳水化合物总量的10%～20%，这部分在小肠由酶消化，其过程同单胃动物，未消化部分进入大肠发酵。

1.瘤胃微生物细胞外消化

饲料中的各种复杂碳水化合物，包括结构性和非结构性碳水化合物，均被瘤胃微生物分泌至细胞外的各种酶进行不同程度降解，最终形成各种单糖。饲料中的纤维素被一种或几种 β-1，3-葡萄糖苷酶降解成纤维二糖，并进一步分解成葡萄糖或在磷酸化酶的作用下转变成葡萄糖-1-磷酸。淀粉和糊精经淀粉酶作用转变成麦芽糖，再经麦芽糖酶、麦芽糖磷酸化酶或1，6-葡萄糖苷酶催化生成葡萄糖或葡萄糖-1-磷酸。果聚糖被相应的酶水解成果糖。饲草中的半纤维素戊聚糖和果胶，可被相应的酶降解为木糖及其他戊糖或糖醛酸，并进一步进入糖代谢。木质素是一种特殊结构物质，基本上不能被分解。

2.瘤胃微生物细胞内代谢

碳水化合物在细胞外降解产生的各种单糖在瘤胃液中很难被检测出来，它们会立即被微生物吸收进入细胞内代谢。进入细胞内的单糖代谢途径和动物体内相似，首先被细胞内的酶分解成丙酮酸，进而分解成 VFA，主要有乙酸、丙酸、丁酸，同时有少量的甲酸、异丁酸、戊酸、异戊酸和己酸。在 24 h 内，奶牛瘤网胃中 VFA 的产量为 34 kg。乙酸、丙酸、丁酸的比例受日粮组成（精粗比）、物理形式（颗粒大小）、采食量、饲喂次数等因素影响。乙酸丙酸比受日粮处理影响，喂粗料时乙酸产量高，喂谷物时丙酸产量高。VFA 的浓度受到吸收和产出的平衡调节，饲喂后浓度增加，并伴随着 pH 下降而下降。采食干草后 4 小时发酵达高峰，饲喂精料后高酵达高峰时间更短。饲喂大量易消化碳水化合物后，唾液的缓冲作用不能维持 pH 在 6～7。当 pH 降到 4～4.5 时，纤维菌数量的增长受抑制。

研究人员根据反刍动物消化代谢的概念，将葡萄糖发酵生成 VFA 的过程进行了归纳，每摩尔降解成乙酸将产生 8 个 H，降解成丁酸将产生 4 个 H，降解成丙酸将产生 4 个 H。因此，在 VFA 产生过程中，中间产物 H 有大量剩余，在厌氧条件下其与 CO_2 结合形成甲烷。饲料能是指 C—H 中的化学能，每克氢氧化成水可产生 42.26 kJ 热能，因此在 VFA 产生过程中，产生 H 越多，能量损失越大。由此证明，葡萄糖转化成乙酸能量损失大，转化成丙酸和丁酸能量损失较小。

3. VFA 的吸收

碳水化合物分解产生的 VFA 有 75%直接在瘤胃、网胃吸收，20%在真胃、瓣胃吸收，5%随食糜进入小肠后吸收。VFA 吸收是被动的，C 原子越多，吸收越快。3 种 VFA 参与体内碳水化合物代谢，通过三羧酸循环形成高能磷酸化合物(ATP)，产生热能以供动物应用。乙酸、丁酸有合成乳脂肪中短链脂肪酸的功能，丙酸是合成葡萄糖的原料，而葡萄糖又是合成乳糖的原料。VFA 的吸收取决于瘤胃胃液和上皮细胞或血液中的浓度差，瘤胃 pH 降低，VFA 吸收率增加；上皮细胞对 VFA 代谢十分活跃，相应促进 VFA 吸收速度。

(二)碳水化合物在肠道的消化吸收

饲料中的可溶性糖和淀粉避开瘤胃发酵进入小肠，在小肠受胰淀粉酶的作用，变为麦芽糖。在有关酶的进一步作用下，转变为葡萄糖，其主要在十二指肠和空肠被吸收，参与代谢。小肠中未消化的淀粉进入盲肠、结肠，受细菌作用，产生与前述相同的变化。

瘤胃中未分解的纤维性物质，到盲肠、结肠后受细菌的作用发酵分解为 VFA、CO_2 和 CH_4。VFA 被肠壁吸收，参与代谢，CO_2、CH_4 由肠道排出体外，最后未被消化的纤维性物质由粪排出。

二、碳水化合物消化产物的体内代谢周转

(一)VFA 代谢

1. 合成其他物质

乙酸、丁酸合成体脂、乳脂；丙酸主要合成葡萄糖，葡萄糖又是合成乳糖的原料。

2. 氧化供能

奶牛组织中的乙酸有 50%、丁酸有 2/3、丙酸有 1/4 被氧化，其中乙酸提供的能量占总能量需要量的 70%。1 mol 丙酸能提供 17 mol ATP，1 mol 丁酸能提供 25 mol ATP，1 mol 乙酸能提供 10 mol ATP。

(二)葡萄糖代谢

相当长的一段时期内,人们认为葡萄糖对反刍动物并不重要。事实上,反刍动物对葡萄糖的需要并不比单胃动物少,只是获取葡萄糖的途径不同。

1.反刍动物葡萄糖的功能

①葡萄糖是神经组织和血细胞的主要能源。

②葡萄糖是肌肉代谢和糖原生成所必需的物质。

③泌乳期和妊娠期生物合成的葡萄糖量增加,葡萄糖是乳糖和甘油的主要前体物,同时供给胎儿营养。

④葡萄糖是形成还原型烟酰胺腺嘌呤二核苷酸磷酸(NADPH)的必需物质。

反刍动物体内葡萄糖供给有两条途径。第一是外源葡萄糖,即饲料中的可溶性糖和淀粉避开瘤胃发酵进入小肠被消化吸收的葡萄糖;第二是内源葡萄糖,即由体内丙酸或生糖氨基酸经糖异生途径合成的葡萄糖。反刍动物所需葡萄糖以内源为主,在肝脏合成,其中的40%~60%来自丙酸,20%来自蛋白质,其余来自VFA、乳酸和甘油。研究人员将二者结合在一起提出了代谢葡萄糖(MG)概念。MG是指饲料中经过动物消化吸收后,可以给动物本身代谢提供能量的葡萄糖总量。反刍动物采食后糖异生作用增加,限饲时糖异生作用减少。反刍动物体内所需的葡萄糖20%~90%由糖异生途径提供,在以粗饲料为主的日粮中,80%~90%的葡萄糖由丙酸合成。在放牧条件下,对于日产40 kg奶的高产奶牛,所需的葡萄糖60%来源于丙酸的糖异生。

2. 分解代谢

糖的分解在有氧和无氧条件下均可进行,无氧分解不彻底,有氧分解的最终产物是CO_2、H_2O和能量。

糖的分解首先要活化。无氧条件下的分解以磷酸化方式活化为主;有氧条件下,以酰基化为主。

糖的分解途径主要有以下3条。

糖酵解(葡萄糖→丙酮酸→乳酸);柠檬酸循环(丙酮酸→乙酰辅酶A→CO_2+H_2O);戊糖磷酸途径(葡萄糖→核糖-5-磷酸→CO_2+H_2O)。

(1)糖酵解(glycolysis) 其是无氧条件下,葡萄糖降解成丙酮酸并有ATP生成的过程。其是生物细胞普遍存在的代谢途径,涉及10个酶催化反应均在胞液进行。葡萄糖酵解的反应过程见图2-1。

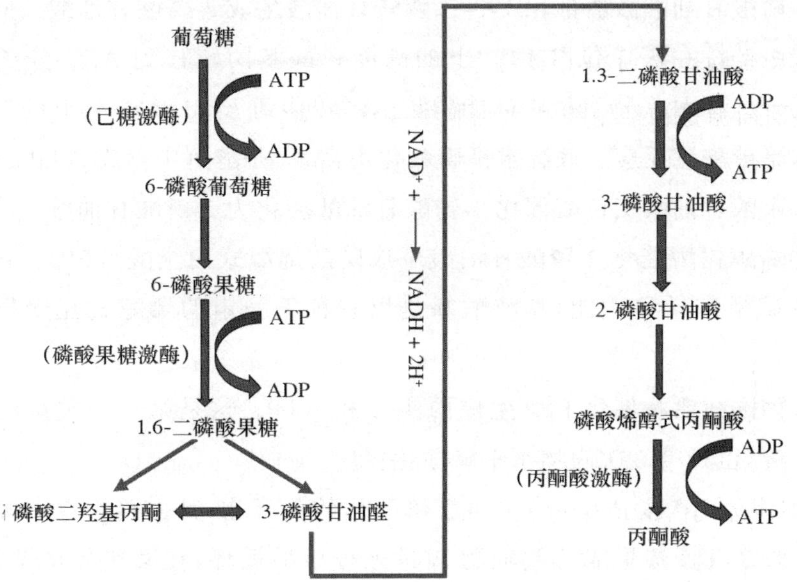

图 2-1 葡萄糖酵解过程

①己糖激酶(hexokinase,HK)催化葡萄糖生成6-磷酸葡萄糖(G-6-P),消耗一分子ATP。己糖激酶(HK)分布较广,而葡萄糖激酶(GK)只存在于肝脏。这是第1个关键酶催化的耗能的限速反应。若从糖原开始,由磷酸化酶和脱支酶催化生成1-磷酸葡萄糖(G-1-P),再经变位酶转成G-6-P。

②G-6-P经异构酶催化转化为6-磷酸果糖(F-6-P)。

③磷酸果糖激酶(PFK-I)催化F-6-P磷酸化生成1,6-二磷酸果糖(F-1,6-DP),消耗一分子ATP。这是第2个关键酶催化的最主要的耗能的限速反应。

④醛缩酶裂解F-1,6-DP为磷酸二羟丙酮和3-磷酸甘油醛。平衡有利于逆反应方向,但在生理条件下3-磷酸甘油醛不断转化成丙酮酸,驱动反应向裂解方向进行。

⑤丙糖磷酸异构酶催化3-磷酸甘油醛和磷酸二羟丙酮的相互转换。

⑥3-磷酸甘油醛经脱氢酶催化甘油醛-3-磷酸氧化为1,3-二磷酸甘油酸。

这是酵解中唯一的一步氧化反应，是由一个酶催化的脱氢和磷酸化两个相关反应。反应中一分子 NAD 被还原成 NADH，同时在 1，3-二磷酸甘油酸中形成一个高能磷酸键，为了在下一步酵解反应中使 ADP 变成 ATP。

⑦磷酸甘油酸激酶催化 1，3-二磷酸甘油酸生成 3-磷酸甘油酸。同时将以高能酸酐链接在碳 1 位[C(1)]上的高能磷酸基团转移到 ADP 分子上形成 ATP 分子。这种底物直接将高能磷酸基团转移到 ADP 形成 ATP 的过程称为底物水平磷酸化反应。底物水平磷酸化不需氧，是酵解中形成 ATP 的机制。

⑧磷酸甘油酸变位酶催化 3-磷酸甘油酸转化为 2-磷酸甘油酸。

⑨烯醇化酶催化 2-磷酸甘油酸生成磷酸烯醇式丙酮酸(PFP)。PFP 具有很高的磷酰基转移潜能，其磷酰基是以一种不稳定的烯醇式互变异构形式存在的。

⑩丙酮酸激酶催化 PFP 生成丙酮酸和 ATP。这是第 3 个关键酶催化的限速反应，也是第 2 次底物水平磷酸化反应。

丙酮酸是酵解中第一个不再被磷酸化的化合物，其去路为在大多数情况下可通过氧化脱羧形成乙酰辅酶 A 进入柠檬酸循环，在某些环境条件(如肌肉剧烈收缩)乳酸脱氢酶可逆地将丙酮酸还原为乳酸。

以上糖酵解反应的全过程没有氧的参与，反应中释放能量较少；糖以酵解方式进行代谢，只能发生不完全的氧化；全过程中有 3 个限速酶。在糖酵解反应的全过程中，有 3 步是不可逆反应，这 3 步反应分别由己糖激酶、6-磷酸果糖激酶-1、丙酮酸激酶 3 个限速酶催化。

糖酵解是生物界普遍存在的供能途径，其生理意义是为机体在无氧或缺氧条件下(应激状态)提供能量满足生理需要。例如，剧烈运动时，肌肉内 ATP 大量消耗，糖酵解加速可迅速得到 ATP；成熟的红细胞没有线粒体，完全靠糖酵解供能；神经细胞、白细胞、骨髓、视网膜细胞代谢极为活跃，不缺氧时亦由糖酵解提供部分能量。

糖酵解的调控。正常生理条件下，动物体内的各种代谢过程受到严格而精细的调节，以保持内环境稳定，适应机体生理活动的需要。这种调节控制主要是通过改变酶的活性来实现的。己糖激酶(葡萄糖激酶)、磷酸果糖激酶-1、丙酮酸激酶是糖酵解的关键酶，它们的活性大小，直接影响着整个代谢途径的速度和方向，其中以磷酸果糖激酶-1最为重要。

激素的调节如胰岛素可诱导GK、PFK-1、PK的合成，可使糖酵解过程增强。

代谢物对限速酶的变构调节磷酸果糖激酶-1（PFK-1）是3个限速酶中催化效率最低的，故而是糖酵解途径中最重要的调节点。1，6二磷酸果糖（F-1，6-BP）、三磷酸腺苷（ADP）、磷酸腺苷（AMP）等是其变构激活剂，而三磷酸腺苷（ATP）、柠檬酸等为其变构抑制剂。在这些代谢物的共同调节下，机体可根据能量需求调整糖分解速度。当细胞内能量消耗增多，ATP浓度降低，AMP、ADP浓度增加，则磷酸果糖激酶-1被激活，糖分解速度加快，使ATP生成量增加；当细胞内有足够的ATP储备时，ATP浓度增加，AMP、ADP浓度下降，磷酸果糖激酶-1被抑制，糖分解速度减慢，减少ATP生成量，避免能量的浪费；饥饿时，机体动员储存脂肪分解氧化，生成大量辅酶A（乙酰CoA），乙酰CoA可与草酰乙酸缩合成柠檬酸，抑制磷酸果糖激酶-1的活性，从而减少糖的分解，以维持饥饿状态下血糖浓度。

（2）葡萄糖的有氧分解　葡萄糖的有氧分解是从葡萄糖到丙酮酸经三羧酸循环（TCA），彻底氧化生成CO_2、H_2O和释放大量能量的过程。其是在细胞的胞液和线粒体2个部位进行的，反应可分为3个阶段。

第一阶段是葡萄糖分解为丙酮酸，在胞液进行。与酵解反应过程所不同的是3-磷酸甘油醛脱氢生成的NADH进入线粒体氧化。

第二阶段是丙酮酸进入线粒体，在丙酮酸脱氢酶系催化下氧化脱羧生成乙酰CoA。丙酮酸脱氢酶系是由3种酶和5种辅助因子组成的多酶复合体，硫胺素焦磷酸（TPP）是其重要辅酶之一，来源于维生素B_1。维生素B_1（硫胺素）属水溶性维生素，在动物体内主要以硫胺素焦磷酸辅酶（TPP）的形式存在，是动物体内能量代谢途径中重要的辅酶，在动物体内整个能量代谢过程起着至关重要的作用，其参与碳水化合物代谢过程中α-酮酸的氧化脱羧反应，不能够进入线粒体转化为乙酰CoA，那么丙酮酸就会在细胞质中积累，在乳酸脱氢酶的作用下利用瘤胃液中的$NADH+H^+$，丙酮酸被还原为乳酸，一直以来人们都认为奶牛瘤胃微生物合成的硫胺素能满足其营养需要。但是，在生产中发现，在一些特殊生理状况下，如奶牛在高精料的饲养条件或泌乳期及妊娠期等也需要在日粮中添加硫胺素等水溶性维生素，如果机体缺乏维生素B_1，碳水化合物代谢就会受阻，致使中间代谢产物乳酸积累及挥发性脂肪酸比例的失衡而诱发瘤胃酸中毒。

第三阶段是柠檬酸循环（又称三羧酸循环），有以下 8 步酶促反应。

①柠檬酸合成酶催化乙酰 CoA 与草酰乙酸缩合成柠檬酸和辅酶 A（CoASH），此步是第一个关键酶催化的限速反应。

②顺乌头酸酶催化柠檬酸异构成异柠檬酸。

③异柠檬酸在异柠檬酸脱氢酶的催化下生成草酰琥珀酸，再脱羧生成 α-酮戊二酸，此步是第一次氧化脱羧，异柠檬酸脱氢酶是第二个关键酶。

④α-酮戊二酸由 α-酮戊二酸脱氢酶系催化氧化脱羧生成琥珀酰 CoA。此酶系由 3 种酶和 5 种辅助因子组成，此步是第三个关键酶催化的第二次氧化脱羧。

⑤琥珀酰 CoA 在琥珀酰硫激酶催化下生成琥珀酸。此步是循环中唯一的一次底物水平磷酸化，GDP 磷酸化形成。

⑥琥珀酸在琥珀酸脱氢酶催化下氧化为延胡索酸。这是第三步脱氢，生成 $FADH_2$。

⑦延胡索酸在延胡索酸酶作用下水化形成苹果酸。

⑧苹果酸在苹果酸脱氢酶催化下氧化为草酰乙酸。这是第四步脱氢，生成 $NADH+H^+$。

三羧酸循环过程，可归结为 1 次底物水平磷酸化、2 次脱羧、3 个关键酶促反应、4 步脱氢氧化反应。每循环 1 次产生 12 分子 ATP。总反应为：

$$\text{乙酰 CoA}+2H_2O+3NAD^+ +FAD+ADP+Pi \longrightarrow 2CO_2+3NADH+3H^+ +FADH_2+CoASH+ATP$$

第一阶段生成 5 或 7 分子 ATP，即 1 分子葡萄糖生成 2 分子丙酮酸、2 分子 ATP、2 分子 $NADH+H^+$（1 分子 $NADH+H^+$ 在胞液转运到线粒体氧化，经不同的转运方式，可生成 1.5 或 2.5 分子 ATP）。

第二阶段是 5ATP，即 2 分子丙酮酸氧化脱羧生成 2 分子乙酰 CoA 与 2 分子 $NADH+H^+$，后者经电子传递链生成 5 分子 ATP。

第三阶段是 20 分子 ATP，即 2 分子乙酰 CoA 经三羧酸循环生成 $2\times10=20$ 分子 ATP。

糖的有氧氧化生理意义：①为机体提供更多的能量，是机体利用糖和其他物质氧化而获得能量的最有效方式；②三羧酸循环是糖、脂、蛋白质三大营养物质最终代谢通路和转化的枢纽，糖转变成脂是其最重要的例子；③三羧酸循环在提供某些物质生物合成的前体中起重要作用。

三羧酸循环的调控。三羧酸循环在细胞代谢中占据中心位置，受到严密的调控。丙酮酸脱氢酶复合物催化的反应是进入三羧酸循环的必经之路，可通过变构效应和共价修饰两种方式进行快速调节，乙酰 CoA 及 $NADH+H^+$ 对酶有反馈抑制作用。

三羧酸循环中 3 个不可逆反应是调节部位。关键酶的活性受 ATP、柠檬酸、NADH 的反馈抑制；异柠檬酸脱氢酶和 α-酮戊二酸脱氢酶是主要的调节点，ADP 是异柠檬酸脱氢酶的变构激活剂。

(3)戊糖磷酸途径　葡萄糖经 G-6-P 生成磷酸戊糖、烟酰胺腺嘌呤二核苷酸磷酸及 CO_2 的过程。因从 G-6-P 开始，又称已糖磷酸支路(HMS)。在胞液中进行，在肝脏、脂肪、乳腺、肾上腺皮质和骨髓等组织，该途径是活跃的。

反应过程分氧化和非氧化两个阶段。

①氧化阶段。从 G-6-P 开始，经过脱氢、脱羧反应生成 5-磷酸核酮糖、2 分子 $NADPH+H^+$ 及 1 分子 CO_2。

G-6-P 脱氢酶的活性决定 G-6-P 进入代谢途径的流量，为限速酶。$NADPH/NADP^+$ 比例升高。反应受抑制；反之，被激活。

②非氧化阶段。磷酸戊糖分子经过异构化互变，3 种戊糖(5-磷酸核酮糖、5-磷酸核糖、5-磷酸木酮糖)由转酮酶和转醛酶催化，产生 3C、4C、5C、6C、7C 糖的中间产物，最终生成 6-磷酸果糖和 3-磷酸甘油醛，与糖酵解相连接。总反应式为：

$$6G\text{-}6\text{-}P+12NADP^+ +7H_2O \longrightarrow 5G\text{-}6\text{-}P+12\ NADPH+12H^+ +6CO_2+Pi$$

戊糖磷酸途径虽非生物体氧化供能的主要方式，但却有两个重要的功能：一是提供 NADPH 用于需要还原力的生物合成反应，例如合成脂肪、胆固醇、类固醇激素等，所以在脂类合成旺盛的脂肪组织、泌乳期乳腺等比较活跃；二是提供 5-磷酸核糖，用于核苷酸和核酸的生物合成。

3.糖的合成代谢

(1)糖原的合成　葡萄糖等单糖合成糖原的过程称为糖原的合成。糖原合成是在糖原分子(引物约46个葡萄糖残基)基础上经酶系作用逐个加上葡萄糖,并形成分支。UDP-葡萄糖(UDPG)是葡萄糖的活性形式,是参与合成反应的葡萄糖的活性供体。

①UDP-葡萄糖焦磷酸化酶催化UTP和G-1-P合成UDP-G和焦磷酸,焦磷酸立即被焦磷酸酶水解,释放能量。这一反应基本上不可逆。

②糖原合成酶催化形成α-1,4-糖苷键,即把UDP-G的糖残基转移到糖原分子非还原端的C_4—OH基上。该酶是关键酶。

③分支酶催化α-1,6-糖苷键连接,形成分支。通常分支酶断裂含7个葡萄糖残基的一段糖链,将其转移到糖原分子更内部的位点。

糖原合成与分解是由不同酶催化的逆向反应,属于不同的途径,有利于调节。糖原合成酶和糖原磷酸化酶是两个过程的关键酶。其活性均受磷酸化和去磷酸化的共价修饰调节,磷酸化的方式相似,但效果不同,糖原合成酶磷酸化后失活,去磷酸化后有活性,而糖原磷酸化酶磷酸化后活性变强。两种酶的磷酸化受相应的激酶催化,并通过上一级酶的调节及激素调控使整个调节过程精细化。

(2)糖异生　非糖物质(如甘油、丙酮酸、乳酸和生糖氨基酸等)转变为葡萄糖或糖原的过程称为糖异生作用。这是体内单糖生物合成的唯一途径。

肝脏是糖异生的主要器官,奶牛泌乳早期,肾脏的糖异生作用增强。糖异生中许多反应是糖酵解的逆向过程,在胞液和线粒体内发生。

糖异生并非是糖酵解的逆转,己糖激酶、磷酸果糖激酶、丙酮酸激酶催化的3个高放能反应不可逆,构成"能障",需要消耗能量走另外途径,或由其他的酶催化来克服不可逆反应带来的"能障"。

①酮酸羧化支路。丙酮酸羧化酶催化丙酮酸羧基化生成草酰乙酸,再经磷酸烯醇式丙酮酸羧激酶催化脱羧基和磷酸化形成磷酸烯醇式丙酮酸(PEP)。

丙酮酸羧化酶仅存在线粒体中,胞液中的丙酮酸必须进入线粒体,才能羧化为草酰乙酸,此过程消耗1分子ATP,草酰乙酸不能直接透过线粒体膜,转化成苹果酸或天冬氨酸才转运回胞液。磷酸烯醇丙酮酸(PEP)羧激酶在线粒体和胞液都有,此步消耗1分子GTP。PEP经一系列酶催化生成F-1,6-BP,其反应需用1分子ATP和1分子NADH。

②果糖二磷酸酶催化F-1,6-DP水解为F-6-P。

③G-6-P酶催化G-6-P水解为葡萄糖。

总反应式为:

$$2\text{丙酮酸}+4ATP+2GTP+2NADH+2H^{+}+6H_2O \longrightarrow \text{葡萄糖}+4ADP+2GDP+6Pi+2NAD^{+}$$

糖异生等于用了4分子ATP克服由2分子丙酮酸形成2分子高能磷酸烯醇式丙酮酸的能障,用了2分子ATP进行磷酸甘油激酶催化反应的可逆反应。这比酵解净生成的ATP多用了4分子ATP。

糖异生的前体物质可分为以下3类。

①凡是能生成丙酮酸的物质都可以变成葡萄糖。例如,三羧酸循环的中间物柠檬酸、异柠檬酸、α-酮戊二酸、琥珀酸、延胡索酸和苹果酸都可以转变成草酰乙酸而进入糖异生途径。

②大多数氨基酸是生糖氨基酸,如丙氨酸、谷氨酸、天冬氨酸、丝氨酸、半胱氨酸、甘氨酸、精氨酸、组氨酸、苏氨酸、脯氨酸、谷氨酰胺、天冬酰胺、甲硫氨酸、缬氨酸等,它们可转化成丙酮酸、α-酮戊二酸、草酰乙酸等三羧酸循环中间物参加糖异生途径。

③乳酸。肌糖原通过糖酵解生成乳酸,乳酸经血运至肝脏,异生形成葡萄糖并称散入血,释放入血的葡萄糖又被肌肉摄取利用,称为乳酸循环(Coni循环)。

反刍动物糖异生途径十分活跃,瘤胃中的细菌分解纤维素和淀粉成为乙酸、丙酸、丁酸等,丙酸可转变成为琥珀酰CoA参加糖异生途径合成葡萄糖。糖异生对奶牛极其重要,并且葡萄糖前体物的供应量和由葡萄糖合成乳糖的理论效率很高,接近97%。

丙酰辅酶A羧化酶对于反刍动物十分重要,这种酶作用于丙酸转化为葡萄糖。对于奶牛来说,丙酸是葡萄糖合成主要的前体物。泌乳奶牛利用丙酸合成大量的葡萄糖,生物素是丙酸异生成糖的关键酶丙酰辅酶A羧化酶的辅酶，如果丙酰辅酶 A 羧化酶活性被生物素缺乏所限制，日粮中添加生物素就有可能提高葡萄糖含量以及产奶量。在奶牛体内，生物素和维生素 B_{12} 是丙酸异生成糖的关键酶的辅酶，奶牛瘤胃微生物能够利用钴合成维生素 B_{12}。

糖异生的前体，例如乳酸是由乳酸脱氢酶催化转化为丙酮酸进入糖异生途径的，甘油先转变成 α-磷酸甘油再转化成磷酸二羟丙酮进入糖异生途径。

ATP/AMP 的变化是影响糖异生关键酶活性的重要因素。当 AMP 的水平变高时，表明要合成更多的 ATP，AMP 激发 PFK，增加糖酵解的速率和抑制果糖 1,6-二磷酸酶，关闭糖异生作用；反之，当 ATP 和柠檬酸水平高时，PFK 受抑制，降低酵解的速率，以及柠檬酸激发果糖 1,6-二磷酸酶，增加糖异生的速率。

三、奶牛碳水化合物消化代谢研究的相关进展

反刍动物除了前胃外，其他消化道部分的消化吸收与单胃动物类似。前胃是反刍动物消化粗饲料的主要场所，其中瘤胃每天消化碳水化合物的量占总采食量的 50%～55%，具有重要的营养意义。碳水化合物是反刍动物日粮的主要组成部分，根据营养生理功能可分为纤维性碳水化合物和非纤维性碳水化合物(NFC)，后者主要包括淀粉、蔗糖和果胶等，是反刍动物日粮重要的能量来源。碳水化合物在瘤胃中被微生物分泌的酶水解为短链的低聚糖，主要是二糖，部分二糖继续水解为单糖。日粮 NFC 含量可影响反刍动物的生产性能、瘤胃发酵和营养物质利用，较低的 NFC 含量难以满足机体的生产需要，但 NFC 含量过高会增加瘤胃酸中毒的风险。

(一)日粮中非纤维性碳水化合物营养代谢的研究进展

根据理化性质的不同，饲料碳水化合物可分为结构性碳水化合物和非结构性碳水化合物(NSC)，前者主要存在于细胞壁中，而 NSC 则存在于植物细胞内，是日粮中较易消化的部分。

NFC 和 NSC 有较大的相似性，NSC 是 NFC 的主要成分，但二者内涵有所不同，在数值上 NFC 可通过饲料有机物(OM)含量减去 NDF、粗蛋白质(CP)和粗脂肪含量进行估算，而 NSC 则主要通过化学法进行测定。NFC 和

NSC 的主要区别在于果胶，果胶属于 NFC 但不属于 NSC。

1. 日粮 NFC 对采食和生产性能的影响

（1）NFC 与奶牛的采食和泌乳性能　增加日粮 NFC 含量可提高奶牛的干物质采食量（DMI），降低中性洗涤纤维（NDF）采食量。当日粮 NFC 含量低于 DMI 的 30%时，随着 NFC 含量的增加奶牛的 DMI 线性递增，NDF 采食量线性递减。增加日粮中 NFC 含量能提高泌乳中期奶牛的 DMI。从产前 19 d 至产后 40 周，采食高 NFC 含量的奶牛，其产前 DMI 较高，但对产后 DMI 无影响。通过配制 NFC 含量分别为 24%、30%、37% 和 43%（以 DMI 计）的日粮，研究发现，随日粮 NFC 含量的增加，奶牛 DMI、OM 采食量和 NDF 采食量呈显著的二次效应，这 3 个指标在 NFC 含量占日粮 37%、38% 和 27% 时分别达到最高。日粮 NFC 与瘤胃降解蛋白（RDP）比值（NFC/RDP）对饲料采食量也有影响，随日粮 NFC/RDP 的降低，奶牛 DMI 和 OM 采食量呈线性递减趋势，低产奶牛对 NFC/RDP 不是很敏感，对泌乳中期奶牛而言 NFC/RDP 为 3.71 时效果理想。

就生产性能而言，增加日粮 NFC 含量可降低奶牛乳脂率，但对奶产量、乳蛋白含量和产量、乳脂产量等无影响；对泌乳中期奶牛的研究发现，增加日粮 NFC 能够提高乳蛋白含量，有降低乳脂率和乳脂产量的趋势，对产奶量、其他乳成分含量和产量无显著影响。也有报道称，随日粮 NFC 含量的增加，奶牛乳蛋白含量和产量线性递增，乳脂率线性递减。研究发现，产前日粮 NFC 含量对围产期奶牛体重、体况评分、产奶量和乳成分等均无显著影响，产后奶牛在饲喂高含量 NFC 的日粮时乳蛋白产量较高，而乳脂产量和乳脂率较低，且奶产量和乳糖产量也均有高于低水平 NFC 日粮的趋势。用苜蓿、玉米秸和羊草作为主要粗饲料来源配制日粮，发现饲喂苜蓿草奶牛的乳蛋白含量和乳蛋白产量较高，可能是由于其日粮 NFC 含量较高所致；较高的日粮 NFC 含量也是导致饲喂苜蓿型日粮奶牛的奶产量和乳蛋白产量显著高于玉米秸和稻草型日粮的主要原因。

（2）NFC 与增重性能　增加日粮 NFC 含量可提高后备奶牛的 DMI，但对后备牛的胸围、臀宽、体况评分和体增重等生长性能没有显著影响；在水牛上的研究则显示，提高 NFC 对其 DMI 无影响，但降低了 NDF 采食量；随日粮

NFC 含量的增加奶牛体增重呈显著的二次效应，在 NFC 含量为 34%时体增重达到最高。

上述结果表明，较高的日粮 NFC 含量会降低奶牛乳脂率，但 NFC 对 DMI 和其他养分采食量、奶产量和乳成分、增重性能的影响受动物种类、生理阶段、生产目的等因素影响，需要通过 Meta 分析等方法进一步分类总结。

2. 日粮 NFC 含量对瘤胃代谢和营养素利用的影响

（1）NFC 与瘤胃氮利用　有研究显示，高 NFC 日粮能显著降低瘤胃氨态氮（NH_3）浓度，而有研究也发现，NFC 含量对 NH_3 浓度无显著影响。以不同 NFC 含量（24%、30%、37% 和 43%）的日粮饲喂奶牛时，NFC 含量最低组奶牛的瘤胃液 NH_3 显著高于其他 3 组，NFC 为 31%时尿氮排泄量最高，NFC 为 35%时微生物蛋白（MCP）产量最高。增加日粮 NFC 含量也可提高奶牛十二指肠 NH_3 和 MCP 流量。增加日粮 NFC/NDF 可降低山羊、绵羊、肉牛的瘤胃 NH_3 浓度，提高山羊的瘤胃 MCP 含量和绵羊的十二指肠 MCP 流量。但在瘘管山羊上的研究发现，随日粮 NFC/NDF 的增加，瘤胃液 NH_3 浓度升高，且瘤胃液天门冬氨酸、谷氨酸和总游离氨基酸浓度升高；在荷斯坦奶牛的研究中也发现，高 NFC/NDF 日粮组奶牛的瘤胃液 NH_3 浓度较高。这些不一致可能由于基础日粮的差异所致。

（2）NFC 与瘤胃挥发性脂肪酸（VFA）生成　研究发现，随 NFC 含量的增加，奶牛瘤胃 pH、乙酸、异丁酸、异戊酸浓度和乙酸/丙酸线性降低，总挥发性脂肪酸（TVFA）、丙酸、丁酸含量线性递增；但也有报道指出，高 NFC 对 TVFA 含量无显著影响；提高 NFC 可显著提高丙酸浓度，但不影响丁酸浓度，或提高 NFC 对丙酸的浓度及 TVFA 的吸收速率无影响，但显著提高了丁酸浓度。在水牛的研究中发现，增加日粮 NFC 含量降低了采食后 0.5～10 h 的瘤胃液 pH。高 NFC 日粮下，山羊采食后 2 h 和 5 h 时瘤胃液的乙酸、丁酸和 TVFA 浓度增加，采食后 5 h 瘤胃液丙酸浓度增加而 pH 降低；在采食后 8 h 各组的 VFA 浓度恢复到相似水平，戊酸、异丁酸和异戊酸浓度在各时间点间无差异。高 NFC/NDF 日粮可提高瘤胃丙酸、丁酸及 TVFA 浓度，降低瘤胃 pH、乙酸浓度和乙酸/丙酸；研究显示，高 NFC/NDF 可提高绵羊瘤胃戊酸浓度而对异丁酸和异戊酸无影响，而研究发现，高 NFC/NDF 组山羊瘤胃液缓冲能力较低。饲喂高 NFC/NDF 日粮的荷斯坦奶牛的瘤胃液 pH、TVFA 和乙酸浓度及乙酸/丙酸较低，丙酸、丁酸和乳酸浓度较高。在肉用犊牛的研究中发现，高 NFC/NDF 对瘤胃 pH、丁酸和 TVFA 浓度无影响，但提高了瘤胃液中丙酸浓度，降低瘤胃乙酸浓度及乙酸/丙酸。总体而言，高 NFC 日粮降低了瘤胃乙酸产量，改变了乙酸/丙酸，对 TVFA 的影响可能取决于不同动物种类及动物的不同生理状态。

（3）NFC 与瘤胃微生物组成和分布　高 NFC 日粮可诱导奶山羊处于亚急性瘤胃酸中毒，这种情况下瘤胃微生物数量发生显著变化，淀粉分解菌、乳酸菌、链球菌和埃氏巨型球菌等均会显著升高。高 NFC/NDF 可降低肉犊牛瘤胃微生物的多样性指数，门水平上拟杆菌门比例增加，属水平上 Christensenellacae_R-7 和 Prevotellaceae_UCG-003 比例下降。高含量 NFC 主要可促进山羊瘤胃中乳酸代谢和纤维降解相关的细菌生长，降低瘤胃产琥珀酸丝状杆菌丰度。

（4）NFC 对瘤胃其他代谢参数的影响　日粮 NFC 对瘤胃养分消化、流通速率、微生物合成以及纤维素酶等方面的影响已有较多研究。低 NFC 日粮可显著提高瘤胃中液态相流通速率，而对谷物和粗饲料颗粒流通速率无影响；也有报道日粮 NFC 对瘤胃液态相流通速率无影响。增加 NFC 含量可降低瘤胃 NDF 降解率，而对 DM 和 OM 降解率无影响；高 NFC/NDF 可降低日粮 CP、NDF 和酸性洗涤纤维（ADF）的瘤胃降解率，但对 OM 降解率无影响。有研究在泌乳奶牛的研究中发现，增加日粮 NFC 含量可提高瘤胃烟酸、尼克酰胺、吡哆醛、维生素 B_6 和叶酸的表观合成，但降低维生素 B_{12} 的表观合成。随着日粮 NFC/NDF 的增加，瘤胃中组胺和内毒素含量会升高；高 NFC/NDF 也可降低纤维二糖酶活性，而对羧甲基纤维素酶、木聚糖酶、微晶纤维素酶活性无影响；但有些研究发现，增加 NFC/NDF 降低了纤维素酶和木聚糖酶活性。研究发现，日粮 NFC 含量可影响瘤胃上皮细胞 G-蛋白偶联受体和组蛋白去乙酰化酶基因的表达谱，高水平 NFC 日粮下其调控网络的主要功能与维持上皮完整性和促进动物生长有关。

日粮 NFC 对瘤胃氮代谢具有调控作用，相对较高的 NFC 能够促进 MCP 的生成、降低瘤胃乙酸浓度和乙酸/丙酸，对瘤胃丙酸和丁酸等其他 VFA 也存在作用,这可能主要是NFC影响了瘤胃碳水化合物代谢相关的微生物所致。

3. NFC对日粮营养物质利用的影响

(1) NFC与日粮营养物质消化　日粮高NFC含量可提高奶牛和绵羊DM和OM表观消化率,降低NDF消化率;研究发现,提高日粮NFC含量降低了绵羊和水牛的NDF消化率,而对CP消化率无显著作用;也有增加NFC含量可提高CP消化率的报道。有研究发现,低含量NFC组的DM、OM和NDF表观消化率均高于高含量NFC组,两组之间CP表观消化率无差异。高NFC/NDF可提高日粮OM表观消化率,降低日粮ADF表观消化率,而对NDF和CP消化率无影响,可提高过瘤胃后OM、CP和NDF消化率,降低尿氮排泄量,随NFC/NDF的增加日粮提供的可代谢氮线性递增。对肉犊牛的研究显示,试验后期日粮DM、CP、NDF、ADF表观消化率和能量消化率、代谢率随NFC/NDF的增加而升高,NFC/NDF最大组的甲烷能显著低于其他组。肉用绵羊在维持水平饲养,发现随着NFC/NDF加日粮DM、OM、CP、NDF、ADF和总能消化率均得到改善,NFC/NDF最高组的甲烷能和粪能最低而尿能最高。

(2)NFC与饲料转化效率　研究发现,NFC/RDP对奶牛的饲料转化效率无影响。在各处理组的粗饲料组成相似的情况下,NFC含量对奶牛饲料转化效率无影响;在日粮粗饲料组成不同的情况下,饲料NFC含量较高的苜蓿组奶牛的饲料转化效率和氮转化效率均高于NFC含量较低的玉米秸秆和羊草日粮、玉米秸秆和稻草型日粮。

4. 日粮NFC对奶牛健康和机体代谢的影响

(1)日粮NFC与奶牛健康　高含量NFC日粮占DM的44%左右可改善围产期奶牛能量代谢参数,有益于奶牛健康且对奶牛蹄部健康无不良影响。饲料中NFC/NDF的增加会诱导荷斯坦奶牛产生亚急性瘤胃酸中毒(SARA)。研究认为,过高的NFC会引起奶牛SARA,限制奶牛对易发酵碳水化合物的摄入量是降低奶牛SARA的基本途径。

(2)日粮NFC与奶牛生化代谢　在围产期奶牛,增加日粮NFC可提高血中葡萄糖浓度,降低血浆游离脂肪酸(NEFA)和β-羟丁酸(BHBA)浓度,高NFC日粮可提高奶牛肝脏组织中的糖原浓度且有降低肝脏组织中甘油三酯浓度的趋势。研究发现，增加日粮NFC能促进围产期奶牛肝脏糖异生和乳腺吸收血糖合成乳糖，产前饲喂高水平NFC日粮可降低血浆尿素氮、白蛋白浓度及产后前7天的生长激素浓度，提高NEFA和镁离子浓度及产前胰岛素样生长因子-I（IGF-I）、钙离子浓度和产后前2天的胰岛素浓度；产后饲喂高水平NFC日粮可降低血浆尿素氮、BHBA和钙离子浓度。研究发现，增加日粮NFC对泌乳中期奶牛血糖、NEFA、BHBA和胰岛素浓度均无影响。过高的NFC含量会诱导反刍动物发生SARA，对奶牛健康产生一定的危害；NFC含量会影响奶牛血糖、胰岛素、NEFA和BHBA等能量代谢相关的生化指标，提示日粮NFC含量对奶牛血糖合成利用和体脂动员等能量代谢有调控作用。

NRC标准（1989）未列出NFC的标准需要量。有试验认为NFC的上限为占日粮干物质的35%，淀粉含量在23%以下为好。有研究用含DIP为8%～12%的饲料进行试验，认为NSC占日粮干物质的35%～40%时，瘤胃微生物的增殖最大。美国粗饲料研究中心的研究认为，NFC的最大摄取量为体重的1.1%，约占日粮干物质的30%。以上关于NFC的推荐准略有差异，主要是受牧草的种类（豆科牧草的NDF比禾本科的NDF发酵早）、谷物的种类（淀粉发酵的早晚顺序为小麦＞大麦＞燕麦＞玉米＞高粱）、粒度、茎叶的成熟度、饲喂次数和采食量等的影响。

部分饲养标准推荐奶牛各阶段碳水化合物占日粮干物质的含量见表2-1。

表2-1　奶牛各阶段碳水化合物占日粮干物质的含量　　%

饲养阶段	ADF占干物质含量	NDF占干物质含量	NFC占干物质含量
前期（产后80天内）	19	28	37
中期（第80～200天）	21	32	37
后期（第200天以后）	24	36	34
干乳前期	35	50	30
过渡期	30	45	32

（二）日粮纤维在奶牛饲养中的应用

反刍动物日粮中纤维成分具有促进咀嚼、调节瘤胃pH、维持瘤胃内环境稳定等作用，是维持反刍动物瘤胃健康、改善生产性能的重要日粮组成之一。

奶牛日粮纤维不合理不仅会影响其生产性能，甚至可导致奶牛发生一系列代谢疾病，严重影响牧场经济效益。

1. 日粮纤维在奶牛不同阶段饲养中的作用

反刍动物日粮通常由精料补充料和粗饲料组成，而粗饲料是反刍动物生长过程中日粮的重要组成部分，粗饲料中中性洗涤纤维（NDF）含量很高，并且不同种类粗饲料中 NDF 含量差异很大。NDF 具有调控反刍动物干物质采食量、营养物质消化率以及改善瘤胃内环境、调节生产性能等作用，可直接影响养殖者的经济效益。

（1）日粮纤维在育成牛饲养阶段的作用　育成牛阶段是奶牛饲养的关键时期，该阶段主要是使母牛骨架生长，而非长膘。在饲养过程中，既要充分利用粗饲料，又要保证动物机体正常生长，保证适时配种，避免牛体过肥。饲养育成牛可控制精料喂量，并保证提供充足优质的粗饲料。牛只因采食精料太多而出现过肥的现象。同时，粗饲料中含有大量的粗纤维，尤其是物理有效中性洗涤纤维（peNDF）可刺激反刍动物咀嚼、反刍和分泌唾液，唾液中含有大量的缓冲物质，可以中和瘤胃中的酸性物质，使瘤胃 pH 保持在相对稳定的范围内。当瘤胃 pH 小于 6 时，会抑制纤维分解菌的生长，当 pH 在 5.2～5.6 且持续 3～5 h/d 时，奶牛就会发生 SARA。

不同 peNDF 含量的日粮对 8～10 月龄奶牛瘤胃发育影响的研究显示，日粮中添加不同水平的 peNDF 可影响瘤胃液 pH 和瘤胃中纤维降解菌的含量，增加日粮中 peNDF 水平可提高瘤胃液 pH 并且适当增加 peNDF 水平可增加瘤胃中纤维降解菌的相对含量。给育成牛饲喂充足且优质的粗纤维可以保证瘤胃内环境稳定，维持瘤胃菌群正常生长，保证育成牛机体健康，进而为育成牛在泌乳阶段泌乳性能最大程度地发挥打好基础。

（2）日粮纤维在干奶牛饲养阶段的作用　奶牛在产前 45～60 天进入干奶期，干奶期的主要作用是乳腺组织修复、体况及瘤胃机能的恢复；干奶期的奶牛应以粗饲料饲喂为主，一般日粮精粗比应控制在 3∶7或 2∶8，其中粗饲料主要是调节瘤胃功能的恢复，在干奶期降低精饲料的喂量，主要是控制奶牛干奶期的膘情，防止奶牛体况过肥，避免因产道狭窄而造成的奶牛难产等问题，而且在干奶期饲喂的精料量多会导致奶牛产后食欲不振，引发酮病等代谢疾病。

粗饲料中粗纤维含量高，粗纤维具有体积大、吸水性强等特点，可以对动物胃肠道有较强的填充作用，使奶牛产生饱腹感，进而保证奶牛在产奶高峰期仍保持较高的采食量。

(3)日粮纤维在奶牛泌乳期的作用 泌乳牛 NDF 的最大需要量与奶牛的产奶净能之间存在相关关系，奶牛产奶净能的需要量影响日粮中 NDF 的最大含量。NDF 由纤维素、半纤维素和木质素等成分组成，各成分比例的不同能够影响 NDF 的消化率，因此即便 NDF 含量相同的牧草或日粮不一定具有相同的产奶净能。

日粮中 NDF 添加量要适宜，最少的 NDF 添加量对于维持瘤胃功能的正常发挥具有重要意义，但是 NDF 超过奶牛需要量时，随着 NDF 含量的增加会显著降低奶牛的干物质采食量（DMI），并且日粮中纤维水平过高会促使动物产热过多，造成能量损失和饲料转化率降低。不同产奶量的奶牛对 NDF 的适宜需要量也存在很大差异，研究结果表明，当奶牛产奶量为 40 kg/d 时，日粮的 NDF 含量不能超过 32%，否则会抑制奶牛 DMI；当奶牛产奶量为 20 kg/d 时，若日粮的 NDF 含量超过 44%，就会抑制奶牛 DMI。范铤在研究中得出，给泌乳中期的经产荷斯坦奶牛饲喂 NDF 含量超过 40% 的日粮，奶牛的 DMI 会随日粮 NDF 的增加而显著下降，并且日粮 NDF 水平每增加 1 个百分点，DMI 就会降低约 0.50 kg。张骞等在 peNDF 水平对泌乳中后期奶牛产奶性能影响的研究中得出，日粮 peNDF 水平的增加对奶牛 DMI、NDF 采食量的影响不显著，但对奶牛 ADF 采食量影响显著。

碳水化合物是反刍动物日粮的主要能量来源，通常占日粮比例的 60%～70%。碳水化合物可分为结构性碳水化合物（纤维素、半纤维素、木质素等）和非结构性碳水化合物（淀粉等），在反刍动物瘤胃内可被降解为挥发性脂肪酸（VFA），VFA 是合成牛奶中乳糖和乳脂成分的前体物质，主要包括乙酸、丙酸和丁酸，其中乙酸主要由粗饲料提供，丙酸主要由精饲料提供，而乙酸是合成牛奶中乳脂的前体物质，因此粗饲料对于牛奶中乳脂含量具有一定的调控作用。对于泌乳奶牛来说，日粮中 NDF 的含量与乳脂率有着密切关系。高精料、低粗料奶牛日粮会导致牛奶中乳脂率下降。为保证牛奶乳脂肪含量维持在正常水平，NRC 规定，泌乳奶牛日粮干物质中 NDF 总量最少应为 25%，其中75%的NDF应来自粗饲料。

2.日粮纤维对奶牛机体健康的影响

奶牛日粮中粗纤维水平过低会导致奶牛出现酸中毒、酮病、蹄叶炎等一系列代谢疾病的发生，进而影响奶牛的健康，导致奶牛生产性能下降。何宝祥等通过对南宁地区某奶牛场的荷斯坦奶牛进行酮病检测试验发现，奶牛场隐性酮病的发生率较高，整个牛群的机体健康状况很差，其原因可能是牛场对奶牛供给的粗纤维水平不足(小于10%)。郗伟斌等指出，为使奶牛在产后采食量达到最大值，奶牛日粮中必须有充足且优质的粗纤维水平来保持瘤胃的最佳功能。高产奶牛在妊娠后期或分娩后不久容易引发真胃变位，该病的发生与奶牛的产奶量、精料饲喂量、奶牛的胎次、年龄以及产后瘫痪等其他疾病均有关系，其中该病的发生与精料喂量存在正相关关系。日粮中高精料、低粗料往往是引起奶牛蹄叶炎的一个重要因素。通常蹄叶炎的发生并不是因病原微生物导致的，而是由于营养代谢紊乱而导致蹄部出现的局部症状。当奶牛采食大量的精料时，会引起瘤胃酸中毒，而瘤胃酸中毒是引发奶牛亚临床蹄叶炎的重要因素。

第二节　蛋白质营养代谢

在动物营养学中，饲料中的蛋白质通常是指粗蛋白(CP)，定义为饲料原料中的氮乘以6.25，其包括真蛋白、非蛋白氮(NPN)和不溶解氮。真蛋白(即生化意义上的蛋白质)是大小、形状、功能、溶解度和氨基酸组成上不同的大分子，可以根据它们的三维结构和溶解度进行分类，如白蛋白、球蛋白、谷蛋白、醇溶蛋白、组蛋白和纤维蛋白。NPN通常是指用钨酸或三氯乙酸提取真蛋白后滤液中剩余的含氮物质部分，包括肽、游离氨基酸、核酸、氨基、胺和氨态氮等低分子化合物。常见的饲料真蛋白和NPN平均只占饲料总氮的65%。其余的为不溶解氮，它包括谷物中结合在完整淀粉颗粒的蛋白、大部分细胞壁结合蛋白和一部分叶绿体蛋白以及与中性洗涤纤维(NDF)结合的热变性蛋白质。

一、蛋白质的消化吸收

(一)蛋白质在瘤胃的消化吸收

日粮中的蛋白质经过咀嚼进入反刍动物瘤胃后,瘤胃中可降解的日粮蛋白在瘤胃微生物相关的酶的作用下,与内源蛋白(包括动物脱落上皮细胞、唾液和瘤胃微生物残留物所含蛋白质)混合在一起进行发酵,在瘤胃微生物(细菌、原虫和真菌)蛋白降解酶的作用下,降解成小分子蛋白,小分子蛋白进一步分解成肽和氨基酸,其中大多数氨基酸又被降解成有机酸、氨和二氧化碳,瘤胃微生物降解所产生的氨与一些简单的肽类和游离氨基酸,用于微生物生长和微生物蛋白合成。细菌参与饲料蛋白降解过程,并合成菌体蛋白。此外,原虫和细菌都有较强的脱氨基作用,生成 NH_3 和酮酸。生成的氨除用于微生物合成瘤胃微生物菌体蛋白质外,若瘤胃内氨浓度较高时,则经瘤胃吸收,入门静脉,随血液进入肝脏合成尿素。合成的尿素一部分经唾液和血液返回瘤胃再利用,另一部分由肾排出。因此蛋白质的消化吸收在一定程度上反映了整个机体的代谢情况,但是当饲料中的氮不能被奶牛利用时,则其生产利用效率就会急剧下降,并以粪氮、尿氮及气态氮的形式大量排放到环境中,造成环境污染。瘤胃内容物氨的含量变动很大,动物饲喂后 1～1.5 小时达峰值,大体上可以反映饲料的含氮量、含氮物的可溶性和分解的速度。

由于氨氮可被某些瘤胃微生物直接利用,同时可被瘤胃壁吸收入血,所以氨氮实际上是瘤胃氮代谢中的重要中间环节。瘤胃内氨的含量与日粮有密切关系。植物内含有多种非蛋白氮(NPN),禾本科牧草、豆科牧草的 NPN 大部分是游离氨基酸和肽,但也有相当数量的酰胺、硝酸盐、嘌呤、胆碱等。瘤胃内的 NPN,除来自饲料外,还来自唾液和由血液经瘤胃壁透入的尿素,分别被有关酶催化产生氨。尿素被脲酶所分解,瘤胃内的脲酶活性相当高且较稳定,在瘤胃内的 NPN 分解中起重要作用。据报道唾液和瘤胃黏膜不分泌脲酶,并与纤毛虫无关,主要由大型细菌所产生。严格厌氧的分解尿素细菌有酸杆菌(*Propiohibacterium sp.*)、厌氧拟杆菌(*Bacteroids sp.*)、瘤胃球菌(*Ruminococcus sp.*)、牛链球菌(*Streptococcus sp. Bouis*)及厌气乳酸杆菌(*Anaerobic lactobailli*)

等。瘤胃无细胞滤液内没有脲酶活性，所以脲酶被认为是一种胞内酶；其活性可被 Mn^{2+}、Mg^{2+}、Ca^{2+}、Sr^{2+} 所刺激，被 Na^{+}、K^{+} 所抑制。

尿素本身对瘤胃脲酶活性和产量起反馈作用，所以日粮内添加尿素，会出现脲酶活性的降低，但其活性已足以分解尿素，尿素降解产生氨和 CO_2，在瘤胃 pH 低于 6.5 时，氨呈离子状态存在，很少透过瘤胃黏膜吸收入血；但当瘤胃内氨浓度超过 0.4×10^{-3} mol/L，pH 超过 6.5 时，氨被吸收的速度迅速增加。

在脲酶的催化下，尿素在瘤胃内迅速水解，每小时达 100 mg/100 g 瘤胃内容物，即尿素分解产生氨的速度为氨被同化（瘤胃微生物利用）速度的 4 倍。因此，日粮中添加尿素，可延缓尿素分解速度，减少氨产生与同化之间的差异。提高尿素利用率和防止氨中毒是当前畜牧科学中一项重要研究课题，近年主要从以下 4 方面着手解决。①饲喂尿素时必须同时饲喂易利用的糖类，以促进氨的同化——合成微生物蛋白。②发展了凝胶尿素，使尿素缓慢地释放氨。③利用化学方法抑制脲酶活性，例如，应用乙酰氧肟酸。④尿素与其他化合物（如甲醛）缩合，可降低溶解度，减慢释放氨的速度。此外，采用尿酸或双缩脲，释放氨的速度大为减缓。但在通常情况下，瘤胃内缺乏尿酸酶和双缩脲酶。瘤胃微生物在有效利用双缩脲之前，尚需有 6～8 周的适应期；不过尿酸酶产生较快，利用鸡粪废产品作为反刍动物的饲料氮源，就是属于这一原理。

传统观点认为，蛋白质必须水解成游离氨基酸（FAA）后才能被吸收，但是随着研究方法的不断进步，许多研究得出结论，蛋白质降解为氨基酸的中间产物小肽也能被胃肠道所吸收。蛋白质降解后在胃肠道可以以两种形式吸收，即游离氨基酸和小肽。

过去人们一直认为前胃对蛋白质降解产物无吸收作用，蛋白质必须水解成游离氨基酸后才能被吸收。但最近的研究表明，二肽和三肽能够被前胃所吸收。用同位素标记法研究发现，瘤胃和瓣胃具有吸收小肽的能力，且瓣胃吸收能力比瘤胃还强。瘤胃和瓣胃内存在转运小肽的 mRNA 和肽。

（二）蛋白质在小肠中的消化吸收

蛋白质在反刍动物小肠中的消化过程与单胃家畜相似，尽管如此，其蛋白质来源却有所不同。饲料中未被降解的过瘤胃蛋白、瘤胃微生物合成的微生物蛋白和消化道的内源蛋白构成了反刍动物小肠的蛋白质总和,在营养方面它们具有不同的意义和作用。过瘤胃蛋白是小肠蛋白的重要组成部分,在生产上具有十分重要的意义,调整饲料过瘤胃蛋白是调节反刍动物小肠蛋白组成的重要手段。如果高产奶牛饲草中的大部分或全部为高质禾本科或豆科牧草,为高产奶牛额外提供可消化过瘤胃蛋白是极其重要的。提高微生物蛋白的产量是提高小肠蛋白质的主要措施,因为微生物合成的微生物蛋白占流入小肠蛋白的大部分,是小肠蛋白质的主要来源。而消化道的内源蛋白主要是消化道脱落的上皮细胞、各种消化酶、黏蛋白、血液蛋白等。正常情况下,这部分内源蛋白质在随粪便排出体外前,约有90%又被机体重新吸收。内源蛋白质的这种周转(释放到肠道和被肠道重新吸收)在反刍动物蛋白质营养代谢上同样具有稳衡控制的重要作用。

随着对肽营养生理研究的不断深入,人们逐渐认识到,除游离氨基酸外,动物肠道对小肽的吸收是肠道氨基酸吸收的另一种重要形式。除了反刍动物的蛋白质降解产物氨基酸在小肠被大量吸收之外,小肠对于小肽也有吸收作用,但是二者之间存在着不同且相互独立的转运系统。FAA在肠细胞中的主动转运主要存在于酸性、碱性、中性和亚氨基酸系统;小肽的逆浓度梯度转运主要依赖于钙离子或氢离子浓度转运,而FAA的逆浓度梯度转运是依靠不同的钠离子和非钠离子泵转运系统来完成的。小肽转运系统具有转运速度快、耗能低、不易饱和等特点。但是反刍动物肠道吸收的游离氨基酸仍然是其氮营养素的主要来源,胃区吸收的肽类是其有益的补充。研究表明,不同来源肽的小肠吸收率存在很大差异,因此,通常认为肠道以吸收游离氨基酸为主,较少吸收小肽,空肠和回肠也是游离氨基酸吸收的主要部位。

二、蛋白质消化产物的体内代谢周转

(一)氨基酸的分解代谢

氨基酸的一般代谢是指各种氨基酸共同的分解代谢途径。开始于脱氨作用;氨与天冬氨酸的N原子结合,形成尿素并被排放;氨基酸的碳骨架(脱氨

基产生的 α-酮酸)转化为一般的代谢中间物。

1.脱氨基作用

氨基酸脱氨有氧化脱氨和非氧化脱氨两种方式,氧化脱氨又和转氨作用组成联合脱氨基作用。非氧化脱氨主要在微生物体内进行。

(1)氧化脱氨基作用　氧化脱氨是酶催化下伴随有脱氢的脱氨,α-氨基酸转变为 α-酮酸。主要的酶有 L-氨基酸氧化酶、D-氨基酸氧化酶和 L-谷氨酸脱氢酶。前两类是黄素蛋白酶,辅基为 FMN 和或 FAD,在动物体内的作用都不大,所形成的 $FMNH_2$ 或 $FADH_2$ 被氧分子氧化,产生毒性的过氧化氢,可由过氧化氢酶分解为水和氧。

(2)转氨基作用　一种 α-氨基酸的氨基在转氨酶催化下转移到 α-酮酸上,生成相应的 α-酮酸和另一种 α-氨基酸,其反应是可逆的。

(3)联合脱氨基作用　两种或两种以上的酶联合催化氨基酸的 α-氨基脱下,并产生游离氨的过程,称为联合脱氨基作用。动物体内大部分氨基酸是通过这种方式脱氨的,常见的途径有两种:①转氨酶与 L-谷氨酸脱氢酶的联合;②连续转氨偶联嘌呤核苷酸循环。

2.氨的去路

血氨的去路一是合成尿素;二是合成谷氨酰胺;三是合成非必需氨基酸或其他含氮物(嘌呤或嘧啶碱)。

瘤胃内的氨,除了被微生物利用合成蛋白质外,还有一部分被瘤胃壁以及后段胃肠道吸收,当流至瘤胃的液氨浓度 0.05 mg/mL,瘤胃 pH 超过 6.5,瘤胃氨浓度超过 0.4 mg/mL 时,氨就从瘤胃扩散,同时也存在主动转运。大部分氨由瘤胃壁经门静脉转运到肝,通过鸟氨酸循环转变为尿素,还有一部分氨不经过肝而由淋巴系统通过外周血流,尤其是当瘤胃氨浓度高达 100 mg/mL,超过肝的去毒能力,则见外周血流氨浓度迅速升高,当血氨浓度高达 100 mg/mL 时,动物往往出现运动失调,呼吸困难,流涎及强直等神经性中毒症状。奶牛饲养中往往由于长期饲喂精料过量,瘤胃内经常保持氨的高浓度,也会造成慢性氨中毒,使动物生活力降低,产奶量下降,甚至导致死亡。进入肝脏的氨有一部分合成氨基酸,再随血流输送到身体各部,合成组织蛋白(包括乳、毛等蛋白质)。

在肝脏内形成的内源尿素,有以下 3 条去路。①一部分尿素经血液分泌于唾液内，随唾液重新进入瘤胃。②通过瘤胃及后段消化道上皮扩散至瘤胃及胃肠内。应用同位素的研究证明，尿素进入瘤胃的速率与其水解的速率相接近，即微生物合成蛋白质能力与尿素从血液进入瘤胃的速率相等。反刍动物在喂低蛋白质日粮时，有高达 92% 内源尿素进入消化道，约 84% 转为复杂的氮化合物（微生物蛋白）。在水牛上实验证明，当所采食日粮含氨 117 g（蛋白质不足）时，由前胃进入皱胃的氮为 132.5 g，即增多 15.5 g；而当水牛获得日粮氮163.4 g（蛋白质充裕）时，从前胃进入皱胃的氮较日粮中的少，仅为 144.9 g，有 18.5 g 氮在前胃内被吸收。由此可见，日粮内可消化蛋白质越不足，前胃消化中进入内源氮越多，即内源氮与所采食的日粮氮呈反比，使前胃内总氮维持稳定状态，因此，在低蛋白日粮情况下，反刍动物靠尿素再循环以节约氮的消耗，保证瘤胃内适宜的氮的浓度，以利蛋白质的合成，一般认为瘤胃氨浓度 5×10^{-3} mol/L 时，合成蛋白质能力最强。③多余的尿素作为废物随尿排泄，所以当日粮蛋白质配合不当，尤其是 NPN 与蛋白质比率不适宜时，往往会造成氮的浪费。

精氨酸（Arg）是尿素合成过程中一种合成酶的激活剂，因此，精氨酸浓度增高时，尿素生成加速。精氨琥珀酸合成酶活性最低，是限速酶。高产奶牛瘤胃吸收的氨量很高，饲喂高蛋白日粮会影响尿素的生成并导致氨中毒，降低采食量和产奶量。精氨酸是一种条件必需氨基酸，是多胺、肌酸和一氧化氮等的直接前体物，可通过尿素循环调控氨的代谢，最终改善氮代谢、繁殖、泌乳、免疫和动物的生长性能。因为 Arg 在瘤胃内降解率高且价格昂贵，奶牛必须饲喂瘤胃保护性 Arg。*N*-氨基甲酰基谷氨酸（NCG）是 *N*-乙酰谷氨酸（NAG）的结构类似物，能激活尿素循环的关键酶氨基甲酰磷酸化合成酶Ⅰ和 Arg 合成通路，目前已经成为非反刍动物中 Arg 的潜在替代物。鉴于其瘤胃内的低降解性，NCG 可以不用包被保护而直接添加于反刍动物日粮。在高产中国荷斯坦奶牛日粮中添加 NCG 可增加奶产量和乳成分产量，改善氮的利用效率，其机理可能是由于 NCG 有效调节尿素循环而改变了血浆中代谢物和平衡 AA 的模式所致。

三、奶牛瘤胃微生物蛋白合成的机理及影响因素

(一)瘤胃微生物蛋白合成机理

瘤胃微生物利用发酵饲料过程中产生的挥发性脂肪酸(VFA)、能量(主要由ATP转化而来)和部分寡肽、氨基酸利用非蛋白氮(氨,包括内源性的氨)合成微生物蛋白。不同种类的微生物有以下不同的作用。①细菌参与饲料蛋白降解过程,并合成体蛋白,菌体蛋白是微生物蛋白的主体。氨基酸的降解和氨的产生超过细菌蛋白合成的需要将会导致日粮蛋白的浪费。多年来的研究结果显示,脱氨基的作用仅限于大量的能够由蛋白和蛋白水解产物产生氨的细菌。但最新的研究表明,氨基酸的脱氨基作用是由大量脱氨基酶活性低的细菌和少部分脱氨基酶活性高的细菌共同作用的结果。②原虫在瘤胃蛋白降解过程中也具有活性,并起着重要的作用。原虫只吞噬颗粒物(细菌、真菌和小的饲料颗粒)。因此原虫使不溶性饲料蛋白(如豆粕和鱼粉)降解的作用比使可溶性蛋白降解的作用更强,同时,这种吞噬作用增加了氮在瘤胃内的周转和消耗。此外,原虫和细菌一样都具有较强的脱氨基作用,但原虫不能由氨合成氨基酸,所以原虫是净生成氨的微生物。虽然原虫对瘤胃微生物生物量的贡献大,但它们对进入十二指肠的蛋白量的贡献却与它们对瘤胃微生物生物量的贡献并不成比例。③由于真菌在瘤胃液中的含量很低,所以真菌在瘤胃蛋白质降解中的作用通常认为可以忽略。日粮蛋白质在瘤胃降解的程度,取决于它发酵的难易程度和在瘤胃内的滞留时间。粗饲料的滞留时间相对较长,未被降解而直接通过瘤胃的粗饲料蛋白质很少。动物性蛋白质(如鱼粉)快速降解部分很少,所以大部分蛋白质未被降解而通过瘤胃到达真胃和小肠。经过瘤胃发酵的饲料过瘤胃蛋白质与原样相比,其氨基酸组成有所改变。最后,这些微生物蛋白连同饲料中过瘤胃蛋白(包括过瘤胃完整蛋白和部分小肽)随食糜流入真胃和小肠。瘤胃的这种微生物蛋白的合成和分解体系除了能使反刍动物大量利用NPN外,还在反刍动物蛋白质代谢上具有重要的稳衡控制作用。通常情况下MCP能提供动物很多种物质需要,能提供蛋白需要量的40%~80% MCP,但高产奶牛MCP远远不能满足其蛋白质需要,需要额外供

应瘤胃未降解蛋白提高必要的氨基酸。

(二)瘤胃微生物蛋白合成的影响因素

作为一个独立的生态系统,微生物的活动受到很多方面因素的影响。碳水化合物、氮源、维生素、矿物质、瘤胃内环境等都为影响因素。

瘤胃中合成的微生物蛋白受能氮平衡及同步释放的影响较大,研究证实碳水化合物的降解和消化速度在控制微生物生长所需能量方面起重要作用。不同的氮源对于微生物蛋白合成的影响也不同,氨是结构性碳水化合物微生物发酵的唯一氮源,而降解非结构性碳水化合物的微生物在提供氨基酸的情况下,其生长会加快。据报道,瘤胃微生物优先利用肽,其次是氨基酸,粗饲料比例、采食量和饮水量的变化等均可通过影响瘤胃食糜外流速率间接地影响进入十二指肠微生物蛋白的数量。矿物质对瘤胃微生物的作用取决于两个方面:一是矿物质会改变其内部的环境,如钠与碳酸氢根离子能调节瘤胃 pH,更好地适应微生物的生长;二是给微生物提供一定的营养物质。瘤胃液渗透压升高刺激反刍动物大量饮水,而瘤胃的体积是一定的,结果造成瘤胃内容物稀释率的提高。瘤胃内稀释率的整体提高减少了瘤胃原虫对瘤胃内细菌的吞噬造成氮元素的不合理利用,减少瘤胃内细菌对能量的摄取需要以及瘤胃细菌老化造成恶劣的营养物质不合理循环现象,微生物蛋白质的合成得到很大的提高。相反,瘤胃液渗透压降低,微生物蛋白质的合成率降低。最近的研究表明,饲喂管理及环境应激等因素也会影响瘤胃微生物的合成活力。

反刍动物瘤胃微生物蛋白质的合成机理是:反刍动物借助瘤胃内栖居的厌氧微生物利用日粮蛋白降解产生的氨、肽和氨基酸作为氮源,利用日粮有机物发酵产生的挥发性脂肪酸(VFA)作为碳架,产生的 ATP 作为能量,合成微生物蛋白质(MCP)。其中氢源、碳水化合物、维生素、矿物质、瘤胃内环境等因素都对瘤胃 MCP 的合成有影响。

四、奶牛蛋白质营养研究的相关进展

由于瘤胃微生物的作用,反刍动物对蛋白质的消化、利用与单胃动物又有很大的差异。进入瘤胃的饲料蛋白质,经微生物的作用降解成肽和氨基酸,其中多数氨基酸又进一步降解为有机酸、氨和二氧化碳。微生物降解所产生的氨与一些简单的肽类和游离氨基酸，又被用于合成微生物蛋白质。如果饲喂的蛋白质含量过高，降解的氨会在瘤胃积聚并超过微生物所能利用的最大氨浓度，多余的氨会被瘤胃壁吸收，经血液输送到肝脏，并在肝中转变成尿素。饲料供给的蛋白质少，瘤胃液中氨浓度就很低，经血液和唾液以尿素形式返回瘤胃的氮量可能超过以氨的形式从瘤胃吸收的氮量，在瘤胃中可转变为微生物蛋白质。因此，瘤胃微生物对反刍动物蛋白质的供给有一种"调节"作用，能使劣质蛋白质品质改善，优质蛋白质生物学价值降低。瘤胃微生物蛋白的品质一般略次于优质的动物蛋白，与豆饼和苜蓿叶蛋白大约相当，优于大多数谷物蛋白。所以，通过给反刍动物饲料中添加尿素，提高瘤胃微生物蛋白合成量已成为一项实用措施。

目前，对高产奶牛，即使瘤胃微生物蛋白质产量增加到最大程度，仍存在着进入小肠的蛋白质不足以供应奶牛产奶性能需要的问题，其主要原因是瘤胃微生物在饲料蛋白质分解和菌体蛋白质合成的过程中，改变了饲料中蛋白质氨基酸的构成比例，而微生物蛋白质与奶牛产奶的理想蛋白质氨基酸构成是不同的。于是，营养学家用 RUP(瘤胃未降解蛋白质)来补充瘤胃微生物蛋白质的不足。其中，多数使用加热和化学处理的方法。主要目标是通过合适的加工条件增加可消化 RUP 数量，同时尽量减少氨基酸的损失。由于在反刍动物的日粮中添加结晶型的赖氨酸(Lys)和蛋氨酸(Met)会受瘤胃微生物的作用而在瘤胃中迅速发生脱氨基作用，给反刍动物饲喂通过瘤胃而不被降解，同时又不影响氨基酸在小肠消化吸收的过瘤胃 Lys 和过瘤胃 Met，则可取得满意的结果。国内外大量研究表明，饲喂瘤胃保护氨基酸对奶牛干物质的采食量没有显著影响，但可提高奶产量和乳蛋白含量，提高血浆中相应氨基酸的浓度及日粮蛋白质的利用率。

近年来随着奶牛养殖业的蓬勃发展，特别是奶牛养殖集约化程度的提高，奶牛生产过程中的氮排放对环境保护工作带来的压力越来越大。有数据表明，奶牛生产过程中排放的氮约占动物生产氮排放量的 60%。日粮中的蛋白质和含氮化合物需经消化后被机体吸收利用，但在这个过程中只有约 21% 的氮可被奶牛机体有效吸收利用，其余的则被排出体外，造成蛋白质饲料的浪费。氮的大量排放会造成环境污染，引起空气质量下降，以及水源和土壤氮元素富营养化。通过蛋白质营养调控技术减少瘤胃氨氮损失，提高小肠蛋白质利用率可以减少蛋白饲料资源的浪费，减少环境污染，实现奶牛养殖业的可持续发展。目前蛋白质营养调控技术主要集中在降低日粮粗蛋白质水平、增加过瘤胃蛋白的比例、对必需氨基酸进行保护。增加过瘤胃蛋白的比例的方法如下。一是使用天然过瘤胃蛋白含量高的饲料。奶牛日粮中蛋白质种类的组成决定了日粮粗蛋白质的过瘤胃率，通过使用天然过瘤胃蛋白含量高的饲料可以提高日粮过瘤胃蛋白比例。在瘤胃内被降解的蛋白质平均占60%，但各种饲料的蛋白质降解程度差异很大。根据报道整理的饲料蛋白质在瘤胃内的降解率举例见表2-2。二是对蛋白质进行瘤胃保护，常用的蛋白质饲料保护方法有加热法、化学法和物理包被法。加热法包括干热、焙炒、高压加热和蒸汽加热，加热的同时采用物理、化学复合处理。加热使蛋白质变性，在瘤胃中的降解率降低。对膨化大豆和焙烤大豆进行研究发现，大豆处理后能降低瘤胃氨态氮浓度，减少环境污染，提高蛋白过瘤胃率，乙酸、丙酸有所改变，乳脂率得到提高。目前，膨化大豆已成为高产牛群主要蛋白源饲料之一。化学法包括甲醛处理、锌盐处理、单宁处理、氢氧化钠等其他化学药品处理以及非酶促褐化反应。这些处理主要利用化学药品与蛋白质分子间发生化学反应，使蛋白质在瘤胃中溶解度降低，减少瘤胃微生物对蛋白质的分解，从而提高蛋白质过瘤胃率；当复合物到达小肠时，在小肠环境的作用下，蛋白质与处理时所用药品分离，释放蛋白质，使其在小肠中被消化利用。目前，单宁对蛋白瘤胃保护研究成为热点之一，单宁的理化性质主要表现出很强的极性和与蛋白质结合形成不溶于水的复合物沉淀的特性，单宁-蛋白复合物在pH为3.5～7.0时是稳定的，瘤胃pH为5～7时，单宁结合的蛋白质比较稳定，不易被微生物降解，当此化合物流经真胃(pH 2.5)和小肠(pH 8～9)时，蛋白质与单宁立即分离，经胃蛋白酶和胰蛋白酶分解，形成容易吸收的小分子物质，在某种程度上起到了过瘤胃蛋白保护作用。虽然单宁对蛋白质都有结合能力，但是仍然具有选择性，体现在不同的单宁对不同蛋白质的亲和力不同。近几年的研究表明，补充瘤胃保护蛋氨酸和赖氨酸可以适当降低日粮粗蛋白质水平但不影响产奶量，同时可减少奶牛的氮排泄量。在降低奶牛的日粮蛋白质浓度的条件下，平衡日粮的可代谢氨基酸和赖氨酸，可维持甚至提高产奶量，改善乳成分。

表 2-2　饲料蛋白质在瘤胃内的降解率　%

饲料名称	蛋白质在瘤胃内的降解率	饲料名称	蛋白质在瘤胃内的降解率
酪蛋白	90	禾本科牧草青贮	85
花生饼	63～78	小麦草	73～89
棉仁饼	60～80	黑麦草(轮作)	59～70
葵籽饼	75	红三叶草(未成熟)	66～73
大麦	72～90	苜蓿干草	40～60
豆饼	39～60	禾本科干草	50
玉米	40	玉米青贮	40
鱼粉	50	白三叶草(新鲜)	47
秘鲁鱼粉	30		

第三节　奶牛脂肪营养代谢

脂类包括脂肪和类脂。脂肪包括脂和油，常温下呈固态者称脂，呈液态者称油。脂和油由碳、氢、氧 3 种元素组成，先组成甘油和脂肪酸，再由 1 分子甘油和 3 分子脂肪酸组成三酰甘油，也称中性脂肪，常食用的有动物油、植物油，如猪油、菜油、豆油、芝麻油等。类脂包括磷脂、固醇、脂蛋白等，如卵磷脂、脑磷脂、胆固醇和各种脂蛋白。脂肪酸是组成脂肪的主要成分，在化学上根据碳原子价键不同可将脂肪酸分为饱和脂肪酸、单不饱和脂肪酸和多不饱和脂肪酸。

一、脂肪的消化吸收

(一)脂肪在瘤胃的消化吸收

瘤胃尚未发育成熟的反刍动物，脂肪的消化与单胃动物类似。瘤胃脂肪的消化，实质上是微生物对脂肪的消化，瘤胃微生物分解脂肪产生甘油和脂肪酸，甘油部分被微生物分解产生挥发性脂肪酸(VFA)，脂肪酸中部分不饱和脂肪酸被氧化成饱和脂肪酸。进入十二指肠的脂肪包括吸附在饲料表面上的饱和脂肪酸和微生物脂，在胰脂酶和胆汁作用下水解。其结果是脂肪的质和量发生明显变化。

瘤胃内环境是高度还原环境，大部分不饱和脂肪酸经微生物作用变成饱和脂肪酸，必需脂肪酸减少。生物氢化是瘤胃脂肪消化的一个重要过程。饲粮中的脂肪水解形成脂肪酸，在微生物酶催化作用下氢化（NADH、内源电子供体、瘤胃发酵产生的氢）形成饱和脂肪酸。饲粮中90%以上的含多个双键的不饱和脂肪酸被氢化，氢化作用必须在脂肪水解释放出不饱和脂肪酸的基础上才能发生。氢化反应受细菌产生的酶催化。据研究，瘤胃发酵产生的氢大约14%用于微生物体内合成，特别是微生物脂肪合成和不饱和脂肪酸氢化。不饱和脂肪酸被氢化为以硬脂酸为主的饱和脂肪酸或含有一个双键的脂肪酸。一种细菌不能将一种多不饱和脂肪酸完全氢化饱和，脂肪酸的氢化作用是各种细菌协同作用的结果，不同细菌的氢化作用有空间的选择性。

部分氢化的不饱和脂肪酸发生异构变化。粗饲料和谷物中的脂肪主要是甘油三酯、半乳糖甘油酯和磷脂，饲草、饲粮中的脂肪酸是顺式脂肪酸。主要的脂肪酸是C18:2和C18:3。在氢化过程中，涉及脂肪酸发生同分异构化。改变脂肪酸的链长和双键位置，反式脂肪酸比较稳定、熔点也高于顺式脂肪酸。C18:2和C8:3的生物氢化涉及一个同分异构反应，即将顺12-双键转化为反-11双键异构体，随后还原为反-11-C18:1，最终进一步还原为C18:0（硬脂酸）。C18:0是C18:1、C18:2和C18:3生物氢化后的主要产物，但瘤胃中产生的一些反式异构体随食糜进入小肠被吸收，结合到体脂和乳脂中。

脂肪中的甘油被大量转化为挥发性脂肪酸。小肠胰脂酶主要将甘油三酯水解为游离脂肪酸和甘油一酯，瘤胃微生物酶则主要将甘油三酯水解为游离脂肪酸和甘油，后者被转化为挥发性脂肪酸。半乳糖甘油酯先被水解为半乳糖、脂肪酸和甘油，后者再转化为挥发性脂肪酸。

支链脂肪酸和奇数碳原子脂肪酸增加。瘤胃微生物可利用丙酸、戊酸等合成奇数碳原子链脂肪酸（如C15:0），也可利用异丁酸、异戊酸以及支链氨基酸（缬氨酸、亮氨酸和异亮氨酸）等的碳骨架合成支链脂肪酸。脂肪经过瓣胃和网胃时，基本上不发生变化；在皱胃，饲料脂肪、微生物与胃分泌物混合，脂肪逐渐被消化，微生物细胞也被分解。

瘤胃中产生的短链脂肪酸主要通过瘤胃壁吸收。其余脂肪的消化产物，进入回肠后都能被吸收。

（二）脂肪在小肠的消化吸收

进入十二指肠的脂肪由吸附在饲料颗粒表面的脂肪酸、微生物脂肪以及少量瘤胃中未消化的饲料脂肪构成。由于脂肪中的甘油在瘤胃中被大量转化为挥发性脂肪酸，所以反刍动物十二指肠中缺乏甘油一酯，消化过程形成的混合微粒构成与单胃动物不同。成年反刍动物小肠中混合微粒由溶血性卵磷脂、脂肪酸及胆酸构成。链长小于或等于 14 个碳原子的脂肪酸可不形成混合乳糜微粒而被直接吸收。混合乳糜微粒中的溶血性卵磷脂由来自胆汁和饲料的磷脂在胰脂酶作用下形成，此外，由于成年反刍动物小肠中不吸收甘油一酯，其黏膜细胞中甘油三酯通过磷酸甘油途径重新合成。

由于反刍动物消化道对脂肪的消化损失较小，加之微生物脂肪的合成，所以进入十二指肠的脂肪酸总量可能大于摄入量。呈酸性环境的空肠前段主要吸收混合微粒中的长链脂肪酸，中后段空肠主要吸收混合微粒中的其他脂肪酸。溶血磷脂酰胆碱也在中、后段空肠被吸收，胰液分泌不足，磷脂酰胆碱可能在回肠积累。脂肪在反刍动物空肠上段被吸收 15%～26%，大部分在空肠下 3/4 处被吸收，吸收能力达 80%～90%，受形成乳糜微粒能力大小的影响。

二、脂肪的消化产物的体内代谢周转

（一）脂肪分解代谢

储存在脂肪细胞中的脂肪，被脂肪酶逐步水解为游离脂肪酸和甘油，并释放入血以供其他组织细胞氧化利用，该过程称为脂肪动员。

在脂肪动员中，脂肪细胞内的甘油三酯脂肪酶是限速酶，它受多种激素的调控，因此称为激素敏感性脂肪酶（HSL），是脂肪动员的限速酶。肾上腺素、去甲肾上腺素和胰高血糖素是该酶的激活剂，胰岛素、前列腺素 E2 和烟酸是该酶的抑制剂。脂肪分解是生物体利用脂肪作为供能原料的第一个步骤。

研究发现给患有酮病的奶牛饲喂烟酸，其血液中酮体水平会降低。对于烟酸的作用机理，可能是烟酸抑制了腺苷酸环化酶的活性或激活了磷酸二酯酶的活性，从而使环腺苷酸含量减少，抑制了脂肪组织中游离脂肪酸的释放，同时烟酸又是脂肪动员激素敏感脂肪酶的抑制剂，减缓脂肪动员分解产生脂肪酸和甘油的速度，降低了高血脂以及大量酮体蓄积对机体所造成的危害。

1.甘油的氧化

脂肪动员产生的甘油主要在肝细胞经甘油激酶作用生成3-磷酸甘油，再脱氢生成磷酸二羟丙酮后沿糖代谢途径分解或经糖异生途径转化成葡萄糖。脂肪细胞及骨骼肌等组织因甘油激酶活性很低，不能很好地利用甘油。

脂肪酸不溶于水，在血液中与清蛋白结合后，运送至全身各组织，在组织的线粒体内氧化分解，释放大量的能量，以肝脏和肌肉最为活跃。在细胞液中游离脂肪酸（FFA）通过与辅酶A（CoA）酯化被激活，催化该反应的酶是脂酰CoA合成酶，需ATP、Mg^{2+}参与。反应产生的焦磷酸（PPi）立即被焦磷酸酶水解，阻止了逆反应，所以1分子FFA的活化实际上消耗2个高能磷酸键。脂肪酸的氧化是在线粒体内进行的，而脂酰CoA不能自由通过线粒体内膜进入基质，需要通过线粒体内膜上肉碱转运才能将脂酰CoA带入线粒体。内膜两侧的脂酰CoA肉碱酰基转移酶Ⅰ、Ⅱ（同工酶）催化完成脂酰基的转运和肉碱的释放。酶Ⅰ是FFA氧化分解的主要限速酶。

肉碱作为奶牛饲料添加剂，常用来改善奶牛泌乳期间的能量负平衡情况，降低奶牛由泌乳期能量负平衡引起的危害，同时提高奶牛的繁殖性能。研究发现，日粮中每天添加50 g肉碱会减少母牛产犊后肝脏中总脂肪含量和甘油三酯的积累，提高泌乳早期肝糖原水平，进而降低母牛泌乳早期代谢紊乱的概率。日粮中添加肉碱可显著降低奶牛血清中游离脂肪酸、谷氨酸脱氢酶和胆固醇水平，并提高母牛受孕率。

2.酮体的生成和利用

脂肪酸经β-氧化生成的大多数乙酰CoA进入TCA循环，当乙酰CoA的量超过TCA循环氧化能力时，多余的生成酮体，包括β-羟丁酸（占70%）、乙酰乙酸（占30%）和丙酮（微量）。酮体是燃料分子，作为水溶性的脂在心脏和肾脏中比脂肪酸氧化得更快。

酮体是正常的、有用的代谢物，是很多组织的重要能源。但肝细胞氧化酮体的酶活性很低，因此酮体经血液运输到肝外组织进一步氧化分解。心、肾、脑和骨骼肌线粒体有活性很高的氧化酮体的酶。β-羟丁酸在β-羟丁酸脱氢酶催化下重新脱氢生成乙酰乙酸，在不同肝外组织中乙酰乙酸可在琥珀酰 CoA 转硫酶或乙酰乙酸硫激酶作用下转变为乙酰乙酰 CoA，再由乙酰乙酰 CoA 硫解酶裂解为 2 分子乙酰 CoA，进入 TCA 途径彻底氧化。肝脏将长链的脂肪酸氧化生成短链的酮体，该酮体可较容易地被其他组织作为碳源和能源，尤其对于不能利用脂肪酸的脑组织来说，酮体作为能源物质具有重要意义。正常情况下，奶牛血中酮体含量为 0.3～3 mg/100 mL。在泌乳早期，体内脂肪动员加强，酮体生成增加，超出肝外组织利用酮体的能力，血中酮体含量升高，造成酮症酸中毒，称为酮血症，若尿中酮体增多则称为酮尿症。

奶牛酮病的发生与机体糖类和脂肪代谢紊乱及高能量饲料饲喂过量引起的能量负平衡有很大的关系。奶牛所需要的能量主要来自瘤胃内微生物发酵产生的纤维素生成的挥发性脂肪酸，包括丙酸、丁酸和乙酸，丙酸为机体内草酰乙酸先质和生糖先质，丁酸和乙酸可以转化成乙酰辅酶 A，进入三羧酸循环。乙酰辅酶 A 的去向在肝脏中是由草酰乙酸决定的，正常情况下，草酰乙酸可以使乙酰辅酶 A 进入柠檬酸循环供能，但是，由于分娩引起的奶牛内分泌及生理机能发生改变，采食量不能达到泌乳所需的能量，导致泌乳早期奶牛能量负平衡，由于产奶量的增加，机体糖类消耗增大，但由于机体丙酸缺乏和体脂储备动员缓慢，糖类得不到及时的补充，就会造成奶牛低血糖。糖异生加快，草酰乙酸作为糖异生原料供应增加，而奶牛低血糖会导致体脂动员，生成大量的游离脂肪酸，进入肝脏，这又进一步增强了氧化作用，大量生成乙酰辅酶 A，而此时由于机体糖类缺乏造成的磷酸甘油生产量减少，不能将多余的游离脂肪酸转化为甘油三酯，这势必导致多余的游离脂肪酸氧化生成乙酰辅酶 A 和乙酰乙酸辅酶 A，两者经过缩合、再分解后生成乙酰乙酸，乙酰乙酸又经过加氢还原或脱羧生成β-羟丁酸或丙酮，导致酮体含量升高。

（二）脂肪的合成代谢

合成原料涉及 3-磷酸甘油的生成和脂肪酸的生物合成。肝脏、脂肪组织和小肠均可合成脂肪，且以肝脏合成能力最强。

1.3-磷酸甘油的生成

糖分解代谢产生的磷酸二羟丙酮经脱氢酶催化还原生成3-磷酸甘油是最主要的来源；脂肪分解产生的甘油主要用于糖异生，很少一部分经脂肪组织外的甘油激酶催化与ATP作用生成3-磷酸甘油。

合成脂肪酸的酶系主要在胞浆，而糖代谢提供的乙酰CoA原料又在线粒体生成，所以乙酰CoA需通过转运。合成脂肪酸的过程不同于β-氧化的逆过程，是由7种酶蛋白和酰基载体蛋白(ACP)组成的多酶复合体完成，合成的产物是软脂酸。碳链延长是在线粒体和内质网中的两个不同的酶系催化下进行的。

2.脂肪酸合成

脂肪酸合成首先是软脂酸的合成。乙酰CoA通过柠檬酸-丙酮酸循环转运至胞浆。然后羧化生成丙二酸单酰CoA。ATP提供能量，生物素起转移羧基的作用，乙酰CoA羧化酶是FA合成的限速酶(变构酶)，变构剂柠檬酸与其变构部位结合可激活此酶的活性，胰岛素以及乙酰CoA也是该酶的激活剂，而高血糖素和丙二酸单酰CoA是该酶的抑制剂。乙酰基和丙二酸单酰基的转移。

脂肪酸合成的酰基载体不是CoA，而是酰基载体蛋白(ACP)在乙酰COA-ACP转酰基酶和丙二酸单酰CA-ACP转酰基酶的催化下，乙酰基和丙二酸单酰基被转移至ACP上，生成乙酰-ACP和丙二酸单酰-ACP。

缩合、还原、脱水、还原反应(脂肪酸合成酶系催化)如下。

①酰基-ACP合成酶接受乙酰-ACP的乙酰基，释放HS-ACP，并催化乙酰基转移到丙二酸单酰一ACP上生成乙酰乙酰-ACP。

②乙酰乙酰-ACP中的β-酮基转换为醇基，生成β-羟丁酰-ACP反应由酮酰基-ACP还原酶催化，NADPH为该酶的辅酶。

③β-羟丁酰-ACP经脱水酶催化生成带双键的反式丁烯酰-ACP。

④反式丁烯酰-ACP还原为四碳的丁酰-ACP。反应是由烯酯酰-ACP还原酶催化，NADPH为该酶的辅酶。

如此每循环1次，有1个新的丙二酸单酰CoA参与合成(提供二碳单位),7次循环,生成十六碳的软脂酰-ACP,经硫解酶水解生成软脂酸和HS-ACP。

软脂酸合成以后,脂肪酸碳链的延长形成脂肪酸。动物中脂肪酸合成酶的最常见的产物是软脂酸。其他各种FA的合成需要肝细胞的线粒体或内质网中的一些酶。

在线粒体,乙酰CoA提供碳源,NADPH提供还原当量,沿β-氧化逆过程,前3步反应相同,第4步反应由烯酯酰CoA还原酶催化,辅酶是NADPH而不是$FADH_2$,通过这种方式,每一轮反应可延长两个C原子,一般可延长碳链至二十四碳或二十六碳,以十八碳的硬脂酸为主。在内质网,丙二酸单酰CoA提供碳源,NADPH供氢,反应过程与软脂酸合成相似,不同的是CoASH代替ACP作为酰基载体,一般可延长碳链至二十二碳或二十四碳,也以十八碳的硬脂酸为主。

三、对奶牛脂类消化研究的相关进展

(一)不饱和脂肪酸在瘤胃氢化及对瘤胃微生物区系影响

牛奶是营养最为全面的食品之一,含有人类生存所需的多种营养物质。牛奶主要由乳脂、乳蛋白和乳糖等组成。近年的研究结果表明,脂肪酸成分与人类健康密切相关,摄食富含饱和脂肪酸的产品会增加人类患冠心病的概率,提高产品中不饱和脂肪酸尤其是乳中共轭亚油酸的含量能起到抗癌、抗动脉硬化、提高骨质矿物化、调节脂肪代谢和参与免疫调节等作用。反刍动物日粮中多不饱和脂肪酸经瘤胃微生物的作用转化为饱和脂肪酸后进入动物副产品(肉、奶等)中。很多研究都致力于通过调控日粮中多不饱和脂肪酸在瘤胃中的氢化过程以提高动物副产品中有益脂肪酸的含量,但日粮中的多不饱和脂肪酸进入瘤胃后,一方面在微生物的作用下发生氢化反应,另一方面也会对瘤胃中的微生物区系产生影响。

1.日粮中常见的不饱和脂肪酸

奶牛日粮中添加一些脂类不仅可以提高动物的生产性能,还能使肉、奶中有益物质的含量增加。目前,动物日粮中含量较多的脂肪酸主要有十六碳脂肪酸、硬脂酸、油酸、亚油酸、亚麻酸等，而亚油酸和亚麻酸因动物体内不能自身合成，故为必需脂肪酸，需从日粮中摄取。日粮中脂肪酸组成及含量因日粮种类不同而有所差异，花生饼中含有42%左右的十八碳单烯酸，麸皮中含有56%的十八碳双烯酸，而十八碳三烯酸在苜蓿和玉米青贮中含量较高。日粮中高含量的不饱和脂肪酸被动物摄食后，只有少部分进入动物的肉、奶中，而大部分则在瘤胃内被瘤胃微生物氢化为不同的饱和代谢产物。

2.瘤胃微生物参与各种多不饱和脂肪酸的氢化代谢途径

瘤胃中主要的微生物菌群为细菌、古细菌、原虫和真菌，细菌在瘤胃内的数量最大，其次为古细菌。日粮中的多不饱和脂肪酸经动物摄食进入瘤胃后，在瘤胃内水解酶、氢化酶等的作用下发生分解代谢，而瘤胃微生物在脂肪酸的分解代谢中起着至关重要的作用，不同微生物在脂肪酸的分解代谢过程中的作用也不尽相同。

(1)参与脂肪酸代谢的瘤胃细菌　日粮中90%的脂肪以甘油酯形式存在，动物采食后，甘油酯被瘤胃微生物如脂解厌氧弧杆菌(*Anaerovibrio lipolytica*，*A. lipolytica*)分泌的酯解酶作用下分解为甘油和脂肪酸。Henserson等随后也证实*A. lipolytica*有酯酶活性但不能降解半乳糖酯和磷酯。但在瘤胃内*A. lipolytica*数量仅为10^7个/mL，这说明在瘤胃中还存在其他微生物能发酵甘油等物质。

脂解后的不饱和脂肪酸在瘤胃氢化菌的作用下氢化为C18:1或硬脂酸，瘤胃内脂肪酸代谢产物的变化与丁酸弧菌属细菌密切相关，溶纤维丁酸弧菌(*B. fibrisolvens*)被证实是瘤胃中最主要的氢化细菌，能将亚油酸氢化形成共轭亚油酸和异油酸等中间体，但该菌不能将亚油酸转化为硬脂酸。溶蛋白丁酸弧菌(*B. proteoclasticus*)会抑制亚油酸的代谢。溶蛋白梭菌(*C. proteoclasticum*)参与亚油酸转化为硬脂酸的过程，*B. fibrisolvens*参与形成共轭亚油酸和亚油酸的过程。*B. fibrisolvens*、*R. flavefaciens*、*R. albus*和*B. proteoclasticum*在反式C18:1转变为C18:0过程中起主导作用。

因参与不饱和脂肪酸氢化过程的不同，将瘤胃细菌分为A族和B族，A族细菌主要氢化亚油酸和亚麻酸至*t*11C18:1，B族细菌则主要氢化各种十八碳烯酸为硬脂酸。但并非所有氢化细菌都参与每一步反应。瘤胃中参与亚油酸和亚麻酸氢化的主要细菌中，溶纤维丁酸弧菌、白色瘤胃球菌、真细菌、革兰氏阴性杆菌和羧尾菌属，在亚麻酸氢化中起主导作用，而溶纤维丁酸弧菌、白色瘤胃球菌、真细菌、革兰氏阴性杆菌也能参与亚油酸的氢化，而在油酸的氢化中羧尾菌属起主导作用。

(2)参与脂肪酸代谢的瘤胃原虫　瘤胃中原虫在脂肪分解方面的作用还不确定，且关于原虫对脂肪分解能力的研究也较少，故原虫对脂肪分解的作用还不清楚。Wright 等证实原虫也参与脂肪酸的氢化过程，瘤胃中 30%～40% 的脂肪由瘤胃中原虫 *Epidinium* spp. 分解，*Epidinium ecaudatum* 能将乳脂分解为乳糖，具有半乳糖苷酶活性，但不确定是否有酯酶活性；另一种属原虫 *Entodinium caudatum* 也被证实具有磷脂酶活性。Dawson 等研究结果发现，去原虫食糜中总不饱和脂肪酸的氢化效率降低。长期以来学者认为原虫脂类中不饱和脂肪酸较细菌脂类中不饱和脂肪酸多，近期研究结果证实，原虫中含有的不饱和脂肪酸主要为 CLA 和 VA。不同种属原虫的成分不一样，*Ophryoscolex caudatus* 含有的 CLA 和 VA 的量为一些小种属原虫（如 *Entodinium nannelum*）含量的 10 倍，在 *Isotricha prostoma* 也含有少量的 CLA 和 VA；这些研究结果说明原虫也参与了脂肪酸的代谢过程，但原虫中高含量的 CLA 和 VA 并非原虫自身合成，可能与原虫吞噬植物颗粒尤其是含有叶绿体的植物颗粒有关，HUWS 等研究结果发现，叶绿体为原虫中亚麻酸的主要来源，但不能说明原虫中高 CLA 和 VA 的具体来源，也有研究结果证实，原虫会优先结合富含 CLA 和 VA 的细菌，BOECKAERT 等证实 *I. prostoma* 不能氢化亚油酸，其中的共轭亚油酸 VA 的含量也较低。原虫数量的降低会使瘤胃内 t11C18:1 的含量增加而降低硬脂酸的生成。瘤胃内纤毛虫会从饲料中吸收短链脂肪酸合成前体物软脂酸，原虫会吸收由细菌产生的共轭亚油酸和反式异油酸，原虫会参与 C18 脂肪酸的内源性合成并随之会促使硬脂酸脱氢生成 C18:1。以上结果说明宿主动物对多不饱和脂肪酸（polyunsaturated fatty acid，PUFA）的利用效率还受原虫外流速率的影响。

(3)参与脂肪酸代谢的其他瘤胃微生物　厌氧真菌只占瘤胃微生物群落很小的一部分，但其降解纤维的能力很强，在真菌中含有相对较高浓度的 C18:1。*Piromyces communis* 中的 Δ^9-脱氢酶能将硬脂酸转化为 C18:1 n－9 脂肪酸，*P. communis* 能将亚油酸和亚麻酸转化为含共轭双键的脂肪酸中间体。瘤胃中产甲烷菌在利用二氧化碳形成甲烷的过程中与 PUFA 氢化途径竞争瘤胃中的氢，从而抑制不饱和脂肪酸在瘤胃内的氢化，故也间接参与了脂肪酸在瘤胃中的氢化。瘤胃内微生物参与各 PUFA 氢化代谢途径中，C18:2 脂肪酸主要在瘤胃细菌的作用下逐步氢化为饱和脂肪酸或其他不饱和脂肪酸，而原虫也参与不饱和脂肪酸的部分氢化过程。

3.瘤胃微生物参与下的各种脂肪酸氢化过程

油酸不经过异构化直接氢化为硬脂酸，但在瘤胃内某些具有异构酶的微生物（如 *Pseudomonas* 菌株）的作用下，能将油酸异构化为 *t*10C18:1；而细菌 *Fusocillus spp*. 也具有异构酶活性能将油酸转化为 *t*11C18:1。而且在瘤胃微生物的作用下还能形成其他 C18:1 异构体，这些异构体的不饱和键主要位于 6 位和 16 位碳之间，但此过程易受瘤胃内环境的影响。在瘤胃内也有部分 C18:1（如 *c*12C18:1、*c*13C18:1）不易被微生物氢化为硬脂酸，而生成羟基硬脂酸、酮硬脂酸等产物。尽管脂肪酸在瘤胃内的氢化过程复杂并涉及很多中间产物，如亚油酸在瘤胃内主要代谢途径为先在瘤胃微生物分解的异构酶的作用下生成含共轭双键的 C18:2，然后再被氢化为含一个不饱和键的 C18 :1。亚油酸能在溶纤维丁酸弧菌（*B. fibrisolvens*）、埃氏巨型球菌（*Megasphaera elsdenii*）、双歧杆菌（*Bifidobacterium*）、丙酸杆菌（*Propionibacterium*）、乳酸菌（*Lactococcus*）、链球菌（*Streptococcus*）和乳杆菌（*Lactobacillus*）等微生物的作用下异构化为共轭亚油酸，随后氢化为含一个不饱和键的 C18:1 进而氢化为硬脂酸。n-3 脂肪酸如亚麻酸的氢化途径一般通过瘤胃微生物转化为 *c*9*t*11*c*15C18:3 随后被微生物氢化为非共轭的 *t*11*c*15C18:2。

4.日粮中多不饱和脂肪酸对瘤胃微生物区系的影响

瘤胃微生物对不饱和脂肪酸的氢化起着至关重要的作用，但脂肪酸对微生物的生长也有影响。反刍动物饲喂高脂肪含量的日粮会使瘤胃细菌和原虫数量降低，泌乳奶牛日粮中添加 2.5%的鱼油组较添加 5%胡麻油和 5%葵花油组中瘤胃原虫数量高，也会降低瘤胃中纤维降解菌的数量。饲喂富含十二碳饱和脂肪酸的椰子油和 *n*-3 系多不饱和脂肪酸的鱼油会抑制瘤胃内原虫、*R. flavefaciens* 和 *F. succinogenes* 的生长，而椰子油抑制程度最高，椰子油和鱼油均会改变瘤胃内细菌的群落结构。亚油酸对瘤胃原虫也有毒性。富含多聚不饱和脂肪酸的瘤胃液中会使瘤胃内 *ISOTRICHID* 属的原虫数量急剧降低。反刍动物饲喂过瘤胃脂肪会保护瘤胃内原虫和真菌免受脂肪酸的影响，脂肪酸不仅扮演着瘤胃内微生物的能量来源的角色，还对瘤胃微生物有毒害作用并使某些重要的代谢途径发生变化，瘤胃内原虫对亚麻酸、亚油酸和油酸较为敏感，而多数中链饱和脂肪酸具有去原虫作用。

尽管溶纤维丁酸弧菌（*B. fibrisolvens*）和白色瘤胃球菌（*R. albus*）是脂肪酸氢化过程的主要菌群，但动物日粮中添加胡麻油和豆油也会使瘤胃内溶纤维丁酸弧菌（*B. fibrisolvens*）和白色瘤胃球菌（*R. albus*）数量降低；添加鱼油和豆油会使高粗料日粮中黄色瘤胃球菌（*R. flavefaciens*）、溶纤维丁酸弧菌（*B. fibrisolvens*）和白色瘤胃球菌（*R. albus*）的数量降低。在 Maia 等的研究结果中发现，纤维分解菌对 PUFA 的较敏感，尤其是瘤胃球菌（*Ruminococcus*）种属的纤维分解菌不能在含 PUFA 的培养基中生长，*F. succinogenes* 在富含亚油酸和二十二碳六烯酸（docosahexaenoic acid，DHA）的培养基中可少量生长但在亚麻酸和二十碳五烯酸（eicosapentaenoic acid，EPA）的培养基中不能生长。其他种属细菌如 *B. hungatei*、*E. ruminantium* 和 *C. proteoclasticum* 对脂肪酸也有一定敏感性，并且该研究结果发现，亚麻酸对微生物的毒性强于亚油酸，而鱼油中的脂肪酸如 EPA 和 DHA 的毒性又强于亚麻酸，EPA 的毒性强于 DHA。饲喂富含饱和脂肪酸的日粮较饲喂 n-3 多不饱和脂肪酸和 n-6 多不保护脂肪酸的日粮组会使拟杆菌门 *Bacteroidetes proportion* 降低 28%，紫单孢菌科细菌在 n-6 多不保护脂肪酸的日粮组急剧降低，而毛螺菌科的细菌在饲喂饱和脂肪酸的日粮组中显著降低。*Prevotella*、*Megasphaera*、*Selenomonas*、*Veillonella* 和 *Anaerovibrio* 对 PUFA 的耐受性较高。

真菌中 *N. frontalis* 能在富含亚油酸的培养基中生长，但 *P. communis* 在含 50 μg/mL 的培养基中生长受抑制。综上所述，细菌中纤维分解菌、参与丁酸形成的细菌和真菌对脂肪酸的敏感性较强。脂肪酸对微生物的毒性作用可能与其改变微生物脂双分子层细胞膜有关，脂肪酸中的双键会影响微生物细胞分子的空间结构，细胞的完整性也会受亚油酸的破坏。研究发现，12C 和 14C 脂肪酸的毒性强于其他链长的脂肪酸。而且因不同宿主动物瘤胃内微生物存在种间差异，故脂肪酸对其影响也不一样。

瘤胃内微生物的数量之多和种群之丰富，而不饱和脂肪酸在瘤胃内的氢化包括一系列复杂的过程，很多瘤胃微生物参与其中，对瘤胃微生物区系产生影响，造成一些微生物数量减少，从而影响粗纤维的消化。能量是维持奶牛正常代谢、生长、泌乳以及繁殖的首要营养指标，直接影响奶牛的生产性能以及健康状况。在实际生产中，因泌乳前期奶牛采食高峰期滞后于产奶高峰期，日粮中的能量不能满足奶牛（尤其是高产奶牛）的泌乳需求，极易造成奶牛能量负平衡。为了满足奶牛的能量需要，又要减少不饱和脂肪酸对瘤胃微生物的毒害作用，目前主要通过在日粮中添加过瘤胃脂肪来满足泌乳前期奶牛的能量摄入量。

（二）过瘤胃脂肪在奶牛生产中的应用

1.过瘤胃脂肪概述

过瘤胃脂肪又称瘤胃保护性脂肪，是指将脂肪通过物理或化学等方法保护起来，使其在瘤胃内不被降解，并在真胃和小肠进行消化、吸收的一类脂肪。泌乳前期是整个泌乳期中最重要的时期，是保证奶牛健康，维持奶牛体况和高生产性能，充分发挥其泌乳中期生产潜能的关键。

过瘤胃脂肪本质上是一些经加工后易于混入动物饲料的干脂肪，因为天然的干脂肪具有较高的熔点，因此在瘤胃内大部分不溶解，能通过瘤胃而不影响瘤胃微生物发酵，在皱胃和十二指肠化学物质和酶的作用下变成能被吸收的形式，在小肠中被消化吸收。过瘤胃脂肪不是在瘤胃内完全不降解，对瘤胃发酵没有一点影响，而是经过处理后使其在瘤胃内的降解速度减慢，大部分不被降解，从而降低对瘤胃微生物的影响。理想的过瘤胃脂肪应具备总能含量高、消化率高、饱和度合适、不影响饲料的适口性、易保存和性能稳定等特点，这类脂肪既可有效避免脂肪对瘤胃微生物的负面影响，又可补充能量，减少体脂的动用。此外，通过过瘤胃脂肪提供更多的不饱和脂肪酸是满足奶牛特定脂肪酸需要的一种方法，进而达到调控乳脂肪酸组成和提高奶牛繁殖性能的目的。因此，过瘤胃脂肪的研究和应用具有重要的意义。

2.过瘤胃脂肪原料

使用最广泛的是植物脂肪酸与钙氧化物反应形成不溶的钙皂,棕榈油分馏的脂肪酸通常最多用于制造钙盐,全世界范围内这些脂肪酸的生产数量最大。植物脂肪比动物脂肪的价值高,动物脂肪含有较多的饱和脂肪酸,如硬脂酸,其与脂肪消化率降低有关。与动物脂肪相比,植物脂肪含有较低的硬脂酸和更高水平的必需脂肪酸,特别是亚油酸,许多研究已经表明其对奶牛繁殖性能有益。

(1)类型和原理　根据保护机制不同,过瘤胃脂肪主要分为包被油脂类、氢化脂肪、脂肪酸化合物和瘤胃稳定性脂肪 4 类。

①包被油脂类。用瘤胃难降解的物质包被于油脂表面形成一层保护膜,使其不在瘤胃内发酵,从而达到保护的目的,主要有甲醛-蛋白质复合物包被和血粉包被。甲醛-蛋白质复合包被油脂的主要机理是甲醛-蛋白质反应形成的保护膜在瘤胃中不降解,而在真胃酸性环境中保护膜可被破坏,释放出包被的脂肪。甲醛-蛋白质复合物对脂肪的保护程度可达 85%,但甲醛在畜产品中的残留及成本较高限制了该法的使用与推广。血浆白蛋白能在饲料颗粒表面形成保护膜,可防止养分在瘤胃内降解,通过喷雾法将血浆喷向油脂,形成血粉包被。成本较高,易传播疾病是限制该法大量推广的主要原因。

②氢化脂肪。氢化脂肪是脂肪中的不饱和脂肪酸加氢后使其形成饱和脂肪酸的一类脂肪,它主要利用饱和脂肪酸熔点比不饱和脂肪酸高的原理,这类脂肪的熔点高于瘤胃内温度,仍以固体状态通过瘤胃,在小肠中被特定的酶消化。研究结果表明,氢化棕榈油在缓解围产期奶牛能量负平衡,改善肝脏脂类和糖原代谢的效果好于棕榈油脂肪酸钙,但其在加工过程中可能存在氢化不完全、含有一定量的短链脂肪酸、产生脂肪酸的异构化及可能残留一些其他物质,从而影响产品质量。

③脂肪酸化合物。脂肪酸化合物主要是采用钝化羧基的方法来减少脂肪在瘤胃中的降解,目前研究较多的是脂肪酸钙。脂肪酸钙是由脂肪酸结合钙离子形成的化合物,其瘤胃保护机制是依据瘤胃和小肠 pH 的差异。脂肪酸钙盐在瘤胃 pH 6.5～6.8 的环境中难以分解,也不被氢化,能通过瘤胃而不干扰瘤胃微生物的正常活动,但在真胃 pH 2～3 的酸性环境下解离为脂肪酸和

钙离子,最终在真胃和小肠中被吸收。钙盐的保护程度受瘤胃 pH、脂肪酸的不饱和度和链长等许多因素的影响。添加脂肪酸钙不仅可以提高日粮能量浓度,降低日粮中精料的比例,还可为反刍动物补充钙。但由于脂肪含量低,脂肪酸钙有一个显著的低能量值;因为这些化合物实际上是一种化学皂,其所含的肥皂气味和口味会影响整个日粮的适口性,导致总干物质采食量减少。此外,当瘤胃环境欠佳时,可能一部分被分解后释放的油脂进入瘤胃,影响添加效果。

④瘤胃稳定性脂肪(分馏脂肪)。瘤胃稳定性脂肪是指采用物理方法,根据脂肪原料中各种脂肪酸熔点的不同进行分馏,收集高熔点脂肪酸加工而成的一类脂肪,其富含棕榈酸。目前该产品被越来越多地应用于反刍动物生产中。实验结果表明,用分馏的棕榈酸替代大麦可提高奶牛能量校正乳产量、乳中脂肪酸的平均长度和乳脂球的直径。

(2)适口性　过瘤胃脂肪的类型不同,其适口性略有不同。氢化脂肪和瘤胃稳定性脂肪对日粮的适口性影响很小。然而,脂肪酸钙盐具有很强的刺激性气味和轻微的苦味,因此,初次使用时奶牛可能需要一个较长的适应期。此外,饲喂钙盐时应确保其被完全混合入日粮,以免使饲料采食量受到影响。一般情况下,适口性不作为选择过瘤胃脂肪产品的标准,但当奶牛干物质采食量几乎达到限量时,在围产期奶牛日粮或直接添加时应充分考虑此问题。

(3)消化率　消化率决定能量含量,过瘤胃脂肪的能量含量几乎完全由其小肠消化率决定。纯脂肪的小肠消化率变化相当大,这主要与硬脂酸含量有关。与动物脂肪相比,植物脂肪的硬脂酸含量较低。长链脂肪酸钙盐在各种过瘤胃脂肪中具有较高的小肠消化率,虽然脂肪含量略低,然而由于其高消化率,脂肪酸钙盐具有最高的净能含量。

奶牛日粮中补充过瘤胃脂肪在缓解能量负平衡和提高生产性能方面的作用已得到了大多数研究的证实。但是在奶牛不同的生理阶段,不同的过瘤胃脂肪种类和添加量;不同的日粮类型及它们之间的互作等方面还需要更多的研究。饲喂脂肪的主要原因是其高能量密度,过瘤胃脂肪提供的必需脂肪酸在高产奶牛营养中具有重要作用。今后在脂肪酸调控乳成分、繁殖性能及奶牛其他的健康和代谢参数等方面都将有深入的研究,从而为过瘤胃脂肪的合理应用提供可靠的理论依据。

第四节　奶牛矿物质元素营养代谢

矿物质元素对奶牛生长、繁殖、泌乳等各生理阶段均具有重要影响。奶牛在不同的生理阶段具有不同的生理特点和营养需求，分别给予适当的营养，是提高奶牛产奶和繁殖性能及延长奶牛使用寿命的基本条件。就营养方面来讲，为确保奶牛有良好的生理状况及生产性能，除给予适宜的蛋白质和能量外，还必须注意矿物质元素的合理供给。奶牛必需矿物质元素有 20 多种，分为常量元素和微量元素两类，体内含量大于 0.01% 的为常量元素，包括钙、磷、钠、钾、氯、镁、硫；体内含量不足 0.01% 的为微量元素，包括铜、铁、锌、锰、硒、碘、钴、铬、钼、氟。

一、常量矿物质元素营养代谢

常量矿物质元素在维持奶牛正常的生命活动和促进健康方面发挥着重要的作用。常量矿物质元素不仅是骨骼和其他组织的重要组成成分，而且参与机体的各项代谢活动。泌乳期奶牛从奶中分泌出大量常量矿物质元素，如果机体得不到及时的补充，则会出现相应的缺乏症，严重的甚至可导致死亡。因此，必须保证泌乳奶牛所需矿物质元素的及时供应，同时还要注意矿物质元素之间及矿物质元素与其他营养物质之间的比例关系。

(一)奶牛对钙的需要

1.钙的生物学功能

动物机体内钙的分布有细胞外钙和细胞内钙两种形式。细胞外钙是骨骼形成、神经冲动传递、骨骼肌兴奋及心肌收缩、血液凝固所必需的。体内总钙量的 98% 以上存在于骨骼和牙齿中，以维持骨骼和牙齿的正常硬度。细胞内钙的浓度为细胞外钙浓度的万分之一，细胞内钙与许多酶的活性有关，是细胞表面向细胞内部传递信息重要的第二信使。

对于泌乳奶牛而言，钙除具有上述生物学功能外，还是奶牛乳汁的重要组成成分，机体中钙的含量影响着生产瘫痪、胎衣不下及真胃变位等疾病的发生和发展，因此，奶牛日粮中必须补充钙。

2.钙的吸收与排泄

体内的钙主要来自食物，大部分在小肠的前段吸收。钙的吸收量与肠道内钙浓度、机体的需要量及肠内酸碱度有关。当肠内酸度增加时钙盐易溶解，因而吸收增加。当肠内存在碱性物质时则形成不溶解的钙皂，从而使钙的吸收减少。钙的吸收量与机体的需要量是相适应的，当缺钙时肠道吸收钙的速度增加，而当体内钙过多时，则吸收速度降低。摄入的钙 80%从粪便排出，20%从肾排出。从肾小球滤过的钙有 98%被重吸收，因此从尿中排泄不多，尿中钙的排泄量受钙的摄入量、肾脏的酸碱调节机能以及甲状旁腺素分泌的影响。甲状旁腺素可升高血钙水平，降低血磷水平，其原因是此激素促进肾小管对钙的重吸收，进而抑制对磷的重吸收。

3.奶牛钙的需要量

钙是奶牛体内重要的常量矿物质元素之一，在维持奶牛正常的生命活动和促进健康方面发挥着重要的作用。关于奶牛钙的适宜供给量，美国 NRC 认为应采用析因分析方法，将其分为生长、维持、妊娠、泌乳四个阶段分别研究。犊牛的骨骼处于积极生长阶段，对钙的要求较高，当骨骼成熟时生长所需的钙就会减少一些。美国农业和食品研究委员会(AFR)提出析因模型，采用生长率方程来计算生长犊牛的钙需要量。不同品种奶牛所产的牛奶乳蛋白含量不同，其每产 1 kg 牛奶所需的钙量也略有不同。

4.奶牛钙需要研究进展

瘤胃微生物为维持其活性需要大量的矿物质元素，报道显示，矿物质通过调节反刍动物瘤胃的渗透压、pH 以及稀释率来影响瘤胃微生物的消化作用。因此，适当地补充矿物质元素，可以通过上述途径提高瘤胃的消化功能。奶牛日粮中钙过量会抑制瘤胃微生物作用而使日粮消化率降低，导致体内 P、Mn、Fe、Mg 等矿物质元素代谢紊乱。

青年母牛缺乏日粮钙会阻碍新骨的矿化，造成生长停滞，最终导致佝偻病的发生。泌乳奶牛在缺乏日粮钙时，会被迫调用骨钙来维持细胞外液的稳态。这样会引起骨质疏松和骨软化症，容易产生自发性骨折。即使在日粮钙严重缺乏时，牛乳中的钙浓度也不会发生变化，所以高产奶牛围产期日粮缺钙极易出现产后瘫痪等症状。随着奶牛养殖业集约化程度的不断提升以及产量的增加，围产期奶牛低钙血症的发生率不断升高，已成为围产期高产奶牛高发疾病之一，尤其是生产瘫痪病牛淘汰率极高，如不及时治疗，可能继发其他产科疾病。因此，防治围产期奶牛低钙血症也越来越受到重视。由于该病的发病原因复杂，影响因素众多，发病机制尚不十分清楚。奶牛低钙血症发病主要因素有以下几方面：①妊娠后期及产后阶段奶牛对钙的需要量剧增（胎儿骨骼发育和泌乳）。②妊娠后期腹腔压力增大，从而影响消化道对钙的吸收，以及分娩应激致使产后食欲不佳，对钙的吸收量减少等，都会直接影响血钙量。③产后不能及时补充（从饲料、医疗或骨中获得）钙。患低钙血症的牛，其体内钙随产后泌乳进一步流失，血钙浓度低至一定程度时就会发生瘫痪。目前，临床上更多的研究集中在生产瘫痪的防治方面，但围产期奶牛低钙血症的发病率更高，且易被忽视，其结果导致：①进一步发展成生产瘫痪。②继发其他围产期疾病。③造成产奶量降低和奶牛的使用年限减少，给养殖业带来损失。现代化高产奶牛场更应重视围产期奶牛低钙血症的预防、诊断和治疗，但目前除了测定血钙以外，还没有确切的诊断标准，尤其是生产瘫痪还未发现公认的示病性标志物。揭示奶牛低钙血症或生产瘫痪的示病标志物，将是未来奶牛低钙血症发病机制研究的重要方向。

奶牛进食过量的日粮钙通常不会产生什么特定的中毒症。日粮钙浓度超过1%时，可引起DMI减少，生产性能下降。过量进食钙会妨碍微量元素（尤其是锌）的吸收，取代本可以更好地用来增加产奶量的能量或蛋白质。

（二）奶牛对磷的需要

1.磷的生物学功能

动物机体内总磷量存在于骨骼和牙齿中，以维持骨骼和牙齿的正常硬度，骨骼内的磷主要存在形式为羟基磷灰石和磷酸钙。磷是身体软组织和神经磷脂的组成成分，参与体内广泛的酶反应，尤其是与能量代谢及转移有关的反应，磷也是传递遗传信息所必需的，还是机体内缓冲体系的重要组成部分，另外磷还能够维持细胞壁的结构和完整性。

2.磷的吸收与排泄

磷吸收的主要部位是小肠,尤其是十二指肠和空肠。少量的磷在瘤胃壁、瓣胃和皱胃吸收。磷的吸收率受到诸多因素影响,如维生素、日粮磷水平、钙磷比等,其他矿物质元素亦影响其吸收,诸如钙、镁、钾等。小肠中可吸收磷的浓度也直接影响着对磷的吸收利用。奶牛的年龄也会影响磷的吸收,磷的利用率随着奶牛年龄的增长而降低。磷的主要排放途径包括粪便、牛奶和尿。其中粪磷占总磷排放量最多,占68.7%;牛奶中的磷占总磷排放的30.3%;尿磷最少,仅为1%。

3.奶牛磷的需要量

美国NRC(2001)在1989年版的基础上,通过对大量试验研究报道进行了整理分析总结,已经降低了奶牛日粮中磷含量的推荐量。奶牛可吸收磷的需要量为维持、生长、泌乳及妊娠所需量的总和。其中维持需要,每摄入1千克饲料干物质中需含磷1.0 g;泌乳需要,每产奶1千克需0.9 g磷。英国农业研究委员会(ARC)推荐成年奶牛磷的维持需要量为每千克体重0.020 7 g,产奶需量为每千克奶重1.56 g。法国动物营养平衡委员会(AEC)推荐成年奶牛磷的维持需要量为每千克体重0.062 g,产奶需要量为每千克奶重1.25 g。德国推荐成年奶牛磷的维持需要量为每千克体重0.040 g体重,产奶需要量为每千克奶重1.66 g。与其他国家采用标准相比,NRC推荐的奶牛磷需要量偏高。

4.奶牛对磷需要研究进展

国外一些对反刍动物唾液调节体内磷的研究表明,唾液磷对于维持瘤胃内磷浓度水平具有重要意义。研究证明,瘤胃微生物消化纤维合成微生物蛋白质需要磷。为使瘤胃微生物充分降解饲料原料,瘤胃内每千克可消化有机物的可利用磷(饲粮及唾液分泌的磷)含量不得少于5 g。但就目前研究而言,瘤胃微生物的最适磷浓度尚未完全确定,研究指出,瘤胃磷浓度的水平应该至少保持在75～100 mg/L,才能够维持瘤胃微生物的最大数量和最大活性。

相比于猪、禽等单胃动物,草食动物最容易出现磷缺乏。当奶牛缺乏磷时,首先会引起机体钙磷比失调,随后便可引起一系列的机体代谢紊乱,进而出现奶牛的异嗜癖、软骨症、乳质下降、饲料利用率降低、产后瘫痪等。但磷饲喂量过高则不仅浪费矿物质资源，更会引起土壤、水体的富营养化等环境问题，从而带来经济损失，加重养殖户的负担。在美国，流入水体中磷的33%由畜牧业造成，而反刍动物磷排泄则占整个畜禽养殖的60%左右。当前，不仅我国不断出台措施加强畜禽污染管控，严格限制粪污排放，而且在世界范围内矿物质磷资源都可能会因为缺乏而价格上涨。因此，如何在保证正常生产性能的条件下减少饲粮磷添加量，提高反刍动物磷利用率，最大限度地减少磷排泄已经成为行业必须面对且迫切需要解决的问题。

(三)奶牛对钾的需要

1.钾的生物学功能

钾是动物机体中仅少于钙和磷的第三大矿物元素，也是细胞内浓度最高的元素。钾还是肌肉中最多的矿物质，是非常重要的矿物元素。钠主要存在于血浆和细胞外液，而钾主要存在于细胞内液。钾参与细胞内的酸碱平衡、离子平衡、水平衡，并且作为机体最重要的电解质参与渗透压的形成。钾也在神经和肌肉细胞的电生理活动中发挥重要的作用。这涉及钾和钠的跨膜运输，许多酶系参与该反应的启动。从某种程度上说，正是钠钾泵实现了细胞内外的物质运送，从而维持了细胞的正常生理功能。钾与钙的平衡对于肌肉的正常活动是必需的。钙过量会使肌肉处于完全收缩状态，即出现所谓的钙强直。相反，钾过量会使肌肉处于松弛状态，即钾抑制。对于泌乳牛而言，钾还是牛奶的重要组成成分，钾是乳汁中含量最多的矿物质元素。

2.钾的吸收与排泄

奶牛体内的钾主要来自饲料及饲草，主要吸收部位是十二指肠，其次是胃小肠后段和结肠。奶牛每天从消化道吸收的钾，内源部分是外源部分的数倍之多。进入体内的钾，90%～95%经尿排出体外，部分也可通过粪便、皮肤、汗腺、奶等排泄。

3.奶牛钾的需要量

钾是奶牛体内非常容易耗竭的元素，主要储存于肌细胞和神经细胞，而钾对完成细胞正常的生理功能是必需的，因此，必须每天给奶牛提供足量的钾。这一点与钙和磷不同，钙和磷主要存在在骨骼中，并且可以动用。此外，奶牛泌乳对钾的需要量要远高于钙和磷。对日泌乳 40 kg 的奶牛来说，仅产奶一项就需要 60 g 钾、40 g 磷和 48 g 钙。奶牛钾摄入量的 25%～40%直接进入奶中。同时，泌乳期母牛的其他生理活动也需要大量的钾。

除玉米外，各种饲料每千克干物质中的含钾量均在 5 g 以上，青饲料每千克干物质中含钾量超过 15 g。所以常用饲料均能满足奶牛对钾的需要，尤其是日粮中饲草比例大时，钾的摄入量远远超过需要量，一般情况下不需要额外补充钾。但是，在夏季天气炎热，而且防暑降温措施又不够理想的情况下，在补钠的同时适当补充钾对维持奶牛体内电解质平衡、缓解热应激具有积极作用。

4.奶牛对钾需要研究进展

奶牛钾的缺乏症首先表现为食欲降低、采食量下降、生长受阻，泌乳期奶牛还会表现为产奶量降低。当奶牛处于热应激状态时，这些缺乏症会表现得更为明显。奶牛食入多余的钾会很快被排泄掉，故很少发生钾中毒。

钾元素是动物和植物必需的矿物质营养成分，一般钾在水中有较高的溶解性。与动物钾需要量相比，植物的钾需要量相对较高。反刍动物的精料含有较高水平的钾，但是能有效利用的钾较少。因此，反刍动物经常发生钾过剩，过剩的钾积累在尿中，随着动物排尿钾也被排泄到环境中，进入土壤和地表水，由于土壤对钾的积累有一定的限度，进入土壤和地表水中过量的钾对其造成严重的污染。在生产中，我们应该从饲料营养、饲养管理、粪尿处理等方面控制碳、氮、磷和钾等在环境中的积累，以免污染空气、地下水和土壤，从而通过食物链对人类的生活产生不利影响。

(四)奶牛对钠和氯的需要

1.钠和氯的生物学功能

钠和氯主要分布于细胞外液，在保持体液的酸碱平衡和渗透压方面起重要作用。此外，钠和其他离子协同参与维持骨肉神经的正常兴奋性。以重碳酸盐形式存在的钠可抑制奶牛瘤胃中产生过量的酸，从而为瘤胃微生物创造适宜的生存环境(徐峰,2008)。氯是胃液中主要的阴离子,它与氢离子结合形成盐酸,激活胃蛋白酶,并使胃液呈酸性,具有杀菌作用。

2. 钠和氯的吸收与排泄

在反刍动物的前胃,钠和氯可经偶联的主动吸收机制吸收。在一般情况下,钠主要通过糖和氨基酸的吸收而伴随吸收,但在无糖和氨基酸存在的条件下,以此方式吸收效果极差。钠、钾、氯都是一价离子,也能通过简单扩散吸收。钠和氯的主要吸收部位是十二指肠,其次是胃、小肠后段和结肠。动物每天从消化道吸收的钠和氯中,内源部分是外源部分的数倍之多。进入体内的钠和氯,90%～95%经尿排出体外,部分也可通过粪便、皮肤、汗腺、奶等排泄。

3. 奶牛钠、氯的需要量

奶牛处于不同的生理阶段,对于日粮中钠和氯的需求量也有所不同。对于后备母牛,每天钠和氯的需要量为日粮干物质的0.2%～0.3%。对于泌乳奶牛,由于要从乳中分泌出较多的钠和氯,所以必须注意对泌乳奶牛食盐的供给,食盐不足会导致泌乳牛产奶量和体重明显下降。一般情况下,泌乳牛的食盐供给量可按钠占饲料干物质的0.18%或氯化钠占饲料干物质的0.5%计,一般是在混合精料中配入0.5%～1.0%的食盐,或让奶牛自由采食。干奶牛日粮氯化钠的需要量约占日粮总干物质的0.25%。

4、奶牛对钠、氯需要研究进展

奶牛缺钠和氯可表现出食欲减退,生长受阻,饲料利用率降低等缺乏症。而食盐中毒后,病牛则会表现为精神沉郁,头低耳耷,鼻镜干燥,眼窝下陷,结膜潮红,肌肉震颤,食欲不振,渴欲增强;腹泻,尿液减少,瘤胃蠕动减弱,蠕动次数减少乃至废绝;心动过速、收缩力量减弱。此外,当奶牛摄取大量食盐后,若饮水过少,往往会发生急性中毒,此时高浓度食盐会对胃肠黏膜产生直接刺激,从而使胃肠道发炎。当奶牛摄入较少食盐时,又长时间饮水不足会引起慢性中毒,此时会导致胃肠内容物的渗透压略微升高,不会对胃肠黏膜产生强烈刺激,也不会有大量液体积聚于胃肠内。但体内滞留的钠会影响葡萄糖无氧酵解,最终使脑组织发生变性甚至坏死,从而在临床上往往会表现出神经症状。

(五)奶牛对镁的需要

1.镁的生物学功能

镁是动物体内含量仅次于钙、钠、钾,而在细胞内仅次于钾的阳离子,是调节细胞内外钙、钠、钾平衡的重要离子。镁参与体内所有的能量代谢,催化或激化300多种酶体系,特别是一系列的ATP酶所必需的辅助因子。

镁是奶牛机体内必需的矿物质元素,是构成机体的重要无机成分之一,体内绝大多数的镁存在于骨骼之中,少部分存在于体液和其他软组织中。镁还可以影响奶牛机体对钙磷等元素的吸收和利用;成骨细胞的活性可以影响到骨的钙化速度,镁又能够影响成骨细胞的活性,因此,镁可以间接影响骨钙化。此外,钙盐在骨中的沉积过程也需要镁的参与。碱性磷酸酶可以水解软骨细胞和骨细胞中的磷酸葡萄糖产生磷酸根离子(PO_4^{3-}),Ca与磷酸根离子结合生成$Ca_3(PO_4)_2$,在骨中沉积,促进骨钙化,Mg^{2+}能够激活碱性磷酸酶,因而镁能够影响骨的正常钙化。

2.镁的吸收与排泄

反刍动物消化道中镁主要经瘤网胃壁吸收,镁可以以两种形式吸收:一种是以简单的离子扩散吸收;另一种是形成螯合物或与蛋白质形成络合物经异化扩散吸收。不同来源的镁离子对反刍动物的生物学效价变化很大。在奶牛日粮配合中,一般认为镁离子如氧化镁的溶解度很低,而硫酸镁和氯化镁中的镁离子溶解度高,因此在瘤胃中的吸收率也高。日粮中高浓度钾会降低镁在瘤胃和网胃的吸收。由于许多饲料中特别是粗饲料中存在大量的钾,所以对于泌乳期奶牛来说,日粮中应包含高浓度的镁。瘤胃可降解蛋白食入量过多,增加瘤胃中NH_4^+的浓度,而瘤胃中NH_4^+浓度突然增加会降低镁在瘤胃内的吸收。日粮中可发酵的非纤维碳水化合物的含量过高会提高瘤胃中镁的消化能力和代谢能力。

3.奶牛镁的需要量

镁普遍存在于各种饲料中,尤其是糠麸、饼粕和青饲料含镁丰富,谷实、块根、块茎等也含较多的镁。奶牛配合日粮中最常用的镁源是氧化镁,不仅提供镁，而且还可用作瘤胃碱化剂。

奶牛对镁的需要依季节和所处生理阶段不同而有所不同。春季采食大量青草，由于青草中镁的含量低，加之奶牛对镁的利用率低、需要量大，因此容易出现低镁综合征——青草搐搦症，临床表现为兴奋不安，强直性肌肉痉挛，惊厥，呼吸困难，运动不协调，泌乳量降低，眼睛迟钝等，所以春季应适当在奶牛日粮中补充一定水平的镁源。在青草搐搦症的高发季节，单独使用镁盐或配合钙盐进行治疗可以达 80%以上的治愈率，常用的镁制剂有不同浓度（10%、20%、25%）的硫酸镁液，以及含 4%氯化镁的 25%葡萄糖液。总结多项研究的结果认为，围产期奶牛的日粮干物质中镁含量达到 0.4%时，对预防胎衣不下、产后乳房水肿等具有积极作用。

4.奶牛镁的研究进展

镁缺乏对奶牛健康和泌乳有不良影响。奶牛缺镁主要表现为厌食、生长受阻、过度兴奋、痉挛，严重的导致昏迷甚至死亡。血液学检查表明，血镁降低，也可能出现肾钙沉积和肝中氧化磷酸化强度下降，外周血管扩张和血压、体温下降等症状。镁过量引起动物中毒，主要表现为采食量下降、生产性能降低、昏睡、运动失调和腹泻，严重可引起死亡。

镁参与瘤胃中纤维素的降解。镁是瘤胃纤维素分解菌的必需元素，也是众多微生物酶类的激活剂。镁离子是动物机体主要阳离子之一，参与大多数酶反应，可提高瘤胃纤维素分解菌的活性，促进纤维物质的降解，从而减少氨基酸的损耗，提高氮的利用率。研究发现，当增加镁至正常瘤胃液镁含量的 2 倍（32.4 mg/L）时，瘤胃微生物对纤维的降解能力显著增加，故认为正常瘤胃液中 Mg^{2+} 的浓度低于瘤胃微生物对纤维素产生最强降解作用时的 Mg^{2+} 需要量。在反刍动物饲养过程中适当提高镁含量可以促进瘤胃中纤维素的降解。

镁参与体内营养吸收。血清镁可通过清除脂肪而显著降低血浆脂肪含量，从而促进体内各营养物质的吸收与利用。日粮中添加镁盐可降低尿氮和粪氮含量，提高氮利用率，从而改善牛体内氮平衡和能量平衡。日粮中添加镁盐可改善胃肠道菌群，抑制有害菌的生长，促进有益菌的增殖，从而改善纤维物质降解，使挥发性脂肪酸含量升高，最终使牛瘤胃液 pH 和氨态氮浓度降低

(蒋桂梅等,2010)。

低血镁是围产期奶牛低血钙的一个常见因素。由于缺乏镁可能会产生抑制作用,从而不能有效动员骨骼中的钙参与到奶牛的生产代谢中。

反刍动物吸收的镁通过粪便、尿液、泌乳等方式排出,其中尿液是镁的主要排出途径。一般认为日粮矿物质不平衡和高精料日粮是反刍动物结石症的发病原因。结石抑制因子 Tamm-Horsfall 蛋白的调节作用受尿中的镁离子含量的影响,当尿镁含量较低时,可以促进 Tamm-Horsfall 蛋白的作用从而降低结石的形成,增加日粮镁的含量会提高其在血浆中的离子浓度导致尿路中排出镁元素的量增加。镁与磷、钾、铵离子在尿液中同时出现时,形成不溶性的磷酸钾镁和磷酸铵镁与磷酸钾镁晶体沉淀从而形成结石,引起公畜的排尿障碍,进一步导致尿道和膀胱破裂并最终导致死亡。有研究报道,镁含量过高或过低,均可引起动物体内其他矿物质元素或其他营养物质的代谢紊乱,在不同程度上会给生产带来损失。

(六)奶牛对硫的需要

1.硫的生物学功能

对于反刍动物,硫在构成蛋白质和影响酶活性中发挥着重要作用,它几乎参与反刍动物体内所有的代谢过程。硫还作为维生素——硫胺素和生物素的组成成分参与许多代谢过程。许多物质必须被转化为无毒的硫酸盐以后,才能通过尿液排出体外,硫在机体脱毒过程中起着重要的作用。以硫酸盐形式存在的硫,是一组多糖化合物的重要组成成分,这组多糖与特定的蛋白质结合以后,就构成了黏多糖。软骨素就是一种非常重要的黏多糖,因为它是软骨、骨、肌腱和血管壁的组成成分。如果日粮硫的水平太低,奶牛就会利用其他硫源——主要是含硫氨基酸去合成软骨素,因此硫是奶牛不可缺少的营养物质。

2.硫的吸收与排泄

反刍动物消化道中微生物能将一切外源硫转变成有机硫。吸收进入体内的有机硫、无机硫分别参与各自的代谢。吸收入体内的无机硫基本上不能转变成有机硫,更不能转变成含硫氨基酸。动物利用无机硫合成体蛋白质,实质上是微生物的作用。因此,反刍动物利用无机硫的能力较强,非反刍动物很弱。硫主要经粪和尿两种途径排泄。由尿排泄的硫主要来自蛋白质分解形成的完全氧化的尾产物或脱毒形成的复合含硫化合物。

3.奶牛硫的需要量

在动物体内硫的含量为体重的0.16%～0.23%，一头体重500～550 kg的奶牛体内含有900～1 000 g的硫。一般情况下，乳用家畜饲料能够满足奶牛对硫的需要。然而，当用非蛋白氮作为奶牛日粮的主要氮源之一时，日粮添加硫对提高奶牛的饲料利用效率及生产水平是非常重要的；日粮中氮与硫的比例控制在(10～12)∶1，有助于采食含非蛋白氮日粮的奶牛体内微生物发酵过程中氮有效地被利用。添加硫对奶牛消化吸收营养物质特别是粗纤维的消化吸收和促进瘤胃内细菌蛋白合成有着重要的作用，硫离子及其在日粮中的含量直接影响到纤维素的消化率，而提高纤维素消化率有利于提高产奶量、饲料利用率和促进反刍动物的生长，对改善氨基酸的利用有良好的作用。研究报道，在奶牛日粮中按日粮的0.8%添加硫酸钠，可提高产奶量10.08%～13.17%，提高经济效益25.6%。在高纤维日粮中添加0.11%的硫酸钠，可提高日粮的消化率，硫添加量为0.46%～0.6%时，干物质中的有机物、酸性洗涤纤维、粗蛋白质的表观消化率呈线性增加趋势，并能提高瘤胃真菌数目。

此外，还有研究表明，高产奶牛日粮中硫的水平应为每千克饲料干物质含硫2.3～2.6 g，即硫占日粮干物质的0.23%～0.26%。当日粮硫含量处于低水平时，泌乳奶牛体内硫的沉积亦相对减少，并引起硫的负平衡。幼牛对硫的需要量应为每千克日粮干物质含1.5～2 g。

4.奶牛硫的研究进展

硫胺素是α-酮戊二酸脱氢酶、丙酮酸脱氢酶等酶的辅酶，参与碳水化合物代谢和能量代谢。硫胺素对神经元之间的传递、免疫系统的激活、细胞和组织间的信号传递也起到一定的调节和控制作用。缺乏硫胺素会引起奶牛瘤胃代谢紊乱及中枢和外周神经的病理变化，如厌食症和脑灰质软化症(PEM)。奶牛瘤胃中的硫胺素来源于饲粮和瘤胃微生物。饲粮中的精粗比不仅影响硫胺素的吸收，而且会影响瘤胃微生物合成硫胺素的量。研究报道，奶牛瘤胃硫胺素的表观合成量为50.6 mg/d，可满足奶牛的需要量。然而，最近几年的研究发现，硫胺素的表观合成量显著降低(0.8～39.8 mg/d)，这可能与饲粮结构和营养成分有关。研究报道，瘤胃微生物合成硫胺素的量与可消化有机物的量呈负相关；研究发现，饲喂奶牛40%和25%高精料时，瘤胃中硫胺素的含量升高，而高精料50%和60%组的瘤胃中硫胺素的含量降低。饲喂奶牛高精料饲粮可抑制硫胺素的合成，进而出现硫胺素缺乏症。因此，近几年硫胺素在奶牛产业上得到广泛运用。

饲粮中添加硫胺素可显著降低奶牛瘤胃中牛链球菌的数量，但对乳酸杆菌和溶纤维丁酸弧菌的数量无显著影响，因此，硫胺素可抑制产乳酸菌的增殖进而降低乳酸的积累。此外，埃氏巨型球菌是一种耐酸菌，可在酸性环境下代谢瘤胃内70%的乳酸。研究表明，饲粮中添加硫胺素可以显著提高亚急性瘤胃中毒奶牛瘤胃中埃氏巨型球菌的数量。

自然条件下硫过量的情况少见。用无机硫作添加剂，用量超过0.3%～0.5%时，可能使动物产生厌食、失重、便秘、腹泻、抑郁等毒性反应，严重时可导致死亡。

二、微量矿物质元素营养代谢

微量矿物质元素在奶牛的许多生理生化过程中起重要作用。如维生素的合成酶的活性、胶原蛋白的形成、组织的合成、氧的传递、化学能的产生及许多其他与生长、泌乳、繁殖和健康有关的生理过程都需要微量矿物质元素。某些元素的不足或些元素的过量将会导致奶牛生长发育受阻、生产性能下降、繁殖机能紊乱，严重者还会导致各种疾病的发生，从而损害奶牛场的经济效益。目前查明的微量元素有20种，其中与奶牛相关的研究较多的有铜、铁、锌、锰、硒、碘、钴、铬、钼、氟等10种。

(一)奶牛对铜的需要

1.铜的生物学功能

铜对奶牛的繁殖、生长和产乳性能有重要作用。铜是许多酶的重要组成成分和激活剂，参与造血、骨骼构成、被毛色素沉着和红细胞、白细胞的形成，增加垂体释放GH、TSH、LH和ACTH，并影响肾上腺皮质类固醇及儿茶酚胺的合成，可增强易感基因型个体的抵抗力，降低细菌和病毒性疾病的发病率。

2. 奶牛铜的需要量

NRC将奶牛铜的需要量定为10 mg/kg。但在实际生产中，奶牛日粮中铜的供给应该与其年龄、生理阶段、生产性能及饲料中锌、铬、铁、钼、硫的水平，特别是钼和硫的水平有关。研究表明，奶牛对铜的需要量很大程度上取决于日粮中钼和硫的含量，其变异幅度可以是45～15 mg/kg。日粮中钼的存在会加强对铜的拮抗作用，而硫也会降低铜的吸收。相当多的证据表明，钼和硫相互作用可以在瘤胃中形成硫化钼盐类，当硫化钼盐类与铜相互作用后可在瘤胃中形成难以吸收的不可溶复合物。只有部分硫化钼能被机体吸收，进而影响铜的吸收。对于放牧的奶牛来说，缺铜已被确定为一个严重的问题。缺铜可能是因为牧草中铜的浓度低，还可能因为钼和硫的浓度升高而进一步恶化。为了消除这些副作用，建议在多数生产中补充铜。一般奶牛铜的需要量为每千克饲料干物质中含铜8～12 mg，对于体重50 kg、日产奶20 kg的奶牛推荐量为10 mg，而对于6月龄以前的犊牛日粮，可提高其含铜量到18 mg/kg。

奶牛缺铜会引发营养性贫血、被毛粗糙、毛色变浅。严重缺铜还会导致病理性腹泻、骨骼异常，母牛则表现为发情率低或延迟、难产、胎盘恢复困难等繁殖问题。还有研究表明，铜的缺失能够引起奶牛蹄病的发生。

奶牛对铜的耐受量比单胃动物低。根据现有的资料表明，奶牛饲料中铜的最大允许量为100 mg/kg。铜过量多发生于补饲过量的情况下，以及铜污染较严重的地区，中毒症状主要表现为溶血性疾病、黄疸以及组织坏死等。

3. 铜的研究进展

铜是人和动物的必需微量元素之一，具有广泛的生物学效应，与畜禽的生长性能、繁殖能力以及免疫能力有着密切的联系。铜的缺乏会对动物的神经系统、造血功能、被毛生长、骨骼生长以及结缔组织造成各种影响。

铜作为动物饲料添加剂可以简单地划分为无机铜和有机铜两大类。无机铜包括硫酸铜、氧化铜、碳酸铜和氯化铜等，奶牛从不同化合物中摄取铜的能力从大到小顺序为：碳酸铜＞硝酸铜＞硫酸铜＞氧化铜＞二氧化铜＞铜丝。其中由于五水硫酸铜具有水溶性好、含铜量高、生物利用率高等特点，成了目前人们首选的补铜剂之一。有机铜主要包括氨基酸螯合铜和蛋白铜盐。在动物营养研究中，常见的氨基酸络合铜有蛋氨酸络合铜、赖氨酸络合铜和甘氨酸络合铜，由于甘氨酸铜的纯度高达90%以上，具有晶体结构好，结构稳定，水溶性高，吸收率高的特点，并且有机铜不会受到如钼、锌及铁等金属离子的影响而产生拮抗作用，谷甘氨酸铜是目前作为有机铜源主要的补铜剂。

19世纪初，人们就发现铜对维持动物的健康有着重要的作用。为喂乳汁而患贫血的大鼠添加铜与铁对血红素形成是必要的，证实了铜是动物细胞必需的微量矿物质元素。研究表明，铜是动物体内一系列酶的组成成分，广泛参与氧化磷酸化、自由基解毒、黑色素合成、儿茶酚胺代谢、结缔组织交联、血液凝固以及毛发形成等过程，此外，铜还是葡萄糖代谢、胆固醇代谢、骨骼矿化作用、免疫机能、红细胞生成和维持心脏功能等所必需的微量元素。1945年首次发现，在猪饲料中添加高剂量的铜可显著提高猪的饲料利用率和生长率后，铜作为动物一种高效的促生长剂被广泛地用于实际生产中。开食及生长阶段的育成牛饲料中补铜即可增加牛的干物质采食量。还有研究发现，在育成牛的草料中添加铜，其干物质采食量可比未补铜的有显著提高。以上研究结果表明，饲粮中添加铜具有促进奶牛生长发育的作用。原因是铜能够影响奶牛体内促生长激素和生长相关因子的合成和分泌，从而调控奶牛体内蛋白质的沉积，最终发挥促生长的作用。近年来随着现代分子生物学的快速发展，人们也从分子水平上确定了铜元素对促生长激素合成与分泌的作用。在奶牛日粮中添加铜，能够通过动物体血脑屏障在动物的脑中进行积累，并在转铜蛋白的作用下传递给动物机体相应的含铜蛋白，提高脑细胞内各种含铜酶的活性，并刺激下丘脑释放生长激素释放激素（GHRH），从而影响激素GH的分泌，促进机体生长。

铜对于奶牛的泌乳性能有着重要的影响。研究表明，在日粮中添加适当浓度的铜可以提高饲料的转化率，提高奶牛产奶量和改善乳品质。刘曦等的研究指出，在奶牛日粮中添加24 mg/kg的螯合铜，饲喂60 d，其产奶量提高27.8%，乳蛋白提高7.72%。研究发现，给奶牛饲喂7.6 mg/kg的铜，结果表明，奶牛泌乳量提高7.66%～9.61%，且其乳脂率、干物质含量未降低。铜能够改善奶牛的生产性能，可能是因为饲粮中带正电的铜离子进入奶牛瘤胃中，与带负电的瘤胃微生物相结合，从而增加了瘤胃微生物对植物的附着，满足了瘤胃微生物群落生长的需要，增加了细菌对植物纤维的降解，从而提高了饲料转化率，增加了产奶量。对于乳品质的改善，可能是因为饲粮中铜影响了瘤胃微生物对脂肪的氢化作用，从而降低了乳脂中某些脂肪酸的含量，使乳脂含量降低。

铜元素在维持动物机体正常的免疫功能方面发挥着重要的作用。铜通过参与机体免疫球蛋白的形成和免疫相关酶类的调节，在不同程度上影响机体的免疫器官、体液免疫、细胞免疫。铜缺乏引起淋巴免疫器官的病理损伤和体液免疫、细胞免疫以及非特异性免疫功能降低。

近年来，国内外许多研究表明，铜与奶牛的生殖存在极为密切的关系。一些学者认为，动物在进行繁殖活动时需要比维持正常生理活动需要更多的铜，因此，想要提高动物的繁殖性能，在动物繁育期间必须要保证铜的需要量，从而保证繁育后代的效果达到最佳。在动物机体内，特别是像奶牛等大型反刍动物体内，缺铜会导致红细胞和结缔组织在动物胚胎发育阶段产生缺陷。由于红细胞不能持续地供给母畜和胎儿，所以缺铜会引起分娩困难、流产、死胎等情况，从而降低动物繁殖性能。奶牛缺铜时会导致母牛发情迟缓甚至受到抑制，也会导致其卵巢机能低下从而引起分娩困难、胎衣不下。微量元素铜主要影响奶牛机体卵巢促黄体素的分泌，对于奶牛维持发情与妊娠具有明显作用。而对于种公牛来说，种公牛精液中铜含量与精子的密度与活性在某一范围内呈正相关关系。而在很多原发性缺铜的草场，适量的补饲铜元素可以防止母牛的发情紊乱，并能够减少奶牛产后胎衣不下、子宫炎的发生率，保证犊牛的成活率。有研究指出，给荷斯坦奶牛注射铜，其受胎率从 53% 提高到 67%。还有研究指出，给荷斯坦牛中补充铜，其受胎率从 53% 提高到 72%。研究指出，对于公牛而言，铜浓度与精子活力在一定范围内呈正相关，到达峰值后逐渐下降。铜可以提高前列腺素与受体的结合力，促进前列腺素 E2 的作用，从而引起公牛 LH 水平提高，并使睾酮分泌增加。动物机体的健康与机体自身防御系统息息相关，特别是对于奶牛这种高产动物来说，高强度的代谢特别容易使动物产生氧化应激反应，进而引起奶牛多种慢性疾病，并对奶牛的生产性能产生极其严重的影响，因此抗氧化性能对动物的健康以及生产起着重要作用。

现阶段，由于我国奶牛泌乳量不断提高，奶牛缺乏铜的亚临床病例不断增多，对于奶牛的生产产生了巨大的影响，从而影响了经济效益的增加。许多研究都表明，动物的抗氧化能力在一定程度上决定着动物机体本身抵抗这些自由基危害的能力。有学者指出，动物机体在新陈代谢过程中产生的氧自由基，会刺激机体生物膜中的多不饱和脂肪酸，从而引起脂质发生过氧化作用，并且氧化反应中产生的分解产物能够引起细胞损伤，从而危害机体健康。铜作为动物体必需的微量元素，主要通过影响机体抗氧化酶活性来发挥抗氧化作用。铜是超氧化物歧化酶（SOD）、谷胱甘肽过氧化物酶（GSH-Px）和血浆铜蓝蛋白（CP）的重要组成成分，这些酶可保护细胞免受氧代谢的毒性影响，维护动物细胞结构和功能的完整性。许楚楚等的研究指出，泌乳奶牛血浆中血浆铜蓝蛋白、总抗氧化能力与铜含量密切相关，铜缺乏与动物体的总抗氧化能力呈极显著的负相关关系。而当奶牛处于围产期，特别是处于应激状态时，奶牛体内会产生大量的自由基，破坏了机体抗氧化能力与自由基之间的动态平衡，使抗氧化能力下降或自由基产生异常增多，则导致组织的氧化损伤，从而引发奶牛的多种疾病。

2017 年 12 月 15 日，农业部公告第 2625 号正式发布，并于 2018 年 7 月 1 日起正式实施。新规范中对铜、锌的限量相比农业部公告第 1224 号做出了大幅度调整，在新规范实施前饲料及养殖企业必须做出相应调整才能满足新规范的要求。由牛精料补充料最高限量 35 mg/kg 改为开始反刍之前的犊牛为 15 mg/kg，其他牛为 30 mg/kg，旨在减少粪便中铜的排放量，达到高效低排的目标。

（二）奶牛对铁的需要

1.铁的生物学功能

铁对于犊牛生长、奶牛健康及泌乳牛产奶性能都有重要作用。铁是血红蛋白、肌红蛋白、细胞色素和其他酶系统的必需成分，参与体内氧气和二氧化碳的运输，奶牛体内电子传导的酶、细胞色素氧化酶、过氧化氢酶等也需要铁。铁的缺乏将导致犊牛生长速度下降，奶牛泌乳水平降低，严重者还会出现铁代谢负平衡，使代谢机能紊乱。目前关于奶牛缺铁的病例报道不多，而在试验条件下，犊牛缺铁主要表现为贫血、皮肤和黏膜苍白、呼吸困难、嗜睡、腹泻、生长受阻、舌乳头明显萎缩等。铁无论缺乏或过量都会影响奶牛免疫系统的功能，试验结果都表明，一旦发生感染，补铁便能加强免疫反应，消灭侵入机体的微生物。

2.奶牛铁的需要量

奶牛对铁的需要量与铁的化合形式、有效利用率以及奶牛的生产水平等因素有关。铁的需要量建议为 50 mg/kg，从现实角度来看，奶牛日粮中并不缺铁，并且常常是过量的。日粮中铁的含量超过 100 mg/kg 也是常见的。过量的铁（>100 mg/kg）会对其他矿物质元素的生物利用率产生不良影响，如降低铜、锌的吸收。据报道，铁、铜、锰有协同作用，铁的利用必须有铜的存在。许多情况下，奶牛可从环境中直接摄入大量铁，这主要来自土壤和一些饲料污染物。由于土壤基质与铁结合紧密，因而土壤中的铁很少被胃肠道吸收，但土壤铁可与其他元素发生交换，并可能降低其他二价阳离子的有效性。一般情况下，每千克饲料干物质中铁含量在 50～120 mg 就能满足奶牛的营养需要。对于体重 550 kg、日产奶 20 kg 的奶牛，推荐量为每千克饲料干物质中含铁 80 mg。

3.铁的研究进展

铁是构成血红蛋白的重要组成成分，同时也是许多酶的组成成分，与血液中氧的运输、体内生物氧化密切相关。铁是动物体内的必需微量元素之一，对维护机体正常生理功能具有重要作用。此外，铁对动物生殖机能的影响也不可忽视，铁对动物胚胎成活率、子宫容量有重要影响。缺铁可导致机体贫血，胚胎发育障碍或停滞，另外缺铁还会使机体的免疫功能降低，增强对疾病的易感性，从而使机体发生生殖器官炎症的概率增加。有研究给未发情的母牛在 21d 内每天补充一定量的铁、铜和钾等，结果补铁的 18 头牛中有 13 头表现发情，其中 11 头牛黄体发育正常，而对照组中没有 1 头牛显示发情表现。有研究认为，铁含量与母牛每次怀孕的输精次数有很大关系，铁可提高母牛的受精率。研究测定了受孕和未受孕牛血清铁含量，发现受孕牛血清铁浓度明显高于未受孕牛（包括排卵迟缓、不排卵和早期胚胎死亡的牛），孕牛血清铁浓度为（16.48 ± 1.81）mg/L，未受孕牛血清铁浓度分别为（13.56 ± 0.93）mg/L、

(13.89±1.17) mg/L 和(1.31±0.78) mg/L,表明铁参与母牛排卵和早期胚胎的发育过程。

奶牛缺铁的症状主要表现为贫血、虚弱、免疫功能降低等,临床表现为发病率升高。通过添加铁盐(硫酸亚铁、氯化亚铁、硫酸铁等)可满足奶牛对铁的需求。关于奶牛铁中毒现象的研究不多。近些年的一些研究资料表明,奶牛铁过量时会出现腹泻、体温过高、代谢性酸中毒、采食量和增重下降等症状,同时还会降低机体对铜和钼的吸收利用。

(三)奶牛对锌的需要

1.锌的生物学功能

锌是动物机体内多种酶和蛋白质的重要组成部分,参与体内多种代谢反应,如蛋白质合成、维生素的合成转运、碳水化合物合成、脂类和核酸代谢,维持生物膜的稳定、清除自由基,对生物体的生长、发育、免疫和繁殖有重要的影响。锌是肾上腺皮质的固有成分,并富集于垂体、性腺和生殖器官,参与调节垂体肾上腺和垂体甲状腺以及垂体性腺系统的功能,通过影响性腺活动和性激素的分泌而对奶牛的性器官正常发育、性机能的正常发挥等表现出重要的生理意义。在雌性动物,长期缺锌可使卵巢萎缩,发情周期紊乱,受胎率及产仔率降低,重者可导致不孕。母牛缺锌常使受精卵不能着床、胚胎早期死亡,表现为屡配不孕。缺锌还可使母牛难产的发生率增加。研究表明,向种公牛日粮中添加锌每 100 千克体重 75 mg,可显著改善其精液品质,并提高母牛的受胎率。

2.奶牛对锌的需要量

奶牛对锌的需要量受饲料中钙、钾、铜含量的影响,当这些元素含量高时,容易表现出锌缺乏,也有人认为锌与铁、硒的竞争作用明显。同时还受饲料利用率、牛的泌乳水平及不同生理阶段的影响。锌的吸收、贮留、体内分布及排泄数量和途径与锌的摄入量、化学形式奶牛健康状况及饲料组成等有关。高钙、高植酸、高纤维素均不利于锌的吸收,高蛋白饲料、各种螯合剂、玉米油高压蒸煮饲料、维生素 A_1、维生素 D_1、维生素 E 等都有利于锌的吸收利用;Cu、Fe、P、Co、K、Na 等矿物质元素,不饱和脂肪酸能抑制锌的吸收。当日粮中钙、铜、镉含量高时就会增加奶牛对锌的需要。

一般认为每千克饲料含锌 30～80 mg 即能满足奶牛的营养需要量。奶牛对锌的需要量因日粮类型、动物体型、体重、性别、增重速度等因素的不同而有所差异。NRC 推荐需要量为 40 mg/kg（干物质基础），最大耐受量为 500 mg/kg；法国国家农业科学研究院（INRA）推荐需要量为 50 mg/kg，最大耐受量为 250 mg/kg。对于体重 50 kg、日产奶 20 kg 的奶牛推荐量为每千克饲料干物质含锌 50 mg。而对于 46 月龄的犊牛，日粮中最佳含锌量为 40～50 mg/kg。饲料中含有 60～100 mg/kg 的锌是很正常的，奶牛对锌的耐受力较强，很少发现中毒现象。研究显示，日粮中添加 10.1mg/kg 的锌，可促进青年牛的生长和饲料有效利用；在奶牛日粮中添加 91.6 mg/kg 的锌时，其饲料转化率明显提高，繁殖性状表现明显。锌能促进锰、铜的吸收，但高锌可致铁、铜继发性缺乏，出现贫血。正常饲料中钙锌比为（100～150）∶1，用犊牛试验表明，钙磷比较小时，高锌有助于牛体内钙的储存；反之，则不利于钙的储存。

3.锌的研究进展

锌通过调节酶的活性来影响动物体内蛋白质和核酸的合成与代谢、糖类的吸收、维生素 A 代谢、生殖机能和内分泌机能等生命活动。因此，锌具有“生命元素”之称，在哺乳动物和禽类体内的含量居于第二位。

锌的添加形式一般分无机和有机两种，无机形式的主要有氧化锌、硫酸锌等；有机形式的主要有蛋白锌、甘氨酸锌、羟基蛋氨基酸锌、蛋氨酸锌等。无机锌在实际生产中得到广泛的应用，这主要是由于它们价廉、易得。

锌元素在反刍动物体内能够参与瘤胃微生物的生长，帮助促进瘤胃的正常发酵，对微生物的生长起到了很好的促进作用。研究结果显示，在补饲日粮中添加锌能够有效地提高瘤胃微生物摄取氮的数量，促进淀粉和纤维性物质在瘤胃中的降解，提高饲料有机物蛋白质的消化率和瘤胃挥发性脂肪酸的产量，促进瘤胃液的外排和尿中嘌呤衍生物肌苷酸的排出，降低瘤胃中氨氮的浓度。日粮中锌的水平与瘤胃微生物的发展有着积极的作用，当锌的浓度较大时，会损害反刍动物体内的瘤胃微生物的生长，因此，日粮中的锌需要在合理的水平才能保证反刍动物的正常生长。

研究发现，日粮中添加锌能改善公牛精液品质，对精子的发生和成熟及精子耐冻性的提高均有一定促进作用。国外的相关研究发现，奶牛缺锌时产奶量和乳的质量下降；公牛睾丸萎缩；母牛性周期紊乱，受胎率低，易发生早产流产、死胎及胎儿畸形等。姚军虎等报道，日粮中添加 10 mg/kg 的锌，可促进青年牛的生长和饲料的有效利用。日粮中加锌可明显缩短性反射时间，增强公牛的性欲。孙占田等报道，定期补蛋白锌可减少母牛乳房的感染。

还有研究报道，日粮中补锌可提高青年奶牛的产犊率，成年奶牛补锌可提高受孕率。研究发现，蛋氨酸锌组的乳中体细胞数量明显降低，但对新生乳房感染的影响没有差异。研究发现，锌的来源对奶牛健康状况的影响时发现，补充蛋氨酸锌使牛的自然死亡显著减少，试验研究还表明，奶牛日粮中添加蛋白锌比氧化锌更易吸收利用，大幅度提高牛奶中的含锌量，提高了牛奶的营养价值。

奶牛缺锌首先会表现为产奶量和乳品质下降、犊牛生长发育受阻、饲料采食量下降、皮肤角质化、被毛易脱落等。缺锌还会导致骨生长缓慢、骨龄迟缓，甚至出现骨畸形。研究发现，锌能够影响骨密度，骨的含锌量越高，骨密度越大，反之则越低。各种动物对高锌都有较强的耐受力，但耐受力随动物种类、生长阶段以及饲粮中锌拮抗物的量不同而异。奶牛对锌的耐受力较强，很少发现中毒现象。在严重锌中毒的情况下肝脏和奶中锌的含量增高，奶牛变得呆滞、食欲丧失，且由于铜代谢紊乱而引起腹泻。此时假若除去日粮中的锌，并加入铜和铁盐等补充剂，则中毒症状迅速消失。

肢蹄病常发生于奶牛泌乳高峰期，发病早期比较隐蔽，随着病情的加重出现产奶量降低、繁殖率降低、免疫力降低、继发其他疾病导致治疗成本增加。研究发现，蹄病牛蹄角质中锌含量比健康牛的低，这表明缺锌与蹄病的发生密切相关。锌参与胶原蛋白的形成，能够以碱性磷酸酶的形式直接参与原始软骨细胞的分裂，进而影响骨的钙化。骨中锌的含量影响骨的密度，锌含量越高，骨的密度越高，反之则骨的密度越低。在伊利诺州立大学进行的长达一年的试验中，每天添加来自蛋氨酸锌源 200 mg 锌的奶牛比未添加蛋氨酸锌的有更少的腐蹄病、蹄裂等疾病。且奶牛添加有机锌能有效改善蹄部弹性和蹄部质量评分。

(四)奶牛对锰的需要

1.锰的生物学功能

锰与动物体内的酶的作用有关，是动物体内多种酶的组成成分和激活剂。锰参与脂类、碳水化合物和蛋白质等的代谢，促进骨骼的形成和生长，促进中枢神经系统的发育。锰对奶牛的生物学功能主要体现在提高机体抗氧化能力、免疫功能及繁殖能力 3 个方面：①锰与锌、铜的功能类似，是奶牛体内超氧化物酶过氧化氢酶的重要部分，奶牛缺锰机体抗氧化能力会显著降低；②锰能够提高嗜中性粒细胞和巨噬细胞的功能，组织中的锰通过增强巨噬细胞的杀伤力提高动物体非特异性免疫功能，钙与锰在激活淋巴细胞作用上有协同作用，奶牛缺锰会表现为机体免疫力显著降低；③锰是动物体内二羧酸酶催化胆固醇合成所必需的，胆固醇是雌激素、睾酮、孕酮等激素合成的前体物质，奶牛缺锰会导致排卵障碍，甚至卵巢变性。

2.奶牛对锰的需要量

由于饲料中锰的含量较低，加之奶牛对锰的吸收率也较低，因而在奶牛日粮中添加锰是必需的。一般建议奶牛日粮中锰含量在 40～60 mg/kg 为宜，6 月龄以前的犊牛日粮中锰的最佳含量为 30～40 mg/kg。为防止任何可能存在的缺乏症，应常给牛补充锰。奶牛对锰的需要量取决于生产水平，日粮钙、磷含量等因素，当日粮中钙多磷少，则增加奶牛对锰的需要量。当日粮中锰含量高时可引起体内铁贮备下降。在多数环境中，锰并不严重缺乏，一般奶牛的耐受量(以日粮基础计)为每千克体重 100 g。

3.锰的研究进展

锰于 1931 年被证实为动物机体所必需的微量元素，之后大量研究表明，锰对动物具有重要的营养作用。锰在动物机体内含量较少，主要存在于骨骼、肝、肾等组织和器官中。然而它却是动物生长和合成骨组织过程中必需的物质，参与骨骼的形成，性激素和某些酶的合成，直接关系到繁殖性能，参与碳水化合物及脂肪代谢，还对中枢神经系统发生作用。由于饲料中锰的含量较低。锰的吸收率也较低，因而在日粮中添加锰是必需的。日粮中补充锰可以提高非特异性免疫中酶的活性，从而增强巨噬细胞的杀伤力。奶牛日粮中锰缺乏将表现出脂肪酸合成代谢受阻、骨骼变态、无繁殖机能，怀孕牛流产和新生犊牛骨骼变态等症。试验证明，锰能加强胚胎的着床，提高产仔数；锰与生殖机能有关，影响奶牛发情，并且在缺锰时往往使奶牛发情表现不明显，并能导致雌性胎儿死亡，出生的公犊增加，致使其后代的性比移位，因此而推断雌性胎儿对锰的需要量较大。

还有研究者发现，日粮中锰含量在一定程度上可以影响奶牛骨骼中锰的含量。日粮中缺乏锰，奶牛骨骼中锰含量大大降低。奶牛缺锰常常引发骨骼和关节畸形，骨骼的骨密度、重量和长度等全部降低，关节肿胀膨大。锰能影响骨基质的形成，缺锰导致骨中黏多糖合成不足，黏多糖水平大大降低，骨基质形成和发育不良。硫酸软骨素有助于维持结缔组织的硬度，其生成受锰的影响，当奶牛机体缺锰时，骨骺和骺软骨中的硫酸软骨素合成明显减少，引起骨骼和关节的畸形，奶牛发生肢蹄病。缺锰会导致奶牛四肢骨骼和关节畸形，发生肢蹄病。

（五）奶牛对硒的需要

1.硒的生物学功能

硒广泛存在于机体内的所有组织和体液中，动物体内的硒以硒蛋白和含硒蛋白两种形式存在，主要存在方式为硒蛋白。硒在畜禽的生长发育、生产性能、抗氧化、免疫和繁殖中发挥着重要作用。硒与维生素协同提高机体的抗氧化能力。硒可以提高机体免疫系统的功能，增强动物的抗病能力。硒与动物体的繁殖能力密切相关，尤其是对公畜的繁殖能力有重要影响。公畜体内硒主要存在于精液中，以硒蛋白的形式存在于精细胞的尾部，硒缺乏时睾酮的分泌量明显降低。硒与锌、锰、铜不足通常是限制动物体生长和发育的重要因素。

硒对奶牛的繁殖机能、奶牛乳腺炎的发生及乳的成分都有影响。许多研究表明，硒和维生素 E 可以减少胎衣不下和子宫炎的发生，促进子宫的收缩和恢复，提高繁殖率，减少组织损伤，使组织保持正常作用。补硒亦与免疫有关，还可增加小牛初生重、增重、乳产量及乳脂率。

2. 奶牛对硒的需要量

奶牛对硒的真实需要量还不明确，大多数营养学家认为日粮中合适的添加量为每千克饲料 0.1～0.3 mg。尽管有时日粮中硒的量达到要求，但是仍不能满足需要，尤其在泌乳期。日粮中不饱和脂肪酸、维生素 E、硫和砷的含量以及钙、铜、锌均会影响硒的吸收强度和利用效率，但研究显示在一定剂量下硒、锌之间具有协同作用，试验发现硒锌联用时对奶牛抗氧化酶的活性比单独应用硒效果更好。有研究报道，产前 21 d 肌内注射 1 000 IU 维生素 E 和 50 mg 硒，奶牛产后乳腺炎发生明显减少。进一步研究指出，全血 GSH-PX 与血硒呈正相关。补硒后细胞膜得到有效保护的另一个证据是，血清中来自细胞内的某些酶（如 GOT）活性下降。此外补硒亦与免疫有关。研究报道，试验奶牛在预产前 21 天肌内注射 680 IU 维生素 E 和 50 mg 硒，同时每天每头牛日粮中添加 500 IU 维生素 E 和 0.3 mg/kg 硒，结果产后胎衣不下的奶牛数量从 10%下降到 3.0%，对产犊到第一次配种间隔时间无影响，而第一次配种的妊娠率明显提高（实验组为 41.2%，对照组为 25.3%）。每次妊娠的配种次数降低，补硒后升高，同样补硒后牛奶中分离出来的白细胞要比缺硒时有更高的杀菌百分比。有研究指出，补硒还可增加小牛初生重、增重、乳产量及乳脂水平。

饲喂生长于酸性土壤中的植物时，奶牛易发生缺硒症，因为酸性土壤中的硒常与铁等形成一种不易被植物利用的化合物。维生素 E 和硒具有协同作用，奶牛觅食多汁幼嫩含维生素 E 丰富的牧草，可减少硒的需要量。

3. 硒的研究进展

硒是动物体内非常重要的一种必需微量元素，它具有抗氧化作用，对动物生殖机能有重要的影响。缺硒常使母畜发情周期失调，受胎率、产仔率和幼仔存活率降低，甚至导致不孕。缺硒会对反刍动物免疫机能造成不良影响，给繁殖机能较低的奶牛群补硒，可使子宫炎的发病率明显下降，并可防止奶牛由大肠埃希菌引发的乳腺炎。据报道，雌性繁殖动物缺硒时，子宫活动力降低，排卵数减少，并影响精子在其生殖道内的转移能力，繁殖母畜的妊娠率、胎儿、胎衣以及产后性活动受到不良影响，胚胎的存活率、母畜的产奶能力和新生儿的生长发育也受到不良影响。胎衣不下是奶牛生产中常见的疾病之一，研究认为，此类病牛在产前 2 周血浆中总抗氧化物水平低于正常奶牛。饲喂低硒日粮(0.05～0.07 mg/kg)的奶牛补硒后,可明显降低胎衣不下的发病率,并发现硒和维生素E的混合使用对预防胎衣不下的效果比单独使用其中任何一种都更有效。研究发现,对血浆硒浓度处于临界状态的奶牛同时注射硒和维生素E,减少了胎衣不下的发生率,但对血浆硒浓度充足或极度缺乏的奶牛则效果不明显。母牛缺硒导致胎衣不下的机理目前尚不清楚,有人认为可能是缺硒和维生素E损伤了子宫肌肉生理功能而导致的。

奶牛缺硒主要是因为采食了由缺硒土壤中种植的粮食或饲草。因此,奶牛缺硒症的发生具有明显的地区性。缺硒时犊牛易患白肌病,生长迟缓,成年牛繁殖力低,并有早产、死胎等现象。硒的毒性很强,奶牛长期摄入5～10 mg/kg硒可产生慢性中毒,其表现是消瘦、贫血、脱毛和影响繁殖等。摄入500～1 000 mg/kg硒可出现急性或亚急性中毒,轻者步态蹒跚,重者导致死亡。

(六)奶牛对碘的需要

1.碘的生物学功能

碘是合成甲状腺素的关键物质,而甲状腺素是机体内能量代谢的调控物质。碘对家畜机体的细胞氧化、分化和生长,维持神经、肌肉的功能十分重要,特别对生殖和调节相关腺体间的精密平衡有不可替代作用。对于高产奶牛,由于碘是甲状腺素(T4)和三碘甲状腺原氨酸(T3)的成分,T3或T4的减少对于高产奶牛饲料采食量、产奶量和饲料转化效率有极大的影响。

2.奶牛对碘的需要量

碘是奶牛饲养中非常重要的微量矿物质元素之一。饲粮中添加适量的碘可显著改善奶牛垂体-甲状腺素的分泌机能,提高奶牛的产奶性能。奶牛对碘的需要量根据所处生理阶段不同而有所不同。泌乳期奶牛对碘的需要量定为0.60 mg/kg,对于生长期和干乳期的牛则为0.25 mg/kg。奶牛要从基础日粮中摄入自身需要碘量的60%～70%,饲料含碘较少,有时达不到,因此必须增加奶牛日粮碘含量。产奶量高的奶牛日粮中含碘0.60 mg/kg时,缺碘临床症状可能发生,如不排卵、促黄体素分泌量降低等。母体缺碘,新生犊牛于2～3周龄时可见腹泻。饲粮中碘含量过高时奶牛生产性能会受到抑制,产奶量下降。犊牛、青年牛对碘耐受性较低，而泌乳牛耐受性较高。早期犊牛试验表明，犊牛的碘补充量不应超过 25 mg/kg，50 mg/kg 可视为中小中毒剂量。据报道，奶牛摄碘量超过 12 mg/(头·d)即产生慢性中毒症状，产奶量下降。NRC、ARC 及俄罗斯所规定的碘添加上限分别为 50 mg/kg、8 mg/kg、15 mg/kg(以饲粮干物质计)。

3.碘的研究进展

碘是甲状腺素的组成成分，甲状腺素能促进蛋白质的生物合成，促进胎儿生长发育。妊娠期内，甲状腺功能活跃，故需碘量增高，饲粮中缺碘可使繁殖动物发生甲状腺肿大，并对繁殖力产生不良影响。

奶牛的生产需要足够的碘，在饲料中添加碘能显著提高奶牛产奶量。据报道，奶牛饲料中添加碘化钾 10 mg/(头·d)和 20 mg/(头·d)(相当于日添加碘 7.6 mg 和 15.2 mg)比不加碘的对照组产奶量分别提高了 7.92% 和 8.48%，乳脂率也有上升的趋势。当饲料中碘含量过高时，奶牛生产性能受到抑制，产奶量下降。早期有人证实，青贮玉米-大豆蛋白型饲料导致奶牛产奶量、乳脂率下降，这是由于青贮玉米中碘含量特别低，而大豆蛋白又具有促甲状腺激素活性的作用，增加了奶牛对碘的需要量。高产奶牛从乳中排出较多的碘，因此饲喂青贮玉米-大豆蛋白型饲料的高产奶牛必须补充碘。有研究表明，妊娠母牛饲喂碘化钾，可使受胎率提高 6.9%，并减少胎衣不下和不规则发情的情况。还有研究发现，用碘酸钾作添加剂，在奶牛日粮中添加 0.41 mg/kg，可使日粮碘浓度达到 0.55 mg/kg，奶牛血清蛋白结合碘(PBI)可达到 5.544 mg/dL，能满足奶牛对碘的需求，提高奶牛妊娠率、平均情期受胎率和一次情期受胎率，同时奶牛流产率和胎衣不下发病率降低，繁殖性能得到恢复。

碘参与合成甲状腺激素，在奶牛饲养中非常重要。甲状腺素调节细胞中的能最代谢，缺碘可以影响奶牛生命过程中的许多方面，从繁殖泌乳直至抗应激能力。母牛长期缺碘，卵巢功能受损，脑垂体的促黄体机能受到影响，及时补碘，性功能会恢复正常。妊娠期日粮中碘含量不足，常引起母牛流产、妊娠期延长、出现死胎或弱胎、分娩困难、胎衣不下等症状。日粮碘含量超过奶牛耐受量通常会导致奶牛产奶量显著降低。

（七）奶牛对钴的需要

1. 钴的生物学功能

钴是维生素 B_{12} 的组成成分，并以 CO_2 的形式参与造血，在代谢作用中是某些酶的激活剂。钴是瘤胃微生物繁育和合成维生素 B_{12} 的必需元素，日粮中钴不足会导致瘤胃中的微生物群落合成维生素 B_{12} 受阻，维生素 B_{12} 缺乏将首先减弱瘤胃的功能，继而使生长缓慢，产奶效率降低。

2. 奶牛对钴的需要量

钴是瘤胃微生物繁育和合成维生素 B_{12} 的必需元素，奶牛体内不能贮存钴，因此钴的添加是十分必要的。日粮中添加钴能促进发情表现，提高受孕率。我国的相关研究表明，通常日粮中钴的含量达到 0.1 mg/kg 即可合成足够的维生素 B_2，饲料中含钴低于 0.07 mg/kg 时会出现钴缺乏症；钴过量会使动物产生毒性，但奶牛体内不贮存钴且排泄快，奶牛对钴的耐受量达到 1 000 mg/kg。据报道，高锌不利于钴的吸收，同时钴与磷、硫、锰、铜、碘有协同作用。由于钴能代替羧基肽酶中的全部锌和碱性磷酸酶中部分锌，因而在饲料中补充钴能防止锌缺乏所造成的机体损害。

3. 钴的研究进展

钴的主要作用是作为维生素 B_{12} 的成分，是一种抗贫血因子。钴也是保证牛正常生殖机能的元素之一，动物钴缺乏时表现为贫血和生长发育不良，而后者往往导致不育。母畜缺钴时最常见的症状是受胎率低，缺钴性贫血的母畜不能发情、初情期延迟、卵巢机能降低、流产、产弱胎。给缺钴牛群补钴，可降低安静发情和不规则发情率，从而提高受胎率。缺钴的奶牛往往血铜降低，同时补充铜钴制剂，可显著提高受胎率。研究指出，钴的表观消化率为75.48%，在食入 194.83 mg 钴时呈正平衡，从粪中排出 24.52%，从尿中排出 1.76%，从乳中排出 3.4%，平衡值为 57.83 mg，占日粮干物质的浓度为 2.6 mg/kg。奶牛体内不能储存钴，每日从饲料中摄取是必需的。传统的饲料中钴的含量不能满足奶牛的需要，禾本科牧草及谷类饲料含钴通常低于 0.1 mg/kg，如玉米仅含 0.7 mg/kg。在奶牛饲养实践中应注意补钴。

奶牛缺钴会表现出牛毛倒立，皮肤脱屑，母牛乏情、流产、食欲不振、消瘦等缺乏症；缺钴还会导致奶牛瘤胃维生素 B_{12} 合成大大减少，不能满足奶牛需要，体重、乳量随之下降，犊牛死亡率升高；此外，缺钴与奶牛贫血和生长发育有关，而后者导致母畜不育，受胎率降低。采食过量的钴会对奶牛产生毒性，主要表现为肝钴含量增高，采食量和体重下降，消瘦和贫血。

(八)奶牛对铬的需要

1.铬的生物学功能

铬主要以 Cr^{2+} 的形式作为葡萄糖耐受因子的构成成分协助胰岛素作用，影响糖类、脂类、蛋白质和核酸的代谢。由于铬参与糖类、脂类、蛋白质和核酸的代谢过程，具有抗应激、提高免疫力的作用，因而对促进奶牛生产性能的发挥有明显的作用。

2.奶牛对铬的需要量

奶牛对铬的需要量较低，日粮中一般能满足奶牛的需要。铬的需要量受日粮成分、生产水平及不同铬源等许多因素的影响，关于需要量没有准确的依据。一般在 0.50 mg/kg 左右。铬与其他物质的相互作用会影响铬的生物可利用率和最终的铬状态。铬和铁在机体各组织中分占蛋白质转移分子的不同位点，铁过量时会与铬竞争这些位点从而使机体潴留的铬减少。有报道说，铬与锌、矾有拮抗作用，在过量锌引起牛、羊贫血的群体中，用添加铬的日粮饲喂，则牛、羊贫血现象消除，有关其作用机理还尚不清楚。

3.铬的研究进展

铬是葡萄糖耐受因子(CTF)之一，它通过提高胰岛素的活性，对动物的生殖机能产生一定的影响。铬参与调节动物机体中糖、脂肪、蛋白质、核酸等物质代谢，提高动物的繁殖性能和免疫功能。奶牛饲料中添加有机铬，可以改善奶牛的繁殖性能，同时减少酮病的发生，改善牛的健康体况，增加产奶量，增强对疾病的抵抗力。

有报道指出，初产奶牛日粮中补加 0.5 mg/kg 的螯合铬，可提高 3%～7%的产奶量。研究显示，对初产牛补铬，可增加采食量和产奶量；同时可分别提高乳脂、乳糖及乳固形物12.9%、16.5%和14.9%。对于经产奶牛，虽然补铬对其产奶性能无明显影响，但对减少亚临床酮症、脂肪肝的发生和胎衣不下有明显作用。研究显示，高温季节奶牛日粮中补加有机铬能提高奶牛的采食量和产奶量，改善饲料转化率，有缓解奶牛热应激的作用；补加有机铬不会显著影响牛奶的常规成分，不会降低牛奶品质。还有研究表明，妊娠期母牛补铬，可降低胎衣不下的发生率。据报道，妊娠牛和泌乳牛均容易发生缺铬的情况，这可能是由于妊娠时期有更多的铬被通过尿排泄或通过胎盘转移的缘故，因为其机体经历了体况的激烈变化及产犊等代谢应激，需要更多的葡萄糖用于产奶代谢。

奶牛缺铬会表现出对葡萄糖耐受力降低，血中循环胰岛素水平升高，生长受阻，繁殖性能下降，甚至表现出神经症状。采食过量的铬会对奶牛产生毒性，主要表现为接触性皮炎、鼻中隔溃疡或穿孔，甚至可能产生肺癌。急性中毒主要表现为瘤胃或皱胃产生溃疡。

（九）奶牛对钼的需要

1.钼的生物学功能

钼作为黄嘌呤氧化酶或脱氢酶、醛氧化酶和亚硫酸盐氧化酶等的组成成分，参与体内氧化还原反应。钼是肠道微生物的生长因子，奶牛瘤胃微生物消化粗纤维也需要少量钼，钼能刺激瘤胃微生物活动，提高粗纤维消化率。研究报道钼可降低肝脏存储铜的能力，同时补钼和铜，受孕率的增加率要比单独补铜高，说明钼和铜对繁殖的影响有协同作用。

2.奶牛对钼的需要量

到目前为止，还没有肯定各种动物对钼的需要量，动物在自然条件下，钼缺乏症的现象很少。牛在低钼草地（含钼0.36 mg/kg）放牧，钼很容易在体内积累，甚至产生中毒。但在低钼地区放牧的牛，生长及饲料转化率并没有不良影响。参照饲料中铜、无机硫、锌和铅的含量，奶牛对钼的需要量为0.5～1.0 mg/kg。应当指出的是，在奶牛饲养实践中较大的危险不是日粮钼不足，而是钼过量。

3.钼的研究进展

钼是动物生长所必需的微量元素之一。据报道,钼酸盐能抑制孕酮、雌激素和糖皮质激素受体的活化,从而影响孕酮、雌激素和糖皮质激素的生物作用。采食过量的钼会降低奶牛的繁殖机能,使奶牛的初情期推迟,出现异常发情和乏情率增高,也可使公牛的性欲降低、精子活力下降。研究表明,采食高钼低铜饲料的奶牛初情期推迟,异常发情和不发情率增高。钼与铜是奶牛饲养中两种互相依赖的元素,铜相关的问题主要是缺乏,钼相关的问题主要是中毒。铜是构成血红蛋白的成分,同时还是一些酶的成分,它是肠道微生物的生长因子,奶牛瘤胃微生物消化粗纤维也需少量钼。

奶牛在一般情况下发生钼缺乏症的现象很少,相反奶牛容易发生钼中毒。奶牛长期采食含钼量过高的饲料可引起以拉稀、被毛褪色为特征的疾病,称钼中毒,通过添加铜使铜钼比保持(4～5)∶1,即可预防钼中毒。钼过量会增加尿铜排出量。牛对过量的钼最为敏感,中毒限量为 6 mg/kg 干物质。

(十)奶牛对氟的需要

1.氟的生物学功能

氟的主要作用是保护牙齿健康,增加牙齿强度,预防成年奶牛产生骨松症,增加骨强度。一般情况下氟不缺乏,但缺乏时影响泌乳。氟过量则影响钙磷代谢,使骨质疏松、牙齿松动,对产犊母牛影响尤为严重,解除氟中毒要多加磷酸钙类添加剂。当水中氟含量超过 5 mg/kg 时,奶牛会出现肋骨和尾骨软化,肢骨疏松症状。

2.奶牛对氟的需要量

在饲料中,奶牛对氟的需要量为 10～15 mg/kg,普通饲料即可充分满足。在奶牛饲养实践中较大的危险不是氟不足,而是氟过量,特别是大型工业中心附近的环境,空气和水中含有较多的微量元素,牛经水进食氟后,氟很快被吸收,并引起中毒。牛是对氟最敏感的动物之一,牛日粮中含 80～100 mg/kg 氟化钠时即可产生氟中毒。因此得出牛饲料中氟含量应限制在 30 mg/kg 以下。

3.奶牛氟研究进展

奶牛在一般情况下很少出现氟缺乏症,即使在氟摄入量很低时,也可通过增加肾脏的重吸收、提高骨对氟的亲和力和减少排泄来保证体内的需要。奶牛对氟的耐受量为 50 mg/kg，超过此限度可产生中毒。主要的中毒表现是牙齿变色，齿形态发生变化，永久齿可能脱落；软骨内骨生长减慢，骨膜肥厚，钙化程度降低；血氟含量明显增加。奶牛氟中毒的发生具有明显的地区性。

第五节　奶牛维生素营养代谢

维生素是奶牛维持正常生理功能必不可少的一大类有机物质。维生素并不能为机体提供能量，也不属于机体的构成物质，但具有多种生物学功能，在代谢中起调节和控制作用。如添加烟酸可缓和奶牛泌乳早期能量负平衡的应激，促进能量、蛋白质及矿物质等营养的高效利用。维生素营养不能被其他养分所替代，而且每种维生素又有各自特殊的作用，相互之间不能替代。奶牛需要足量维生素才能有效利用饲料中的养分，维持正常的生产性能。任何一种维生素的缺乏均可引起代谢紊乱，并导致某些特定的临床缺乏症状。由于维生素供给不足而发生的亚临床症状，也会影响机体的健康及生产性能。

维生素在奶牛营养中有重要作用，分为脂溶性维生素和水溶性维生素两大类。脂溶性维生素有维生素 A、维生素 D、维生素 E、维生素 K，水溶性维生素有维生素 B_1、维生素 B_2、维生素 B_3（烟酸）、维生素 B_5（泛酸）、维生素 B_7、维生素 B_{11}（叶酸）、维生素 B_{12}、胆碱、维生素 C。

一、脂溶性维生素营养代谢

（一）维生素 A

1. 结构来源

维生素 A 又称视黄醇（其醛衍生物视黄醛），是一个具有酯环的不饱和一元醇，包括维生素 A_1（视黄醇）、A_2（脱氢视黄醇）两种。维生素 A_1 和维生素 A_2 结构相似，可以天然存在。视黄醇可由植物来源的 β-胡萝卜素合成，在体内 β-胡萝卜素-15，15′-双氧酶（双加氧酶）催化下，可将 β-胡萝卜素转变为 2 分子的视黄醛，视黄醛在视黄醛还原酶的作用下还原为视黄醇。故 β-胡萝卜素也称为维生素A原。

维生素A有两个不同来源，即植物性饲料中的β-胡萝卜素和动植物性饲料中的维生素A。动物性饲料是维生素A的主要来源；而植物性饲料中的β-胡萝卜素在机体内被吸收后先裂解为视黄醛，进而还原为视黄醇而发挥生理功能。反刍动物所需的维生素A必须由外源供给，但作为主要营养源的植物性饲料中不含有视黄醇，仅存在维生素A的前体，某些形式的类胡萝卜素可在体内转化为维生素醇，某些类胡萝卜素，如叶黄素和番茄红素等，由于其结构中缺乏和维生素醇相似的β芷香酮环或其环结构而不能转变为维生素A醇。在维生素A前体中，β-胡萝卜素最为重要。青绿饲料中类胡萝卜素为β-胡萝卜素，谷物及其副产品（黄玉米除外）均缺乏β-胡萝卜素。β-胡萝卜素易被氧化破坏，因此青贮、干草晒制及贮存过程中可使得前体大量损失。

反刍动物瘤胃内存在着大量厌氧微生物，主要包括原虫、细菌和真菌。这些微生物对日粮中养分都可产生不同程度的降解。饲料中的β-胡萝卜素在瘤胃中约35%被破坏，而瘤胃对维生素A的破坏作用高于β-胡萝卜素。用饲喂干草和玉米籽实的阉公牛所做实验表明，日粮中添加的维生素A约60%在瘤胃中被破坏。采食高粗料日粮时，维生素A约20%在瘤胃中被破坏。日粮精粗比是影响维生素A在瘤胃中降解率的重要因素。体外瘤胃模拟试验表明，采食高粗料饲粮（精:粗=20:80）的牛瘤胃可以破坏约20%的维生素A，但牛饲粮含50%～70%精料时，维生素A的瘤胃破坏率可上升到70%。β-胡萝卜素在动物体内转化为维生素A，是反刍动物体内维生素A的主要来源之一。研究表明，饲粮中β-胡萝卜素在瘤胃中的破坏率在0～35%之间变化，在该试验中饲喂苜蓿后瘤胃液中胡萝卜素与非皂化物质之间的比例是恒定的。胡萝卜素和维生素A注射到幽门结扎的公羊瘤胃内，24 h瘤胃内胡萝卜素和维生素A的消失率分别为11%和30%。因此维生素A的形式也是影响其在瘤胃中稳定性的重要因素。

反刍动物体内的维生素A一般有两个来源途径：一个是日粮中添加，另一个是β-胡萝卜素即维生素A前体物转化而来。奶牛能将未分解的β-胡萝卜素转运到肝脏贮存，而绵羊、山羊则会在肠道中将大部分的β-胡萝卜素分解代谢。运载β-胡萝卜素的脂蛋白不同，牛主要是高密度脂蛋白，绵羊和山羊血液中β-胡萝卜素主要与低密度脂蛋白和极低密度脂蛋白结合。

2. 生理功能

维生素A是反刍动物所必需的一种脂溶性维生素，瘤胃微生物不能合成，必须由日粮中添加或提供维生素A原。植物饲料中的类胡萝卜素是维生素A原，动物可以将其转化为维生素A，其中以β-胡萝卜素效价最高，但各种动物对其转化率不同。近些年的研究表明，维生素A影响动物繁殖能力、机体免疫机能和动物的生产性能，β-胡萝卜素作为维生素A原与维生素A既具有相似的生理功能，同时也有自身独特的作用。维生素A的生理功能主要体现在以下几个方面。

①促进视紫质形成，使动物对弱光产生视觉，缺乏时产生夜盲症。

②维持上皮组织健康，缺乏时上皮细胞发生鳞状角质化，引起腹泻、结石、炎症、眼干燥病。

③参与性激素形成，缺乏时引起繁殖能力下降、受胎率下降、流产、难产等。

④促进骨骼和中枢神经系统发育，缺乏时骨畸形、运动失调、蹒跚、痉挛等。

⑤促进动物生长，缺乏时生长受阻，活力下降。

3. 在奶牛上的应用

(1)维生素A对奶牛繁殖性能的影响　维生素A对反刍动物繁殖性能的重要作用已被许多试验所证实，β-胡萝卜素在动物繁殖方面也起着独特的作用。有关研究指出，β-胡萝卜素可减少胎盘滞留的发生，缩短子宫复原时间；同时还发现血浆中β-胡萝卜素低于100 g/dL，会引起严重的奶牛繁殖障碍；而血浆中维生素A含量在40 μg/dL以上时，奶牛繁殖障碍发生率低，受胎率提高。在过去，人们认为β-胡萝卜素的繁殖功能是因为它是维生素A的前体物，而较新的研究认为β-胡萝卜素是一种生理抗氧化剂，可以保护卵泡和子宫细胞免受氧化反应的破坏，有助于卵巢内类固醇的合成，改善子宫内环境。荷斯坦奶牛产后10天直至怀孕期间，日粮中维生素A、维生素E和维生素D供应充足的情况下，每天补饲400 mg β-胡萝卜素可以提高血浆中β-胡萝卜素浓度，而且与对照组相比，黄体囊肿、子宫积脓和子宫内膜炎的发病率分别从

21%、4%和13%下降到6%、0和7%。在小母牛日粮中添加220 IU维生素A和0.3 mg β-胡萝卜素/kg体重可以缩短发情期间隔，缩短发情持续时间，提高发情强度，减少黄体囊肿的发生率。而且添加β-胡萝卜素能增加血液中促黄体素，提高黄体中孕酮浓度，从而提高奶牛的繁殖性能。据研究表明，β-胡萝卜素可以降低胎衣不下和子宫炎的发病率，原因是其提高了临产前血液β-胡萝卜素的浓度，增强淋巴细胞和吞噬细胞的功能，进而提高宿主的抵抗能力，降低繁殖疾病的发生率。大量的试验表明，当日粮中β-胡萝卜素含量增加时，血浆中β-胡萝卜素含量会相应增加，而卵巢功能与血浆中β-胡萝卜素浓度呈正相关。有的研究也表明，血浆中β-胡萝卜素水平与黄体的直径和重量呈正相关，但是卵泡内β-胡萝卜素浓度却与卵泡直径呈负相关。血浆、卵泡、黄体中β-胡萝卜素水平与血浆中孕酮水平呈正相关。研究还表明，血浆、卵泡、黄体中β-胡萝卜素水平受发情周期、怀孕情况以及黄体功能的影响，但与维生素A水平无关。研究表明，根据奶牛的体况和不同时期，黄体中β-胡萝卜素水平是不断变化的，在发情第6～16天黄体中β-胡萝卜素浓度可以提高6倍，而当黄体退化后浓度则下降。这说明，黄体产生孕酮的能力与卵巢中β-胡萝卜素浓度有很大关系。同品种奶牛在同一季节中血浆β-胡萝卜素浓度与孕酮生成量呈正相关。相反，血浆中维生素A浓度与孕酮生成量显著负相关。这一点也证明β-胡萝卜素具有除维生素A原以外的其他功能。研究发现，高温期间在人工授精前15天，可以向奶牛日粮中添加400 mg β-胡萝卜素，当饲喂时间超过90天时，可以提高产后120天的受胎率，原因是β-胡萝卜素可以降低由于高温引起的胚胎损失，提高胚胎的存活率。

(2)维生素A和β-胡萝卜素对奶牛免疫机能的影响　维生素A和β-胡萝卜素与动物免疫反应有着密切的关系。适量的维生素A具有免疫促进作用，过量和不足都会引起免疫抑制。维生素A和β-胡萝卜素通过细胞免疫、体液免疫和非特异性免疫反应维持机体健康。向妊娠青年母牛分离的血淋巴细胞培养液中添加β-胡萝卜素或视黄醇或视黄酸，均明显增强由刀豆素A(Cona)刺激引起的增殖反应，而对于脂多糖(LPS)刺激引起的增殖反应无改善。在体液免疫方面，维生素A和β-胡萝卜素缺乏时会引起抗体应答反应下降。

目前，对于维生素A和β-胡萝卜素能够促进免疫机能已有共识，但对其作用机理尚不完全清楚。较新的观点认为维生素 A 刺激前列腺素(PGE1)的产生,进而使 3,5 环-磷酸腺苷(cAMP)的活性受到调节,导致免疫效应的提高。研究认为,维生素 A 可以作为一种免疫佐剂,促进体内 T、B 细胞的协同,同时也得出血浆 cAMP 的含量随维生素 A 的添加量而上升。从以上研究中可以看出,维生素 A 在多个方面影响着动物的健康和免疫性能。

(3)维生素 A 和β-胡萝卜素对奶牛乳腺炎的影响　在奶牛生产中,乳腺炎是造成巨大经济损失的一个主要方面,有许多试验证明感染乳腺炎的奶牛(乳中体细胞计数大于 5×10^5 个/mL),其血浆β-胡萝卜素浓度明显低于健康奶牛(乳中体细胞计数小于 10^5 个/mL),奶牛患乳腺炎的程度与血浆β-胡萝卜素浓度呈负相关。随着血清中β-胡萝卜素含量升高,乳汁中体细胞数下降,乳腺炎的发病率降低。研究表明。血浆中维生素 A 和β-胡萝卜素浓度升高,将降低乳中体细胞数。在产后 100 天,每天为荷斯坦奶牛添加 300 mg β-胡萝卜素,发现可以缩短发情期间隔,降低乳中体细胞浓度。维生素 A 和β-胡萝卜素还能提高美国加州乳腺炎测试评分(CMT),血浆中维生素 A 和β-胡萝卜素含量提高,CMT 就高。另有试验表明在围产期维生素 A 和β-胡萝卜素的添加量分别为 120 000 IU/d 和 600 mg/d,产后中性粒细胞功能增强,乳腺炎和子宫炎发生率下降。

(4)维生素 A 和β-胡萝卜素对奶牛生产性能的影响　在干奶期和泌乳早期增加奶牛日粮中的维生素 A 含量可以提高奶牛产奶量,增强乳腺健康。NRC 将泌乳期和干奶期的维生素 A 的需要量均定为每千克体重 110 IU,同时指出干奶期增加维生素 A 的饲喂量可以改善乳腺健康,并且有关数据表明,如果干奶期添加维生素 A 超过 NRC 的推荐量可提高产乳量,因此建议干奶期奶牛对维生素 A 的需要量同泌乳期奶牛一样为每千克体重 110 IU。

(二)维生素 D

1.结构来源

维生素 D 为固醇类衍生物,常见维生素 D_2 和维生素 D_3,维生素 D_2 为麦角钙化醇,维生素 D_3 是胆钙化醇,二者侧链不同,分别由麦角固醇及 7-胆氯胆固醇经紫外线照射而得。

7-脱氢胆固醇(又称为维生素 D_3原)主要分布于皮下、胆汁、血液及许多组织中,在波长 290～320 mm 的紫外线照射下转变为维生素 D_3前体,在体温作用下逐渐转化成维生素 D_3。麦角固醇存在于植物中,在波长 280～330 nm 时,一部分麦角固醇转变为维生素 D_2。泌乳动物维生素 D_2与维生素 D_3效价相当。

维生素 D 是胆固醇的一种衍生物,它可以从饲料中提取或经皮肤合成。大多数青绿植物中存在着麦角固醇,经紫外线照射后产生由麦角固醇生成的维生素 D_2(麦角钙化醇),通常在波长为 290～315 mm 紫外线照射下进行的活化效率比较高。晒制的干草是反刍动物维生素 D_2的重要来源。按风干基础、阳光晒制的干草中的维生素 D_2含量变动为 150～312 IU/kg。哺乳动物皮肤中的维生素 D 前体 7-脱氢胆固醇可经光化学转化成维生素 D_3,皮肤经光照产生的维生素 D_3 90%以上均在皮肤表层。紫外线对地球表面的辐射量与地球的纬度和大气状况有关。因此,低纬度、高海拔、夏季及天气晴朗时皮肤中生成的维生素 D_3效率最高。放牧条件下,牛每天可在皮肤中合成 3 000～10 000 IU 维生素 D_3。北半球夏季放牧奶牛每日约可合成 4 500 IU 维生素 D_3。通常被认为,维生素 D_2与维生素 D_3对反刍动物具有相同的生物活性。虽然也有报道牛能明显排斥维生素 D_2,主要是减少了代谢物维生素 D_2与维生素 D 结合蛋白的结合,使血浆中的代谢物维生素 D_2迅速清除。但 NRC 的专家们并不主张根据维生素 D 的形式调整其需要量。

动物经日粮摄入的维生素 D_3,当同时存在脂肪及胆汁的条件下,在肠道内通过被动吸收进入肠细胞,在吸收过程中与乳糜微粒结合并通过特异的维生素 D 结合蛋白被迅速转运到肝脏。无论是经饲料摄入的维生素 D_2或经紫外线照射在皮肤中形成的维生素 D_3经血液输送入肝脏后,在肝细胞微粒体和线粒体中维生素 D 经 25-羟化酶的催化下转化成 25-羟基维生素 D_3 (25-OH-D_3)并释放至血液中,成为血浆中的主要代谢产物。因此,奶牛血浆中维生素 D 的浓度能反应机体内维生素 D 的状况。正常血浆中维生素 D 的浓度为 1～2 ng/mL。

维生素 D 在代谢中的决定环节是其转变成为活性形式。维生素 D 可以认为是一种钙调节激素前体物,因此其生物合成及排泄均会受到作用物及反馈作用的影响。影响体内活性维生素 D_3 合成的因素中，主要与机体内钙磷代谢及影响钙磷代谢的两种激素（甲状旁腺激素和降钙素）有关。维生素 D_3 在肾脏中的生成受钙水平的制约。血钙含量增加抑制维生素 D_3 的生成，反之，血钙含量下降，即使轻度的低血钙，也可刺激维生素 D_3 的生成。已知甲状旁腺控制着血钙浓度，低血钙时甲状旁腺激素大量地释放，激发肾脏中维生素 D 羟化酶的活性。维生素 D_3 的合成与分泌，一方面受低血钙的刺激，另一方面还受低血磷的刺激，即使血钙浓度正常或高于正常水平以及在没有甲状旁腺分泌的条件下，甲状旁腺激素的存在有可能使骨骼中的钙被维生素 D_3 动员，并在肾脏中增加对钙的重吸收，磷的吸收与动员虽然也经维生素 D_3 的作用而增加，而甲状旁腺激素又能促使大量磷从尿中排出，从而消除了维生素 D_3 对磷的作用，结果是血浆钙增加而血浆无机磷水平并不改变。若无甲状旁腺激素，所动员的磷并不从尿中排出，使血磷上升而血钙基本稳定。因此，在特定的生理条件下，维生素 D_3 可以作为动员钙的激素，也可以作为动员磷的激素。

2. 生理功能

①提高机体对钙、磷的吸收，使血浆钙和血浆磷的水平达到饱和程度。

②促进生长和骨骼钙化，促进牙齿健全。

③通过肠壁增加磷的吸收，并通过肾小管增加磷的再吸收。

④维持血液中柠檬酸盐的正常水平。

⑤防止氨基酸通过肾脏损失。

3. 在奶牛上的应用

根据 1989 版的 NRC 饲养标准，成年奶牛维生素 D 需要量为每千克体重 30 IU，2001 年版的 NRC 饲养标准中尚无确切的奶牛维生素 D 建议饲喂量。1989 年 NRC 确定为每千克体重 30 IU 维生素 D 的需要量比较合理；但也有学者有不同意见，研究显示，每日给干乳牛分别补饲 5 000 IU，10 000 IU 维生素 D，测定血浆中钙、磷与 25-羟基维生素 D3 浓度，结果表明，采食青贮基础日粮的舍饲干乳牛每日补饲 10 000 IU 维生素 D(约为每千克体重 20 IU) 即可满足其对维生素 D 的需要量。研究显示，奶牛泌乳期的维生素 D 饲喂量为 25 000～35 000 IU/(d·头)。若不能受日光照射，则奶牛日粮中的维生素 D 添加量不应低于上述推荐量的上限，以保证奶牛不会因采食劣质干草而出现缺乏症。

研究报道，奶牛产前饲喂适量的过瘤胃维生素 D 5 g/(d·头)能明显降低奶牛围产期低血钙发生率和改善钙负平衡，这可能与适量的过瘤胃维生素 D 促进奶牛肠道中钙的吸收有关。日粮中添加维生素 D 可以缓解奶牛围产期免疫球蛋白和免疫细胞下降的现象。日粮中每天添加 1.5 g/头过瘤胃维生素 D 能调节甲状旁腺素和降钙素等激素的分泌，促进肠道对钙的吸收，动员骨钙，从而防止奶牛产后低钙血的发生，且围产期奶牛低血钙症与机体血钙稳态调节作用密切关联。

美国国家动物疾病中心(NADC)的科学家发现，维生素 D 可成为抗生素的替代品，用于治疗乳腺炎。较高水平的维生素 D 对于正常的免疫功能是必需的，然而牛奶中的维生素 D 含量很少。研究显示，维生素 D 有助于减少治疗乳腺炎时抗生素的使用。此外，维生素 D 还具有减少其他病菌和病菌疾病的潜力，如呼吸道感染。

(三)维生素 E

1.结构来源

维生素 E 是一系列叫作生育酚和生育三烯酚的脂溶性化合物的总称。自然界中一共存在 8 种具有维生素 E 活性的生育酚。从化学结构上看，由于环状结构上的甲基数目与位置和侧链的不同，导致了这 8 种不同的生育酚和生育三烯酚异构体的存在。α-生育酚与生育酚转运蛋白亲合力最强、体内代谢效率最低，所以只有当高剂量摄入 α-维生素 E 时，该构型才会被分解代谢，以避免发生维生素 E 中毒，因而 α-生育酚是这 8 种异构体中生物活性最高的一种，同时也是饲料中维生素 E 最普遍的存在形式。

维生素 E 为黄色油状物，游离态及其酯化物极易溶于脂类，但不溶于水。由于维生素 E 分子中含有生物活性的不饱和键，易受光、热、酸、碱、酶等自然因子影响，无氧条件下耐热，易为紫外线破坏。由于在自然界中的天然维生素 E 很容易被氧化，因此饲料原料中存在的天然生育酚的稳定性很差。在饲料贮存过程中，其所含的生育酚效价也会迅速丧失。天然维生素 E 在能促进氧化反应的条件下更不稳定，比如高温、高湿条件以及存在氧化脂肪和微量元素的条件。高湿条件下饲料贮存时使用的丙酸等防腐剂同样会大大降低 α-生育酚的效价。

在反刍动物体内并不能合成 α-生育酚，因此必须要依赖饲料对动物补给。饲料的来源可以分为天然植物饲料和动物加工副产品。在各种饲料中均含有维生素 E，但含量会因原料的不同而出现较大差别。在作为奶牛饲料来源的植物性饲料中，以苜蓿草粉、玉米、大豆、大麦、米糠、葵花籽等所含维生素 E 较高。但是由于维生素 E 的不稳定性，使得饲料中维生素 E 含量变化很大，比如在大多数的新鲜牧草中，维生素 E 含量在 80～200 IU/kg DM 之间，但是当牧草晒干以后维生素 E 含量将会降低 20%～80%。通常精料中维生素 E 含量普遍较低，而且随着贮存期的延长其含量还将继续下降。

早期的一些研究资料显示，添加的维生素 E 会在瘤胃中大量被破坏，而且破坏程度会随着奶牛日粮中精料水平的增加而增加。如果机体摄入的维生素 E 为乙酸酯，则需要在小肠内先进行水解，水解为维生素 E 和有机酸后再按各自的途径被吸收、利用。当奶牛日粮中维生素 E 供给不足时，机体则会动用体内维生素 E，它的顺序是首先动用血浆及肝脏中的，然后是心肌和肌肉中的，最后则是体脂中的。

维生素 E 与硒存在协同作用，硒也是动物所必需的一种微量元素。在动物体内，硒同样发挥着多种生物学效应，其中最重要的是硒的抗氧化性。谷胱甘肽过氧化物酶(GSH-Px)具有极强的抗氧化作用，它广泛存在于哺乳动物的心脏、肺脏、肾脏、脑、红细胞及其他组织中，而这种酶是哺乳动物体内的第一个被公认的含硒酶。同样，硒也在哺乳动物体内磷脂过氧化谷胱甘肽过氧化物酶(PHG-Px)的催化作用中起关键性作用。这两种酶均是通过抑制膜磷脂过氧化来发挥其保护生物膜作用，细胞膜免受氧化损伤方面，Se 与维生素 E 之间相互起着补偿和协调的作用。维生素 E 位于细胞膜上并对它进行保护，使其免受自由基进攻和过氧化损伤，是机体抗氧化的第一道防线。Se 则是通过存在于细胞液中的 GSH-Px.使细胞膜免受损伤。GSH-Px 可以破坏过氧化物，能防止有害自由基的形成及其对不饱和脂肪的进攻，是机体内的第二道防线。GSH-Px 可以分解体内已形成的过氧化物，这就阻止了可能引发膜脂质过氧化的羟自由基和超氧离子这两种物质的生成；而维生素 E 则可以阻止膜脂质过氧化链式反应从而减少氢过氧化物的生成，它们之间表现出了“相互节省”效应。同时，Se与维生素E又都是以对方的存在来作为其自身发挥生理效用的先决条件的，硒缺乏时维生素E不能被吸收和利用，而维生素E缺乏则同样难以合成过氧化物酶。因此，当组织中Se和维生素E缺乏时，抗过氧化物损害的保护作用将会丧失，从而可能导致一系列病理过程的出现，例如心肌、骨骼肌、肝细胞及血管内皮组织等，由于受过氧化物损害而可能变性坏死。

2. 功能

(1)抗氧化作用　保护细胞膜的完整性，免受过氧化物的损害。维生素E和维生素C在抗氧化方面具有较强的协同作用。维生素E发挥抗氧化剂作用的机制与酚上的羟基有关，它给自由基提供一个H^+，抑制自由基，制止链的反应。反应后生成的生育酚自由基可与维生素C反应，再生转化为维生素E。

(2)免疫　维生素E通过影响网状内皮系统的吞噬细胞的增殖，影响B细胞、T细胞的免疫反应，影响糖皮质激素、前列腺素的合成而影响机体的免疫能力和抗应激能力。

(3)其他功能　维生素E与组织呼吸(影响泛醌形成)、激素(垂体前叶激素、肾上腺皮质激素等)合成、羟基化作用、核酸代谢、维生素C合成、血红素合成等有关。

3. 在奶牛上的应用

(1)乳腺免疫　嗜中性白细胞是哺乳动物防御乳房感染的第一道免疫防线。母牛乳腺内感染的发病率及严重程度依赖于嗜中性白细胞的反应性。血浆α-生育酚浓度和中性粒细胞的杀伤能力呈正相关。许多新的乳腺内感染就发生在分娩前后，从而导致奶牛乳腺炎的发生和奶质量的下降，维生素E具有抗奶牛乳腺炎的作用，奶牛乳腺炎的发生率和严重程度与维生素E的摄入量有关。研究报道在整个干乳期，奶牛日粮添加维生素E[740 IU(d·头)]，在下一个泌乳期内，奶牛临床乳腺炎与乳腺内感染的发生率分别较未添加组降低37%和42%，发生临床乳腺炎的奶牛血浆和奶中α-生育酚均低于健康牛的血浆和奶，α-生育酚浓度降低导致机体抵抗力减弱，增加奶牛临床乳腺炎的发病率。沃勒(Waller)等指出，在干奶期和泌乳早期乳房感染的发生率与血浆中维生素 E 降到最低浓度的变化趋势具有一定关系。他们还认为在产犊之前 4 周至前 2 周添加 1 610 mg/d 的 RRR-α-生育酚三烯酯处理组中乳腺炎发生率明显降低。研究显示,维生素 E 与乳腺炎的关系。他们指出,在产犊期间母牛血液维生素 E 的含量如果低于 3 μg/mL,其发生乳腺炎的概率是血液维生素 E 的含量高于 3 μg/mL 母牛的 10 倍;同时围产期血液中维生素 E 的含量降低到最低值,然后在产犊后又慢慢升高。因此,在产犊期间,母牛血液 α-生育酚的含量应该高于 3 μg/mL。

研究认为在奶牛进入干奶期之前对维生素 E 的需求不高,且干奶期奶牛血液中维生素 E 含量达 14.5 μmol/L 时,仍在奶牛饲料中添加维生素 E 会导致奶牛罹患乳腺炎的概率增加。但该试验选择的奶牛均为从乳腺炎或亚临床性乳腺炎高发牛群中选取,并且基础日粮中维生素 E 水平也高于 NRC 推荐量,这些原因导致额外添加维生素 E 后奶牛血液中维生素 E 浓度较高。研究显示,重新评估了 6 个额外添加维生素 E 的奶牛牧场所得数据,这些牧场奶牛乳腺炎发病率小于 26%。结果表明,所有奶牛乳腺炎发病率及牛奶中体细胞数并没有显著差异。干奶期补充 3 000 IU/d 维生素 E 后,血液中含有较高浓度维生素 E 不会导致奶牛乳腺炎发病率升高。因此,目前有足够证据表明干奶期有必要适量补充维生素 E 以降低乳腺炎发生率。

(2)繁殖机能　α-生育酚被认为是哺乳动物生殖所必需的。α-生育酚对精液品质有着直接影响,一旦缺乏则会导致精子活力降低、数量减少、睾丸变形。母畜则表现为卵巢机能下降、胎盘萎缩,常导致死胎、流产、性周期异常等。有报道指出,产前 1 周奶牛血液中的维生素 E 含量每提高 1 μg/mL,那么奶牛患有胎盘滞留的概率就下降 21%。研究表明,为提高奶牛的繁殖性能,应该提高干奶期日粮中维生素 E 的补充量。还有研究显示在试验中饲喂维生素 E 后研究其对奶牛血常规、血清促黄体生成素(LH)和卵泡刺激素(FSH)、产奶量及乳中各成分和体细胞数(SCC)、临床型乳腺炎发病率、胎衣排出时间、犊牛初生重方面的影响。试验结果表明,日粮中添加维生素 E 对围产期奶牛健康以及生产性能、繁殖性能等方面有积极作用。因此在干奶期、围产期间应该保证奶牛摄入足量的维生素 E。

(3)牛奶品质　加拿大的农业专家给几头泌乳中期的荷斯坦奶牛的饲料

中添加和不添加维生素 E 来做对比试验，结果显示，添加维生素 E 的奶牛所产的牛奶品质最好，并可增加牛奶风味的稳定性。也有试验对奶牛应用含 2.5% 豆油＋高剂量维生素 E（10 000 IU/d）的日粮后发现，高剂量的维生素 E 不能扭转由于豆油引起的乳脂百分比的降低，但是能够通过提高奶产量从而有效减缓乳脂产量的降低。

（四）维生素 K

1. 结构来源

维生素 K 是一类醌衍生物。其中最重要的是维生素 K_1（叶绿醌）、维生素 K_2（甲基萘醌）和维生素 K_3（甲萘醌）。维生素 K_1 和维生素 K_2 是天然产物，维生素 K_1 为黄色油状物，维生素 K_2 为黄色晶体，维生素 K_3 是人工合成的产品，其中大部分溶于水，效力高于维生素 K_2。维生素 K 耐热，但易被光、辐射、碱和强酸所破坏。

维生素 K 遍布于各种植物性饲料中，尤其是青绿饲料中含量丰富。维生素 K_2 除在动物性饲料中含量丰富，还能在动物消化道（反刍动物在瘤胃，猪、马在大肠）中经微生物合成。因此，正常情况下家畜不会缺乏。

2. 生理功能

维生素 K 主要参与凝血活动。它可催化肝脏中凝血酶原和凝血因子的合成。凝血酶原通过凝血因子的作用转变为具有活性的凝血酶，而将血液可溶性纤维蛋白原转变为不溶性的纤维蛋白，致使血液凝固；维生素 K 与钙结合蛋白的形成有关，并参与蛋白质和多肽的代谢；维生素 K 还具有利尿、强化肝脏解毒功能及降低血压等作用。

3. 维生素 K 在奶牛中应用

动物缺乏维生素 K 时，凝血时间会延长，维生素 K 缺乏症主要发生于禽类。采食维生素 K_1 或维生素 K_2 都能满足牛的营养需要。任何新鲜、干燥且绿色、多叶的饲料都富含维生素 K_1。通常情况下，瘤胃中能够合成大量的维生素 K_2，因此，不推荐在日粮中添加。当牛采食了发霉的草木樨属的干草时，由于其含有高浓度的双香豆素，血液的凝结能力会下降，随之可能发生一般性的出血症。这种综合征通常被称为草木樨症或草木樨中毒，可通过添加维生素 K 来治疗。

二、水溶性维生素营养代谢

水溶性维生素均溶于水，在体内贮存量不大，当机体内处于饱和状态时，多余部分可随尿排出体外，一般不会引起中毒。

(一)维生素 B_1(硫胺素)

1.结构来源

维生素 B_1 是由含硫的噻唑环和含氮的嘧啶环组成的。维生素 B_1 在水中溶解度大，在酸性溶液中较稳定，加热不分解，在碱性溶液中加热易分解破坏。因此在饲料贮存以及加工过程中的高温、雨淋以及过度光照等都可使维生素 B_1 大量丢失或被分解破坏。

含量较丰富的有谷物、谷物副产品、豆粕及啤酒酵母等，多叶青绿饲料中硫胺素含量也较丰富。

硫胺素主要在十二指肠吸收，高浓度时被动扩散为主，低浓度时则以主动转运方式进行吸收。硫胺素在体组织中贮存很少，当大量摄入硫胺素后，吸收量减少，排泄量增加。排泄的主要途径为粪和尿，少量亦可通过汗液排出体外。

2.生理功能

维生素 B_1 本身无生物活性，在肝脏与焦磷酸结合形成焦磷酸硫胺素(TPP)，TPP 才是有生物活性。

维生素 B_1 主要以辅酶的形式发挥其生理功能。TPP 是维生素 B_1 的主要辅酶形式。从缺乏维生素 B_1 的动物上取得红细胞，经过研究表明积累戊糖的这一循环受到了损伤。核酸合成中的戊糖以及脂肪酸合成中的 NADPH 都靠这个循环来提供。如果脂肪酸合成受阻，会影响神经细胞膜的完整性。

糖类代谢进而可以影响脂类代谢，而脂质是细胞膜的重要成分。如果维生素 B_1 缺乏，脂质合成减少，就不能很好地维持髓鞘的完整性，从而导致神经系统病变，发生多发性神经炎。维生素 B_1 缺乏还可以导致胆固醇合成障碍，原因是其关键的调节酶3-羟基-3-甲基戊二酰辅酶A还原酶活性降低。胆固醇也是细胞膜的主要成分之一，其合成障碍会影响神经细胞膜的完整性。此外，焦磷酸硫胺素能促进重要的神经介质乙酰胆碱的合成，抑制胆碱酯酶对乙酰胆碱分解。缺乏维生素 B_1 时，乙酰胆碱合成减少，同时由于胆碱酯酶活性的增强，乙酰胆碱的分解加速，神经传导不良，直接影响到消化系统的功能。

3.在奶牛上的应用

一直以来人们都认为反刍动物瘤胃微生物合成的硫胺素足以满足其营养需要。但是在生产中发现，在一些特殊生理状况下，如反刍动物在高精料的饲养条件或泌乳期及妊娠期等也需要在日粮中添加硫胺素等水溶性维生素，当机体缺乏维生素 B_1 时，碳水化合物代谢就会受阻，致使中间代谢产物乳酸积累及挥发性脂肪酸比例的失衡而诱发瘤胃酸中毒。维生素 B_1 可通过平衡瘤胃菌群结构缓解SARA，能够较好地稳定高精料底物培养条件下瘤胃微生物的发酵。

研究显示，应用体外发酵的方法研究添加硫胺素对瘤胃微生物发酵的影响。结果显示，在常规日粮条件下，添加硫胺素没有显著影响培养液pH，随硫胺素添加水平的增加，氨氮浓度随之上升。而添加硫胺素后细菌蛋白的产量得到了提高，原虫蛋白的产量有所降低。另外，硫胺素降低了乙酸的浓度，提高了丙酸、丁酸的浓度，同时降低了乳酸的浓度。在高精料日粮条件下，添加硫胺素后培养液的pH得到提高，氨氮浓度下降，细菌蛋白产量提高而原虫蛋白产量降低。添加硫胺素后，乙酸和总挥发性脂肪酸的浓度百分比降低，而丙酸和丁酸的百分比有所升高，从而对瘤胃微生物发酵有一定的稳定作用。

犊牛瘤胃的发育受多种因素影响，瘤胃内环境指标就是其中重要的影响因素之一。例如瘤胃pH的变化可改变瘤胃挥发性脂肪酸的比例，瘤胃上皮细胞对挥发性脂肪酸的吸收和代谢有直接影响，从而间接影响瘤胃发育。一定比例的粗料在维持瘤胃上皮的乳头长度、乳头密度及乳头表面积等指标的正常方面起到重要用，精料饲喂水平过高会引起瘤胃上皮的角质化不全等异常情况。王龙等（2012）在犊牛上的试验分为高精料日粮不添加硫胺素、高精料日粮添加硫胺素、常规日粮不添加硫胺素。结果显示，在高精料日粮饲喂条件下，犊牛瘤胃液 $pH<5.5$，发生SARA，添加硫胺素可显著提高瘤胃pH以缓

解瘤胃酸中毒。饲喂高精料日粮可导致犊牛瘤胃丙酸与乙酸的比值以及总挥发性脂肪酸浓度的增加，瘤胃液 pH 的降低。但添加硫胺素则可缓解对犊牛瘤胃内环境的影响，在一定程度上提高瘤胃液 pH。该研究同时还表明，饲喂高精料 SARA 组犊牛瘤胃上皮颜色呈深黑色，SARA 添加硫胺素组瘤胃上皮颜色与 SARA 组相比较浅，但两组均比饲喂常规日粮的犊牛瘤胃上皮颜色深。高精料组及高精料添加硫胺素组的乳头长度和宽度均高于常规日粮组。常规日粮组和 SARA 添加硫胺素组犊牛瘤胃上皮的乳头发育良好，呈现出柔软、舌形等特征，瘤胃乳头顶端并未出现微脓肿现象，且角质层平整、柔软。而 SARA 组犊牛的瘤胃乳头出现异常发育的情况，表现为部分瘤胃乳头出现分支现象、瘤胃乳头顶部肿大，并出现了细颈等异常形态，且角质层较厚，出现异常脱落和异常增大的现象。以上表明饲喂高精料可导致犊牛瘤胃上皮颜色呈黑色变深，瘤胃乳头发育的增生异常，但添加硫胺素则可缓解 SARA 对犊牛瘤胃上皮组织发育的影响。添加硫胺素可降低高精料日粮对犊牛瘤胃发育的负面影响。

（二）维生素 B_2（核黄素）

1.结构来源

维生素 B_2 是由核酸与 7，8-二甲基异咯嗪结合而成的黄色物质，故被称作核黄素。维生素 B_2 为橙黄色晶体，味苦，在水、醇中的溶解性中等，易溶于稀酸、强碱，对热稳定，遇光（特别是紫外光）易分解而形成荧光色素，这是荧光分析的基础。

绿色植物、酵母和某些细菌能合成核黄素，快速生长的绿色植物、牧草（特别是苜蓿）中富含维生素 B_2，叶片中最丰富。动物性饲料含量较高，饼粕饲料中等，禾谷籽实及副产物含量低。

饲料中的核黄素在瘤胃中几乎被 100% 破坏。反刍动物核黄素的来源主要是瘤胃微生物的合成。瘤胃壁不仅可吸收核黄素，而且瘤胃中核黄素的浓度对瘤胃壁的吸收量影响很大。体内的核黄素主要以游离核黄素、核黄素 5′-磷酸（FMN）以及黄素腺嘌呤二核苷酸（FAD）3 种形式存在。在肠道内，磷酸化的核黄素在肠道的特殊部位被主动吸收，高浓度时也可能以被动形式被吸收。核黄素在体内与 ATP 相作用转化为 FMN，再经 ATP 的磷酸化成为 FAD，作为多种酶的辅酶，并在代谢中发挥作用。

核黄素主要以辅酶（特别是 FAD）形式贮存于体内，肝、肾及心脏中核黄素贮存量最多，而肝是主要贮存器官。核黄素主要从尿中排出，少量从粪便及汗液中排出。进入小肠的核黄素越多，其在体内的周转越快。

2. 生理功能

维生素 B_2 本身无生物活性。但在生物体内，与 ATP 磷酸化可转化为黄素单核苷酸（FMN）和黄素腺嘌呤二核苷酸（FAD），以 FAD 和 FMN 的形式，与酶蛋白一起形成黄素蛋白，即多种氧化酶和脱氢酶，参与氧化还原反应，已知的黄素酶有 100 多种。参与脂肪代谢，黄素酶为脂肪酸氧化和不饱和脂肪酸代谢所必需。维生素 B_2 与生物膜的抗氧化作用有关。并可激活维生素 B_6 将色氨酸转换为烟酸，参与维生素 C、Fe、核酸的代谢。并可能与维持红细胞的完整性有关。维生素 B_2 进入生物体后磷酸化，转变成磷酸核黄素及黄素腺嘌呤二核苷酸，与蛋白质结合成为一种调节氧化-还原过程的脱氢酶。脱氢醇是维持组织细胞呼吸的重要物质。

3. 在奶牛上的应用

研究结果表明，瘤胃微生物在生长代谢过程中需要核黄素，它有助于瘤胃微生物数量的增多。日粮中提高核黄素的浓度有提高维生素 B_2 合成的趋势。核黄素与色氨酸转化为烟酸有关，烟酸的辅酶形式 NAD 和 NADP 的循环需要依赖核黄素黄素蛋白的参与。研究显示，灌注烟酸、核黄素对奶牛生产性能和血液参数的影响时发现，补充烟酸、核黄素单体，泌乳奶牛干物质采食量和产奶量均未出现显著变化，而烟酸 + 核黄素组、维生素 B 混合物组可显著提高干物质采食量和产奶量。

（三）维生素 B_3

1. 结构来源

维生素 B_3 又名维生素 PP，包括烟酸（尼克酸）和烟酰胺（尼克酰胺）两种物质，均属于吡啶衍生物。维生素 B_3 广泛分布于谷类籽实及其副产品和蛋白质饲料中，植物组织中主要以烟酸形式，动物组织中主要以烟酸胺形式存在。谷物饲料中的烟酸大部分以结合型存在，利用率低，如玉米烟酸利用率30%～35%。

反刍动物能够合成大量烟酸。烟酸的吸收主要通过小肠上段。烟酸以辅酶形式存在于所有组织中，以肝脏中的浓度最高。过量摄入的烟酸大部分从尿中排出。与其他维生素相似，烟酸也可随乳汁排出。肝脏的烟酰胺对动物血清的烟酰胺起调节作用。添加烟酸小部分被瘤胃微生物降解，大部分进入十二指肠被小肠吸收和利用。当动物饥饿时，可通过肝脏NAD糖原水解酶的作用将NAD水解成烟酰胺和腺苷二磷酸核苷，以维持血清中烟酰胺水平。

2. 生理功能

维生素B_3本身无活性，在生物体内转化为尼克酰胺腺嘌呤二核苷酸(NAD)和尼克酰胺腺嘌呤二核苷酸磷酸(NADP)。NAD和NADP可以作为不需氧脱氢酶的辅酶，参与生物氧化过程。维生素B_3能维持神经系统的健康。烟酸参与机体中的40多个反应，其中最重要的是在碳水化合物代谢反应中参与糖原酵解和脂肪酸合成，并通过三羧酸循环参与氧化反应。在脂肪代谢反应中，参与甘油的合成和分解、脂肪酸的氧化和合成以及固醇的合成。在蛋白质代谢中，参与氨酸的分解和合成。并通过三羧循环反应参与碳链的氧化。

3. 在奶牛上的应用

传统上认为反刍动物能在瘤胃内合成足够多的烟酸来满足需要。但随着牛产奶量的提高，日粮中精料比例增加及饲料加工过程中烟酸和体内可以合成烟酸的色氨酸的破坏等因素的影响，可导致奶牛烟酸缺乏。因此，有必要在奶牛日粮中添加一定数量的烟酸来满足需要。而且有些瘤胃微生物也需要烟酸。

(1)对瘤胃发酵的影响　烟酸对瘤胃的发酵参数有影响。日粮中添加烟酸使瘤胃pH下降，但也有研究指出，日粮添加烟酸对瘤胃pH无影响，这可能与瘤胃缓冲能力、烟酸添加水平及发酵底物不同有关。研究指出，通过体外试验对添加烟酸条件下绵羊瘤胃发酵底物降解动力学变化特征进行了研究，指出添加烟酸可提高培养液中微生物对氨氮的利用率。烟酸有助于改善瘤胃发酵，可改变瘤胃碳水化合物发酵类型，增加瘤胃总挥发性脂肪酸合成量，提高丙酸浓度，降低乙酸和丁酸浓度，且总挥发性脂肪酸合成量与发酵时间相关。

烟酸对瘤胃微生物种群也有影响。研究指出，添加烟酸可刺激瘤胃微生物的生长，促进瘤胃微生物合成、提高微生物蛋白含量。烟酸对瘤胃微生物的作用可能是通过影响瘤胃原虫数量而发挥作用。补充烟酸能刺激原虫生长提高原虫数量、密度和培养液中细菌氮产量。反刍动物日粮中添加烟酸能增加产气量，产气量是表示瘤胃发酵或微生物代谢的主要指标，与瘤胃内物质的降解量呈强正相关，原因可能为添加烟酸能在一定程度上提高瘤胃微生物代谢作用。

原虫可产生纤维素酶，降解植物细胞壁，提高纤维分解菌活性，从而提高瘤胃内纤维和营养物质消化率。研究指出，对奶牛进行体外试验表明，在高水平玉米秸秆底物日粮中添加烟酸能促进瘤胃纤维降解。随烟酸添加水平的增加，原虫的数量、潜在产气量、微晶纤维素酶活和干物质降解率、中性洗涤纤维降解率和酸性洗涤纤维的降解率均提高。此外，添加烟酸还能提高纤维二糖酶、葡萄糖苷酶、蛋白酶肽酶脂肪酶和纤维素酶活性。

(2)对产奶量，乳品质的影响　研究显示，添加过瘤胃烟酸，可以提高奶产量，改善乳品质。有研究显示，奶牛夏天补充 12 g/d 包被烟酸可极显著提高乳脂率和乳蛋白率。研究表明，在泌乳早期荷斯坦牛基础日粮中分别添加烟酸 6 g/d、12 g/d，试验组产奶量分别提高 13.20%（$P<0.05$）、9.39%（$P<0.05$），4%标准乳含量、乳蛋白率和乳脂率均差异不显著。研究显示，在泌乳后期荷斯坦奶牛日粮中添加烟酸 8 g/d、15 g/d，研究显示，在基础日粮中添加烟酸作为抗热应激添加剂，奶牛产奶量分别提高显著提高，4%标准乳含量分别显著提高，乳中乳蛋白率、乳脂率和乳糖含量差异不显著。研究表明，过瘤胃烟酸能够提高高热环境下的奶牛产奶量，缓解奶牛热应激。研究指出，在泌乳早期荷斯坦奶牛日粮中补充过瘤胃保护烟酸，能提高奶产量，并显著提高饲料报酬。研究指出，高产奶牛泌乳初期和高峰期日粮中添加普通烟酸对产奶量提高效果不明显，对乳脂率、乳蛋白和乳糖含量也无显著影响。添加过瘤胃保护烟酸，可明显提高产奶量，但乳蛋白含量却明显降低，对乳脂率和乳糖含量无显著影响。研究指出，添加烟酸和高比例精料提高了产奶量及乳蛋白和

乳糖产量，但降低了乳脂肪含量，添加高比例精料使乳脂肪的产量下降，添加烟酸，乳脂肪含量有所提升。研究指出，泌乳早期荷斯坦奶牛日粮中添加过瘤胃烟酸组奶牛的乳脂率显著低于未添加组，可能是奶牛脂代谢受到小肠吸收烟酸的影响，极有可能降低血浆中甘油三酯的产量。

(3)预防酮病发生　泌乳早期的高产奶牛能量消耗大，易导致能量负平衡，经糖异生作用弥补能量不足，往往诱发糖代谢障碍，过度分解体脂供能促使肝脏酮体蓄积，引发酮血症。烟酸能降低奶牛血清总脂、β-脂蛋白、游离脂肪酸和酮体含量。此外，烟酸可减少早期泌乳奶牛的脂肪动员，并诱导生糖氨基酸转化为葡萄糖，来弥补血糖的不足，从而降低奶牛体内β-羟丁酸等酮体的生成，有效避免和早期治疗泌乳奶牛的血酮症。有研究指出，烟酸可降低酮病牛血浆 β-羟丁酸和非酯化脂肪酸浓度。研究指出，泌乳早期的经产奶牛日粮中添加烟酸能缩短奶牛从酮体阳性转变为阴性，能有效预防和控制奶牛血酮病发生。

(4)缓解反刍动物应激　添加烟酸具有缓解瘤胃酸应激，可能原因为烟酸具有生糖作用，可以诱导生糖氨基酸转化为糖，提高了血糖浓度，增加了体内的能量供应，缓解了泌乳早期的能量应激。添加烟酸提高了瘤胃 NAD 浓度，降低了 NADH 浓度及 NADH/NAD，抑制了乳酸脱氢酶活性和乳酸产生，从而缓解瘤胃酸应激或酸中毒。此外，烟酸还具有缓解泌乳奶牛热应激的作用。烟酸对断奶犊牛的生长有较好的促进作用，这是因添加烟酸能减缓犊牛对日粮及饲养等变化的应激，特别是断奶后 1 个月左右，其增重效果明显。研究显示，奶牛饲料中补充 12 g/d 的包被烟酸，结果表明奶牛群体中心温度在 13:00 至 16:00 期间极显著降低，蒸发散热和饮水量也大大增加，直肠和阴道温度以及呼吸频率显著降低。研究表明，烟酸对热应激状态奶牛的直肠温度和呼吸频率、卧息和站立时间、排粪和排尿次数及饮水次数均无显著影响，但显著提高了奶牛反刍时间。研究表明，复方中药与烟酸合用可以改善热应激阶段的奶牛部分生理指标如呼吸频率、肛门温度。以上研究表明，烟酸缓解热应激的效果可能与烟酸添加方式、添加量和热应激的程度有关。

(四)维生素 B_5(泛酸)

1.结构来源

维生素 B_5为β-丙氨酸衍生物,为黄色黏稠的油状物,对氧化剂、还原剂稳定,对湿热稳定,但在干热及在酸碱介质中加热易被破坏。

维生素 B_5广泛存在于动植物辅料中,绿色植物、酵母、糠麸、苜蓿干草等饲料中含量丰富。但玉米-豆饼日粮容易缺乏,米糠及麦麸是良好来源,泛酸含量比相应谷物高 2～3 倍,普通颗粒饲料在室温下保存 3 个月泛酸活性为 80%～100%。

成年反刍动物瘤胃中可合成大量泛酸,瘤胃微生物合成的泛酸量比动物从饲料中获得的泛酸量高 20～30 倍。肉牛犊牛每采食 1 千克可消化有机物泛酸的微生物净合成量为 2.2 mg/d,估计饲料中约 78%的泛酸在瘤胃中被降解。通常游离型的泛酸在肠道中以被动扩散的形式吸收。在体组织中泛酸被转化为辅酶 A 及其他化合物,被吸收的泛酸主要从尿中排出。动物摄入过量泛酸后能迅速从尿中排出。存在于红细胞中的泛酸主要以辅酶 A 的形式,而血清中仅有游离泛酸。泛酸在动物体内似乎不能贮存。

2.生理功能

泛酸是辅酶 A 和酰基载体蛋白(ACP)的组成成分,辅酶 A 是羧酸的载体,参与氨基酸、脂肪和碳水化合物的代谢,ACP 在脂类代谢中起重要作用。辅酶 A 是一种含有泛酸的辅酶,在某些酶促反应中作为酰基的载体。由泛酸、腺嘌呤、核糖核酸、磷酸等组成的大分子,与醋酸盐结合为乙酰辅酶 A,从而进入氧化过程。

作为活性物质辅酶 A 参与机体大量必需物质的合成。在脑部合成神经肌肉信使和神经递质乙酰胆碱以及促进睡眠的褪黑激素等,神经肌肉信使可在神经和肌肉之间交换资讯,神经递质可在神经和大脑之间传递情感、外界刺激、记忆学习等方面的资讯。辅酶 A 是重要的乙酰基和酰基传递体,支持机体免疫系统对有害物质的解毒、激活白细胞、促进血红蛋白的合成、参与抗体的合成。促进结缔组织形成和修复辅酶 A 能促进结缔组织成分硫酸软骨素和透明质酸的合成,对软骨的形成、保护和修复起重要作用。辅酶 A 促进辅酶 Q10 和辅酶Ⅰ的利用，减轻抗生素及其他药物引起的毒副作用。

3.在奶牛上的应用

在正常情况下，成年反刍动物瘤胃微生物能合成足够的自身所需的 B 族维生素，研究表明，在奶牛日粮中添加 5～10 倍理论需要量的泛酸，未发现能改善奶牛生产性能。但瘤胃功能不健全的幼年反刍动物自身合成的 B 族维生素不能满足其生长需要，需要在饲料中添加，研究显示，犊牛代乳料中泛酸浓度应达到 13.0 mg/kg DM。

（五）维生素 B_7（生物素）

1.结构来源

生物素有 8 种可能的立体异构体，只有 α-生物素一种具有生物学活性。生物素为白色针状晶体，能溶于稀碱和热水中，不溶于有机溶剂，常规下稳定，酸败可使其失活。

生物素广泛存在于动植物组织中，饲料中一般不缺乏，但利用率不等，苜蓿、油柏及干酵母中生物素利用率最好，谷物一般都较差，其中小麦、大麦最差，大多数绿叶植物中均含有较多的生物素。

正常情况下，瘤胃能够合成生物素，进入肠道的生物素经生物素酶的分解形成游离型生物素，并经肠黏膜上皮细胞主动转运吸收。吸收后的生物素进入门静脉循环。动物的体细胞中均有生物素存在，各种组织中以肝脏和肾脏中的含量较多。哺乳动物通常不能降解生物素分子的环，大部分在线粒体中通过侧链的β-氧化降解为双降生物素，和吸收了高于贮存量的生物素一起，从尿中排出。未被吸收的生物素以及肠道远端由微生物合成的生物素主要从粪中排出。

2.生理功能

碳水化合物、脂肪、蛋白质代谢中的许多反应都需要生物素，生物素是羧化和羧基转移酶系的辅酶，是羧基转运的载体，这些酶系在组织中有转移羧基和固定二氧化碳的作用。具体表现在以下几方面。①葡萄糖合成。生物素作为丙酮酸羧化酶的辅酶，通过糖异生作用，从丙酮酸到丁酮二酸生成葡萄糖。

②脂肪酸合成。当乙酰辅酶A羧化酶产生丙二酰辅酶A的时候，生物素作为乙酰辅酶A羧化酶成分起作用，它消耗三磷酸腺苷而生成羧基生物素中间体，然后将活性二氧化碳提供给乙酰辅酶A，生成丙二酰辅酶A，这是脂肪酸合成的第一步反应，再与分子乙酰辅酶A结合，经脱羧、还原和去水后，被转化为丁酰辅酶A。这个衍生物经过反复合成，最终形成长链脂肪酸（硬脂酸、棕榈酸）。在长链不饱和脂肪合成过程中，尤其是必需脂肪酸代谢中，生物素也十分重要。在碳水化合物供给不足时，在脂肪和蛋白质生成葡萄糖的糖原异生作用中，生物素都起着重要的作用，三羧酸循环也离不开它。③氨基酸代谢。生物素直接参与亮氨酸和异亮氨酸等氨基酸的脱氨基及核酸代谢，蛋氨酸、异亮氨酸、苏氨酸、缬氨酸因丙酰辅酶A羧化酶（生物素酶）的作用，经琥珀酰辅酶A进入柠檬酸循环。④其他作用。生物素参与氨基甲酰转移、嘌呤合成、糖代谢、色氨酸分解等，生物素还通过其对核糖核酸的性质和合成速度的作用，而影响蛋白质的合成。

反刍动物瘤胃降解葡萄糖的生理特性使得其必须通过糖的异生来满足对葡萄糖的需要。当采食的碳水化合物不足时，动物通过分解脂肪和蛋白质而合成糖的途径来维持血糖的水平。生物素能通过影响RNA的结构来影响蛋白质合成，这对硬蛋白（如角蛋白）的合成和沉积具有重要的作用。研究结果表明，生物素在角质化（细胞产生角蛋白纤维的过程）中扮演重要的角色，当细胞死亡后，角蛋白网络结构即成为动物蹄的蹄壁。对于反刍动物，瘤胃内几乎所有的微生物的繁殖和生殖均需要生物素。通过体外发酵试验发现，添加生物素可以提高纤维的消化率，细菌生成丙酸的过程也需要生物素，在用瘤胃液体外培养纤维时，若培养液中不添加生物素，丙酸的产量会明显降低。

3.在奶牛上的应用

生物素属B族维生素，一般认为瘤胃微生物合成的生物素已能满足反刍动物的基本需要。然而研究表明，由于瘤胃的酸性环境，可能限制了高产奶牛对生物素的吸收，所以奶牛可能处于生理性生物素缺乏状态，不利于充分发挥奶牛的生产力和维持良好的健康水平。高产奶牛为了维持其生产性能，需要采食精粗比较高的饲料，当奶牛大量采食易于发酵的碳水化合物饲料后，会导致瘤胃内异常发酵，生成大量乳酸，造成瘤胃内的pH降低，此时，微生物合成的生物素会被瘤胃中的酸性环境破坏。另外，随着畜牧业的迅猛发展，妨碍瘤胃和肠道合成生物素的妨碍因素也逐渐增多。如饲料中使用抗生素类药物，抑制了瘤胃和肠道中细菌的活动，造成生物素合成的障碍。这些均可能造成高产奶牛的生物素缺乏。犊牛因瘤胃发育尚未完全，合成机能不全，也易出现生物素的缺乏现象。研究发现，在日粮中添加生物素能提高奶牛蹄的健康程度和生产性能，这表明目前高产奶牛日粮中的生物素可能不足，使得奶牛不能达到其最佳生产性能和健康状况。

生物素可以改善腐蹄病。有研究人员就患蹄叶炎和蹄部健康的奶牛血液生物素的浓度与趾骨含水量的关系进行了研究。结果表明，患蹄叶炎的奶牛血液中生物素的平均含量极显著低于健康奶牛；与健康组相比，患病组趾骨含水量极显著提高。趾骨含水量与血液生物素浓度之间呈强负相关。蹄叶炎使趾骨含水量增加导致蹄部易于损坏。有研究对 5 头饲料中添加生物素的奶牛进行了长期的临床观察。奶牛在经过 6 个月的预饲期后，在日粮中添加生物素 20 个月。结果表明，添加生物素 4 个月后，蹄部组织切片的显微结构得到了改善，并且趾骨和足跟也在这一阶段康复。在半集约化甚至放牧的情况下，添加生物素对预防腐蹄病也是有作用的。对 20 个牧场的 2 700 头荷斯坦奶牛进行了实验。结果显示，生物素添加组奶牛的运动得分显著高于对照组，同时因患腐蹄病而使用抗生素的奶牛数量也显著减少。研究表明，泌乳奶牛补饲生物素可以提蹄壳硬度，改善肢蹄健康状况，推荐补饲量为 20 mg/d。

添加生物素可提高产奶量。患病家畜要充分发挥其生产潜能是不可能的。首先痛觉直接影响生产性能，最为典型的是使采食量下降，进而导致动物体重减轻、产奶量下降和繁殖性能低下。由于生物素在预防腐蹄病的发生方面有一定作用，所以在日粮中添加生物素对奶牛提高产奶量有积极的作用。对处于第一个泌乳期的 100 头荷斯坦奶牛进行了研究。在实验组的基础日粮中添加生物素，每天剂量为 20 mg/头，对照组不额外添加生物素。结果表明，在 305 d 的泌乳期中，产奶量提高 2.7%，实验结果差异显著。给荷斯坦奶牛补充生物素后，从泌乳期的前 5 个月来看，产奶量提高 4.7%、乳脂提高 3.4%、乳蛋白提高 4.3%。同时还发现奶牛的繁殖性能有所提高，具体表现为，从犊牛断奶到母牛发情的时间间隔缩短以及受胎率提高。对泌乳早期的荷斯坦奶牛研究发现，生物素提高产奶量具有与剂量正相关的特点，同时还发现添加生物素的奶牛无一腐蹄病病例。有人认为，生物素的这种效应可能是由于代谢的改变和无蹄部病变双重作用的结果。

（六）维生素 B_{11}（叶酸）

1. 结构来源

叶酸主要存在于植物叶部，故而得名，是维生素中已知生物学活性形式最多的一种，理论上可达150种。叶酸为黄色晶体，微溶于水，其钠盐在水中溶解度大，在中性及碱性溶液中稳定，但在酸性溶液中加热则分解，容易被光破坏，在室温储存时，叶酸也容易损失。

叶酸广泛分布于自然界，存在于动物、植物和微生物中，绿色植物富含叶酸，豆类和一些动物产品是叶酸的良好来源，谷物中含叶酸较少，常规日粮一般不需要添加叶酸，但大量使用抗生素，饲料霉变，饲料在不良环境贮存过久，以及种畜禽均需提高叶酸添加量。

瘤胃机能完善的反刍动物可以合成自身所需的叶酸。天然存在的叶酸主要以多谷氨酸形式存在。叶酸以辅酶和四氢叶酸（FH_4）的多谷氨酸形式广泛存在于动物组织中。肝脏中叶酸的含量较高，与骨髓一起均是叶酸转化为5-甲基酰 FH_4 的主要场所。叶酸可以通过粪、尿和汗液排出，对汗腺不发达的反刍动物，则主要通过粪、尿排出。血浆中的5-甲基 FH_4 被输送到肝脏以外的组织脱去甲基后返回肝脏，部分随胆汁排入肠道而被重吸收，因此，血浆中正常叶酸水平的维持有赖于肝肠循环。

2. 生理功能

叶酸是动物机体利用糖分和氨基酸时的必要物质，是机体细胞生长和繁殖的必需物质。在体内叶酸以四氢叶酸的形式起作用，四氢叶酸在体内参与嘌呤核酸和嘧啶核苷酸的合成和转化。叶酸在制造核酸（核糖核酸、脱氧核糖核酸）上扮演重要的角色。叶酸帮助蛋白质代谢，并与维生素 B_{12} 共同促进红细胞的生成和成熟，是红细胞生成不可缺少的物质。叶酸也作为干酪乳杆菌（*Lactobacillus casei*）及其他微生物的促进增殖因子而起作用。叶酸对细胞的分裂生长及核酸、氨基酸、蛋白质的合成起着重要的作用。叶酸以 FH_4 形式参与体内一碳单位的代谢，叶酸辅酶为红细胞和白细胞合成，中枢神经系统功能的整合，胃肠道功能和胎儿或幼年动物生长发育所必需，叶酸的大多数功能都与其在嘌呤和嘧啶合成中的作用有关。叶酸可能是维持免疫系统正常功能的必需物质，可能原因是嘌呤嘧啶合成少，DNA 合成受阻，影响免疫细胞的分裂或增殖。

3.在奶牛上的应用

在组织代谢过程中，叶酸对细胞分裂和蛋白代谢起着十分重要的作用。在新组织生成、胎儿和胎膜生长、乳腺发育和乳蛋白合成时，动物对叶酸需要将大大提高。这也是研究维持高产奶牛最佳生产水平时，把叶酸作为 B 族维生素中首要考虑的原因，叶酸能以 5-甲基-四氢叶酸形式为高半胱氨酸甲基化提供甲基生成蛋氨酸。在这个过程中提高了蛋氨酸利用率，这可能也是叶酸提高产奶量和乳蛋白的原因。围产期奶牛由于经历产犊和泌乳，对叶酸的需求较大，叶酸不足会严重影响奶牛的生产性能。研究表明，163 头 1～2 胎围产期荷斯坦牛为试验对象，研究奶牛围产期添加包被叶酸后对早期产奶性能的影响，结果表明对围产期奶牛饲喂 120 mg 叶酸（每 500 千克体重）有利于提高泌乳早期的产奶性能。

（七）维生素 B_{12}（钴胺素）

1.结构来源

维生素 B_{12} 是迄今为止最晚被发现的一种维生素。1956 年才确定其结构，1961 年才报道维生素 B_{12} 辅酶结构。在维生素中，它的需要量最低，作用最强，自然界中只有微生物才能合成，且是唯一的分子中含金属元素的维生素。

维生素 B_{12} 结构复杂，是一类含金属的类咕啉，有多种形式，如氰钴胺素、羟钴胺素、硝钴胺素、甲钴胺素、5′-去氧核苷钴胺素等。通常所说的维生素 B_{12} 指氰钴胺素。

维生素 B_{12} 为红色结晶，易溶于水和乙醇，不溶于丙酮、氯仿和乙醚，在弱酸性水溶液中相当稳定，在日光、重金属、氧化剂、还原剂、强酸、强碱的条件下易被破坏。

天然维生素 B_{12} 只有微生物才能合成，这些微生物广泛分布于土壤、淤泥、粪便及动物消化道中，植物性饲料不含维生素 B_{12}，动物饲料中以肝脏含量最高，集约化饲养动物维生素 B_{12} 需要来源是动物性饲料和人工合成维生素 B_{12}。反刍动物维生素 B_{12} 的主要来源是瘤胃微生物合成。

反刍动物通过摄取钴元素在瘤胃中由微生物合成维生素 B_{12}，维生素 B_{12} 与胃壁细胞分泌的糖蛋白（内因子）结合成结合体沿消化道下移至回肠，进一步与钙离子结合，进入回肠黏膜的刷状缘。机体摄入的维生素超过需要量时，剩余部分主要贮存在肝脏、肌肉、皮肤及骨骼中。正常情况下尿中排出很少。血浆中与维生素 B_{12} 有关的蛋白结合能力下降时，可见游离的维素 B_{12} 通过尿液和胆汁排出。从胆汁排出的维生素 B_{12} 大部分在回肠吸收。

2. 生理功能

已知维生素 B_{12} 是几种变位酶的辅酶，如催化谷氨酸转变为甲基天冬氨酸的甲基天冬氨酸变位酶、催化甲基丙二酰 CoA 转变为琥珀酰 CoA 的甲基丙二酰 CoA 变位酶。维生素 B_{12} 辅酶也参与甲基及其他一碳单位的转移反应。

维生素 B_{12} 辅酶（泛指 3 种钴胺素的辅酶）在体内参与许多代谢过程，其中最重要的是参与核酸和蛋白质的生物合成，促进红细胞的发育与成熟，主要有以下两个作用。①作为甲基转移酶的辅因子，参与蛋氨酸、胸腺嘧啶等的合成，如使甲基四氢叶酸转变为四氢叶酸而将甲基转移给甲基受体（如同型半胱氨酸），使甲基受体成为甲基衍生物（如甲硫氨酸即甲基同型半胱氨酸），因此维生素 B_{12} 可促进蛋白质的生物合成。②保护叶酸在细胞内的转移和贮存。维生素 B_{12} 缺乏时，红细胞叶酸含量低，肝脏贮存的叶酸降低，这可能与维生素 B_{12} 缺乏，造成甲基从同型半胱氨酸向甲硫氨酸转移困难有关，甲基在细胞内聚集，损害了四氢叶酸在细胞内的贮存，因为四氢叶酸同甲基结合成甲基四氢叶酸的倾向强，后者合成多聚谷氨酸。此外，维生素 B_{12} 对反刍动物丙酸的利用十分重要，也参与体内 S-腺苷甲硫氨酸传递甲基，对于提高蛋氨酸利用率有关。

3. 在奶牛上的应用

钴是形成结构的重要活性组成部分，奶牛瘤胃微生物能利用钴合成维生素 B_{12}，研究证实反刍动物的维生素 B_{12} 缺乏经常是由于钴的缺乏间接引起的。

奶牛饲料中钴的缺乏会造成奶牛全身被毛缺乏光泽，黑色变为棕黄色，产犊后出现厌食，迅速消瘦，产奶量急剧下降，流浆液性眼泪，结膜苍白等。出现蹄冠红肿、蹄底腐烂等多种症状。NRC显示，成年奶牛每天需要钴的量为每千克干物质约0.1 mg，而饲草干物质只能提供可0.02～0.08 mg/kg，可见奶牛日粮中钴的添加显得尤为重要。在很多有关维生素B_{12}对高产奶牛生产性能的研究中发现，饲喂高精料日粮出现的低脂综合征是与叶酸相关的。高精料日粮发酵产生丙酸量提高，相应甲基丙二酸的量也得到升高，维生素B_{12}的需要量也增加，而产奶初期的维生素B_{12}浓度较低，造成甲基丙二酸聚集，低脂综合征出现的原因也许是甲基丙二酸抑制脂肪酸的合成，具体机理还不清楚。

第三章　奶牛饲料与日粮配合技术

第一节　奶牛常用饲料

根据国际饲料分类原则，奶牛的饲料可以分为青绿饲料、青贮饲料、粗饲料、能量饲料、蛋白质饲料、矿物质饲料、维生素饲料和饲料添加剂八类。

一、青绿饲料

青绿饲料是指天然水分含量较高的植物性饲料，以富含叶绿素而得名。粗蛋白质含量一般占干物质的10%～20%，粗脂肪4%～5%，粗纤维18%～30%，粗灰分6%～11%。包括天然草地牧草、栽培牧草、田间杂草、幼枝嫩叶、水生植物及菜叶瓜藤类饲料等。青绿饲料中的蛋白质营养价值较高，其蛋白质生物学价值可达80%以上。同时，青绿饲料富含维生素和钙质，尤其是幼嫩的植物茎叶，营养丰富，适口性好，能促进消化液分泌，增进食欲，是奶牛的理想饲料。但由于青绿饲料含水分较多，一般可达70%～80%，能值较低，所以对产奶量高的奶牛，应进行限量饲喂。

（一）牧草

牧草分为天然牧草和人工栽培牧草两大类。天然牧草是指草原牧草、田（林）间杂草及路边野生牧草，以禾本科、豆科、菊科、莎草科、藜科等分布最广，利用最多。其干物质中以无氮浸出物含量最高，占40%～50%，粗纤维25%～30%，粗蛋白质10%～15%。除维生素D外，其他维生素含量丰富。栽培牧草是指人工栽培的单位面积产量高、营养价值较全、家畜喜食的牧草，多以禾本科和豆科牧草为主。其用途有专门用作饲料的，也有饲料和绿肥兼用的。栽培的品种主要有苜蓿、黑麦草、苏丹草、燕麦草、草木樨、紫云英、三叶草、沙打旺、聚合草等。

无论是天然牧草还是栽培牧草，在作为青饲料利用时，应注意以下几点。

(1)饲喂时间一般在植物抽穗开花之前利用比较适宜　此时，牧草正处于生长旺盛期，产草量高，蛋白质、维生素及其他营养含量亦较丰富。而且，牧草柔软多汁，粗纤维和木质素含量低，适口性好，容易消化。在此之前，牧草低矮，产草量低，不利于牛采食和人工收获，也不利于牧草的再生。而错过花期后，牧草变老，很快木质化，虽产草量较高，但无论是营养含量还是适口性、消化率将大大下降。因此，牧草在利用上有较强的时间性。

(2)喂量要适宜　青绿饲料有许多优点，牛特别喜食，加之来源广泛，成本低廉，一些地区农户在缺乏一定的科学饲养知识情况下大量饲喂牛，这是一种错误的做法。因为青绿饲料水分含量高，体积大，牛采食后虽有饱腹感，但因其干物质及其他养分的摄食不足反而不利于牛生长发育潜力的发挥。

(3)防止中毒及其他疾病　天然牧草品种繁杂，难免夹杂一定的毒草。在牛放牧时，要事先检查，防止毒草中毒。栽培牧草在收获后要及时饲喂或妥善保存，防止发生霉变引起中毒。农区田(林)间杂草和野草利用时，应防止混入喷洒过农药的草，以免引起农药中毒。早春季节在牛放牧或饲喂大量豆科牧草时，易发生瘤胃臌胀，应予以预防。

(二)青刈饲料作物

青刈饲料作物是人工播种的专供家畜饲用的青饲作物。宜作青刈饲料的作物必须具备以下条件：①能适应当地气候条件，耕作简单，可纳入粮草轮作计划；②播种期长，生长期短，生长发育旺盛，单位面积生产营养物质产量高，刈割后再生力强；③株高叶茂，粗纤维少，木质化慢，适口性好。我国常用的几种青刈饲料作物有青刈玉米、青刈高粱、雀麦、燕麦、黑豆、箭舌豌豆、蚕豆、饲用甘蓝和甜菜等。青刈饲料作物的利用应掌握好青刈时间，不同作物在其不同生长阶段的产量、养分含量及消化率差异很大。这类饲料在贮存时要防止潮湿或霜冻。因为其中氰苷的含量较高，水分含量也较高，经堆放发霉或霜冻枯萎。牛采食后，在瘤胃微生物的作用下，氰苷被水解会生成氢氰酸，被牛吸收后即发生氢氰酸中毒。

(三)其他青绿饲料

1.树叶嫩枝

可用作饲料的树种有刺槐、榆树、桑树、桐树、枸树、白杨、箬条、柠条等。树叶饲料含有丰富的蛋白质、胡萝卜素和粗脂肪,有增强家畜食欲的作用。营养价值随树种和季节不同而变化。树叶饲料常含有单宁物质,含量在2%以下时,有健胃收敛作用;超过限量时,对消化不利。树叶饲料的采集比较费事,但这类饲料与人类不争粮食,值得大力开发。

2.菜叶根茎类

这类饲料多是蔬菜和经济作物的副产品,来源广,数量大,品种多。用作饲料的菜叶主要有萝卜叶、甘蓝边叶、甜菜叶等。而根茎类主要包括直根类的胡萝卜、白萝卜及甜菜等。菜叶类由于采集与利用时间上的差异,其营养价值差别很大。这类饲料的共同特点是质地柔软、细嫩,水分含量高达80%~90%。干物质含量较少,干物质中蛋白质含量在20%左右,其中大部分为非蛋白氮。粗纤维含量少,能量不足,但矿物质丰富。菜叶饲料应新鲜饲喂,如一时不能喂完,应妥善贮存。防止一些硝酸盐含量较高的菜叶如白菜、萝卜、甜菜等由于堆放发热而导致硝酸盐还原为亚硝酸盐,从而发生亚硝酸盐中毒现象。已经变质的饲草不得喂牛,以防中毒。

3.藤蔓类

这类饲料主要包括南瓜藤、丝瓜藤、甘薯藤、马铃薯藤以及各种豆秧花生秧等,其营养特点和菜叶类基本相似。

4.水生植物

水生植物种类很多,常用作饲料的有水浮莲、水葫芦、水花生、萍类及藻类等。

二、青贮饲料

青贮饲料是以新鲜的全株玉米、青绿饲料、牧草、野草及收获后的玉米秸和各种藤蔓等为原料，切碎后装入青贮窖或青贮塔内，经乳酸菌厌氧发酵作用制成的饲料。青贮饲料是奶牛的主要饲料，2.5～3 kg 青贮饲料大约可代替 1 kg 青干草，其中以全株玉米青贮营养价值最高，奶牛每 100 千克体重可饲喂青贮饲料 5～6 kg。但由于玉米青贮的蛋白质、矿物质含量较低，所以饲喂玉米青贮时，需注意补充蛋白质和各种矿物质。

(一)青贮饲料的特点

1. 可以最大限度地保持青绿饲料的营养物质

一般青绿饲料在成熟和晒干之后，营养价值降低 30%～50%。但在青贮过程中，由于密封厌氧，物质的氧化分解作用微弱，养分损失仅为 3%～10%，从而使绝大部分养分被保存下来。特别是在保存蛋白质和维生素方面，要远远优于其他保存方法。

2. 适口性好且消化率高

青饲料鲜嫩多汁，青贮使水分得以保存。青贮料含水量可达 70%。同时，在青贮过程中，由于微生物发酵作用，产生大量乳酸和芳香物质，使青贮饲料具有很好的适口性和消化率。此外，青贮饲料对提高家畜日粮内其他饲料的消化性也有良好作用。

3. 可调济青饲料供应的不平衡

由于青绿饲料生长期短，老化快，受季节影响较大，很难做到一年四季均衡供应。而青贮饲料一旦做成可以长期保存，保存年限可达 2～3 年或更长，因而可以弥补青绿饲料利用的时差之缺，做到营养物质的全年均衡供应。

4. 可净化

饲料青贮能杀死青饲料中的病菌、虫卵，破坏杂草种子的再生能力，从而减少对畜、禽和农作物的危害。另外，秸秆青贮使长期以来焚烧秸秆的现象大为改观，使这一资源变废为宝，减少了对环境的污染。

(二)青贮的种类及青贮饲料的利用

1. 一般青贮

一般青贮也称普通青贮，即对常规青饲料(如青刈玉米)，按照一般的青贮原理和步骤,使之在厌氧条件下进行乳酸菌发酵而制作的青贮。

2. 半干青贮

半干青贮也称作低水分青贮,具有干草和青贮料两者的优点,是近二十年来在国外盛行的方法。它是将青贮原料风干到含水量40%～55%时,便于使某些腐败菌、酪酸菌乃至乳酸菌的生命活动接近于生理干燥状态,因受水分限制而被抑制。这样,不但使青贮品质提高,而且还克服了高水分青贮由于排汁所造成的营养损失。

3. 特种青贮

特种青贮是指除上述方法以外的所有其他青贮。青贮原料因植物种类、生长阶段和化学成分不同,青贮程度亦有不同。对特殊青贮植物如采取普通青贮法,一般不易成功,必须进行一定处理,或添加某些添加物,才能制成优良青贮饲料,故称之为特种青贮。

对青贮饲料的利用需要注意,饲喂前,要对制作的青贮饲料进行严格的品质评定。从背风的一侧开始取用,取出后要妥善保管,防止二次发酵。开始饲喂要由少到多,逐渐增加。停止饲喂要逐步减喂,使牛有一个适应的过程。妊娠牛在最后1个月,采食量不应超过10～12 kg;临产前1～2周,应停喂青贮料;产后在日粮中逐渐增加青贮料。

三、粗饲料

作物籽粒收获后的剩余物、刈割野草、牧草和栽培牧草晒制的干草,统称为粗饲料。粗饲料的主要特点是资源广,成本低,是奶牛最廉价的饲料;纤维含量高,在20%～50%之间;无氮浸出物含量少,缺乏淀粉和糖;蛋白质含量差异大,豆科干草可达20%以上,禾本科6%～10%,秸秆、秕壳只有2%～5%,而且难以消化;钙含量高,磷含量低;维生素D含量丰富,其他维生素缺乏;体积大,在消化道停留的时间长。粗饲料包括青干草、秸秆饲料等。

(一)青干草

将牧草及禾谷类作物在质量和产量最好的时期刈割,经自然或人工干燥调制成长期保存的饲草。青干草可常年保存供家畜饲用。优质的干草,颜色青绿，气味芳香，质地柔松，叶片不脱落或脱落很少，绝大部分的蛋白质和脂肪、矿物质、维生素被保存下来，是家畜冬季和早春不可少的饲草。调制干草用的牧草品种不同其干草的品质有着很大的区别。

1. 苜蓿

苜蓿产量高、品质好、适应性强，是最经济的栽培牧草，被称为“牧草之王”。苜蓿的营养价值很高，在初花期刈割的干物质中粗蛋白质为 20%～22%，产奶净能 5.4～6.3 MJ/kg，钙 3.0%，而且必需氨基酸组成较为合理，赖氨酸可高达 1.34%，此外还含有丰富的维生素与微量元素，如胡萝卜素含量可达 161.7 mg/kg。苜蓿干草是国内外大型牧场产奶牛 TMR 日粮必不可少的粗饲料。

进口苜蓿的含叶量较高，粗蛋白质含量一般高于 19%，杂草含量很少，是大型牧场高产奶牛日粮粗饲料的不二选择，但价格较高。不同厂家和批次的国产苜蓿的质量差别巨大，含叶量和粗蛋白质含量不一，且不同程度含有杂草，但由于价格较低，通常作为产奶中后期奶牛日粮的粗饲料。

2. 羊草

羊草为多年生禾本科牧草，叶量丰富，适口性好。产量高，营养丰富，颜色浓绿，气味芳香，是奶牛的上等青干草。羊草干物质含量 28.64%，粗蛋白质 3.49%。羊草价格便宜，适宜作为干奶期奶牛主要的粗饲料，也可与苜蓿干草搭配作为产奶牛的粗饲料。

(二)秸秆饲料

秸秆饲料是指各种作物收获籽实后剩下的秸秆，包括茎秆和叶片两部分。在我国农村数量较大的秸秆包括玉米秸、麦秸、稻草、谷草、豆秸等。秸秆饲料的木质化程度较高，NDF 含量达 60%～75%，蛋白质缺乏，奶牛消化率低。因此，在奶牛养殖中，秸秆只能作为其他粗饲料的补充。如果完全依赖秸秆作为粗饲料，奶牛的生产水平会受到限制。

目前，广大养殖户均采用粉碎的玉米秸配合玉米青贮饲料构成奶牛的主要粗饲料，这样的组合粗料只能满足奶牛对纤维素的需求，对营养物质的提供十分有限。这样的粗料组成必然要求提供足够的精料来满足奶牛的产奶需求，同时增加奶牛瘤胃酸中毒的风险。

四、能量饲料

能量饲料指干物质中粗纤维含量低于18%，粗蛋白质含量低于20%的饲料。常见的能量饲料有谷物类（玉米、麦类）、糠麸类（小麦麸等）淀粉类、糟渣类、块根、块茎、果类饲料、油脂、糖蜜等。

（一）谷实类

用于养奶牛的谷实饲料主要有玉米、高粱、大麦、燕麦等，其营养特点是淀粉含量高，是日粮能量的主要来源；粗蛋白质含量低，一般在10%左右，且蛋白质品质不高；磷多、钙少，缺少维生素A和维生素D（黄色玉米除外），所以饲喂这类饲料应补充钙质。谷实类加工后，可提高其消化性，如喂前不加工，则有30%左右的谷物不能被消化。但磨碎过细的谷物，不仅影响消化率和乳脂率，还将导致瘤胃酸中毒。

1.玉米

玉米无氮浸出物含量丰富，而粗纤维含量却很低，故极易消化，是奶牛饲粮中占比例最高的一种谷实，被称为“饲料之王”。但玉米应与含蛋白质、矿物质和维生素丰富的饲料进行合理搭配，否则营养不平衡，牛体也易肥胖。在国外，一般将玉米与玉米穗、玉米芯一起粉碎后饲喂，虽然这种饲料的能量含量较玉米约低10%，然而纤维含量可达9%，其有助于奶牛的健康和保持一定的乳脂率。

2.大麦

大麦也是一种常用的奶牛饲料，它的蛋白质含量略高于玉米，品质也较玉米好，但脂肪含量较低，故其能值略低于玉米。大麦有一层坚实的外壳，喂前必须压扁，但不宜磨得过细。此外，大麦在谷类饲料中不宜超过40%，否则可能导致乳脂变硬。

3.燕麦

燕麦含有的外壳占整个籽实的1/5～1/3，故其粗纤维含量较高，而能值含量较低，仅相当于玉米的75%～80%，但粗蛋白质含量高，且品质良好，是奶牛的良好饲料，可提高混合精料纤维含量和疏松性，并可维持瘤胃的正常功能，对公牛能增强性欲。

4. 高粱

高粱的营养价值稍低于玉米，无氮浸出物为68%，粗蛋白质含量稍高于玉米，但品质较差。高粱含有鞣酸，适口性较差，且过量饲喂易引起奶牛便秘，故应限量饲喂。

(二)淀粉类

1. 小麦麸

小麦麸是生产面粉的副产品，其成分主要是小麦种皮、胚及少量面粉。小麦麸蛋白质及纤维素含量均比谷实饲料多，而淀粉含量少，但蛋白质与碳水化合物比例较适当，磷和B族维生素含量较多，而含钙少，所以喂麸皮时，需注意补钙。麸皮中镁盐含量较高，故具有轻泻性，是产后母牛日粮必不可少的重要组成。

2. 米糠

米糠的总营养价值高于小麦麸。蛋白质含量虽与小麦麸相似，但必需氨基酸含量却超过小麦麸。米糠中富含B族维生素，维生素E的含量也很丰富。由于米糠中含有较多的脂肪(可达12.7%)，因此易酸败。

3. 米糠粕

米糠粕是用膨化浸出法生产米糠油的副产品。呈黄色或黄褐色，有米味或烤香味，粉状。米糠粕是优质的饲料原料，含粗蛋白质15%、粗纤维10%，同时含维生素B、维生素E及钾、硅等，其品质优于麸皮。

4. 玉米胚芽粕

玉米胚芽粕是以玉米胚芽为原料，经压榨或浸提取油后的副产品，又称玉米脐子粕。玉米胚芽粕中含粗蛋白质18%～20%，其氨基酸组成与玉米蛋白饲料(或称玉米麸质饲料)相似，粗脂肪1%～2%，粗纤维11%～12%。名称虽属于饼粕类，但按国际饲料分类法，大部分产品属于中档能量饲料。对于奶牛来说玉米胚芽粕是很好的能量补充饲料，添加量可达 10%。

5. 玉米纤维饲料

玉米纤维饲料(玉米皮)是选用优质玉米提取淀粉后的副产品，采用科学的工艺流程，提取成饲料级淡黄色碎粉状的原料，分喷浆(玉米纤维饲料)和不喷浆(玉米皮)2 种。喷浆玉米纤维饲料其粗蛋白质含量 20.0%，在所含蛋白质中，过瘤胃蛋白质 30%，粗脂肪 5.7%，粗灰分 1.0%，粗纤维 16.20%，无氮浸出物 57.45%(其中淀粉 40%以上)，钙 0.10%，磷 0.30%。

(三)糟渣类

奶牛常用的糟渣类饲料主要有酒糟、啤酒糟、豆腐渣、玉米淀粉渣和甜菜渣等，糟渣类含有较多能量和蛋白质，体积大，适口性好，但含水量高，易于霉败变质。

1. 啤酒糟

啤酒糟是酿制啤酒的副产品，其干物质中粗蛋白质含量一般可达 22%～27%，而粗纤维常低于 18%。但容重轻，有效能值低，故应控制其饲喂量，一般成母牛每天喂量以 12～15 kg 为宜。同时，夏天时啤酒糟容易变质，应新鲜饲喂。

2. 甜菜渣

甜菜渣是糖用甜菜经榨汁制糖后剩余的残渣，其含有相当高的能量，可增加饲料中的纤维素含量，增进奶牛食欲，代替部分青贮饲料，但勿过量，更不要饲喂变质甜菜渣，以免引起腹泻。

3. 玉米淀粉渣

玉米淀粉渣含有较多的蛋白质及少量的淀粉和粗纤维，但缺乏钙和维生素，在日粮中应与精料、青绿饲料、粗饲料混合饲喂，日喂量为 10～15 kg。

(四)根茎瓜果类

根茎瓜果类包括胡萝卜、甘薯、甜菜、芜菁、南瓜、马铃薯等。这类饲料的特点是含水量高，干物质含量仅 10%～30%，干物质中主要含淀粉和糖；粗纤维含量甚低，一般不足10%；粗蛋白质含量亦低，仅为5%～10%；矿物质中钙、磷贫乏。某些根茎瓜果如胡萝卜、甘薯、南瓜含有丰富的胡萝卜素和维生素C。

1.甘薯

甘薯的干物质含量为27%～30%。干物质中淀粉占40%，糖分占30%左右，而粗蛋白只有4%。红色和黄色的甘薯含有丰富的胡萝卜素，含量为60～120 mg/kg，缺乏钙、磷。甘薯味道甜美，适口性好，煮熟后喂奶牛效果好，生喂量大了容易造成奶牛腹泻。需要注意甘薯容易得黑斑病，贮存期间也容易腐烂。如果给奶牛喂腐烂变质的甘薯，容易造成中毒。

2.木薯

木薯含水分约60%，晒干后的木薯干含无氮浸出物78%～88%，蛋白质含量只有2.5%左右，铁、锌含量高。木薯块根中含有苦苷，常温条件下，在β-糖苷酶的作用下可生成葡萄糖、丙酮和剧毒的氢氰酸。新鲜木薯根的氢氰酸含量在15～400 mg/kg，而皮层的含量比肉质高4～5倍。因此，在实际利用时，应该注意去毒处理。日晒2～4 d可以减少50%的氢氰酸，沸水煮15 min可以去除95%以上，青贮只能去除30%。

3.胡萝卜

胡萝卜含有较多的糖分和大量胡萝卜素（100～250 mg/kg），是牛最理想的维生素来源，对泌乳牛、干奶牛和育成牛都有良好的效果。胡萝卜以洗净后生喂为宜。成母牛每头每天喂量10 kg，将有益于提高产奶量和繁殖性能。另外，可以将胡萝卜切碎，与麸皮、草粉等混合后贮存。

4.糖蜜

工业制糖过程中，蔗糖结晶后，剩余的不能结晶，但仍含有较多糖的液体残留物，即糖蜜。糖蜜是一种黏稠、黑褐色、呈半流动的物体，组成因制糖原料、加工条件的不同而有差异，在工业生产中通常作为发酵底物使用。

糖蜜中含有少量粗蛋白质，一般为3%～6%，多属于非蛋白氮类，蛋白质生物学价值较低。糖蜜的主要成分为糖类，以蔗糖为主。此外，无氮浸出物中还含有3%～4%的可溶性胶体，主要为木糖胶、阿拉伯糖胶和果胶等。糖蜜的矿物质含量较高（8%～10%），但钙、磷含量不高，钾、氯、钠、镁含量高，因此糖蜜具有轻泻性，维生素含量低。在奶牛 TMR 日粮调制过程中，利用糖蜜的黏稠特性，将粉状精料黏附于粗饲料表面，防止分层。

5. 油脂

多数高产奶牛存在着能量负平衡。为此，在奶牛日粮中加适量油脂或用高脂饲料，可使奶牛摄入较多能量，满足其需要，油脂用于泌乳的效率高；油脂由于热增耗少，故给热应激牛补饲油脂有良好的作用；用油脂给奶牛补充能量的同时，还能保证粗纤维摄入量，提高繁殖机能，维持较长的泌乳高峰期，降低瘤胃酸中毒和酮病的发生率。

给奶牛补饲油脂不当时，亦会出现以下不良后果。①一些脂肪酸（如 C_8～C_{14} 脂肪酸和较长碳链的不饱和脂肪酸）能抑制瘤胃微生物发酵。这种抑制作用降低纤维素消化率，改变瘤胃液中挥发性脂肪酸比例，并能降低乳脂率。②奶牛总采食量可能下降。③乳中蛋白质含量也可能下降。奶牛日粮中油脂的含量最多不能超过日粮干物质的 7%。在正常情况下，奶牛基础日粮本身就含有 3%左右的油脂，因此补充量应为 3%～4%。

6. 乳清粉

用牛乳生产工业酪蛋白和酸凝乳干酪的副产物即为乳精，将其脱水干燥便成乳清粉，乳糖含量＞70%。正因为如此，乳清粉常被看作是一种糖类物质。乳糖对犊牛有很好的利用价值，但对于成年牛的利用率较差，因此乳清粉是犊牛很好的能量来源，可用于犊牛的开食料的配制。

五、蛋白质饲料

蛋白质饲料是指干物质中粗纤维含量小于 18%、粗蛋白质含量大于或等于 20%的饲料。蛋白质饲料可分为植物性蛋白质饲料、动物性蛋白质饲料、单细胞蛋白质饲料和非蛋白氮饲料。根据国家法律规定和现实生产情况的要求，奶牛饲料中的蛋白质饲料主要为植物性蛋白质饲料。

（一）大豆饼（粕）

大豆饼（粕）是以大豆为原料取油后的副产物。由于制油工艺不同，通常将压榨法取油后的副产品称为大豆饼，而将浸出法取油后的副产品称为大豆粕。

大豆饼(粕)粗蛋白质含量高达40%～50%,必需氨基酸含量高,组成合理。蛋氨酸含量不足,在玉米-大豆饼(粕)为主的日粮中,一般要额外添加蛋氨酸才能满足畜禽营养需求。粗纤维含量较低,主要来自大豆皮。无氮浸出物主要是蔗糖、棉籽糖、水苏糖和多糖类,淀粉含量低。胡萝卜素、核黄素和硫胺素含量少,烟酸和泛酸含量较多,胆碱含量丰富。矿物质中钙少磷多,磷多为植酸磷(约61%),硒含量低。

大豆粕和大豆饼相比,具有较低的脂肪含量,而蛋白质含量较高,且质量较稳定。含油脂较多的豆饼对奶牛有催乳效果。

(二)棉籽和棉籽粕

棉籽是棉花的种子,在棉纺加工中被梳理出来。棉籽饼(粕)是棉籽脱壳取油后的副产品

棉籽粕粗纤维含量主要取决于制油过程中棉籽脱壳程度。国产棉籽饼(粕)粗纤维含量较高(>13%),有效能值低于大豆饼(粕)。棉籽饼(粕)粗蛋白质含量较高(>34%),氨基酸中赖氨酸、蛋氨酸含量较低,精氨酸含量较高,矿物质中钙少磷多,其中71%左右为植酸磷,含硒少。维生素B_1含量较多,维生素A、维生素D含量少。

棉籽饼(粕)对反刍动物不存在中毒问题,是反刍家畜良好的蛋白质来源。奶牛饲料中添加适当棉籽饼(粕)可提高乳脂率,若用量超过精料的50%则影响适口性,同时乳脂变硬。棉籽饼(粕)属便秘性饲料原料,须搭配芝麻饼(粕)等软便性饲料原料使用,一般用量以精料中占20%～35%为宜。饲喂幼牛时,以低于精料的20%为宜,且需搭配含胡萝卜素高的优质粗饲料。

牧场配置TMR日粮时常会用到棉籽,全棉籽含有高脂肪、高蛋白质,并且棉籽壳可以保护脂肪和蛋白质,奶牛采食棉籽后可以通过第一胃直接到达第四胃或小肠中,被很好地吸收利用。

(三)DDGS

DDGS是酒糟蛋白饲料的商品名,即含有可溶固形物的干酒糟。在以玉米为原料发酵制取乙醇过程中,其中的淀粉被转化成乙醇和二氧化碳,其他营

养成分如蛋白质、脂肪、纤维等均留在酒糟中，将酒糟干燥后即为 DDGS。

DDGS 的主要成分为糖类、粗蛋白、粗脂肪，微量元素，氨基酸，维生素等，粗蛋白含量 23%～35%，粗纤维含量较高，维生素 B_1、维生素 B_2 均高，同时由于微生物的作用，DDGS 含有发酵中生成的未知促生长因子。

（四）玉米蛋白饲料

玉米蛋白饲料是把玉米淀粉的副产品——玉米蛋白粉、玉米黄浆、玉米纤维、碎玉米等混合后，通过高温压榨、脱脂，再接种多株耐酸菌，进行液态/固态发酵，所获产品再进行低温水解、膨化、干燥以后生产的复合蛋白饲料。

玉米蛋白饲料水分小于 11%，粗蛋白质为 20%～35%，粗脂肪小于 4%，粗灰分不足 5%，粗纤维素 10%。产品为黄色粒状，略带发酵气味。在使用玉米蛋白饲料的过程中，应注意霉菌含量，尤其黄曲霉毒素含量。

（五）豆腐渣

豆腐渣是来自豆腐、豆奶工厂的副产品，为黄豆浸渍成豆乳后，过滤所得的残渣。豆腐渣干物质中粗蛋白质、粗纤维和粗脂肪含量较高，维生素含量低且大部分转移到豆浆中。

鲜豆腐渣是奶牛的良好多汁饲料，可提高奶牛产奶量。鲜豆腐渣经干燥、粉碎可作为配合饲料原料，但加工成本较高，更宜鲜喂。但高水分和高蛋白质的鲜豆腐渣容易腐败变质，使用过程中要注意保存。

六、矿物质饲料

矿物质元素在各种动植物饲料中都有一定含量，自然状态下动物采食饲料的多样性，可在某种程度上满足对矿物质的需要。但在舍饲条件下或饲养高产动物时，动物对它们的需要量增多，这时就必须在动物饲粮中另外添加所需的矿物质。

（一）石灰石粉

石灰石粉又称石粉，为天然的碳酸钙（$CaCO_3$），一般含纯钙 35% 以上，是补充钙的最廉价、最方便的矿物质原料。

（二）磷酸氢钙

磷酸氢钙又称磷酸二氢钙或过磷酸钙，纯品为白色结晶粉末，多为一水盐[$Ca(H_2PO_4)_2 \cdot H_2O$]。磷酸氢钙含磷 22%左右，含钙 15%左右。由于本品磷高钙低，在配制饲粮时与石粉的其他含钙饲料配合，易于调整钙磷平衡。

（三）食盐

精制食盐含氯化钠 99%以上，粗盐含氯化钠为 95%。纯净的食盐含氯 60.3%，含钠 39.7%，此外尚有少量的钙、镁、硫等杂质。食用盐为白色细粒。

植物性饲料大都含钠和氯的数量较少，相反含钾丰富。为了保持生理上的平衡，对以植物性饲料为主的畜禽，应补饲食盐。

食盐除了具有维持体液渗透压和酸碱平衡的作用外，还可刺激唾液分泌，提高饲料适口性，增强动物食欲，具有调味剂的作用。一般奶牛精料中食盐添加比例为 1%。

第二节　奶牛常用饲料添加剂

饲料添加剂是按非营养作用添加于日粮中的饲料组成成分。添加剂是能够产生理想反应，如稳定和改变瘤胃的酸度、促进生长和改变代谢的许多物质的总称。高产高效是每一个奶牛场的目标，牛奶的利润受牛奶价格及饲料成本的影响很大，饲料成本占牧场投入的 40%～70%。使用饲料添加剂可以提高饲料转化率和提高牛场经济效益，所以，如何正确地选择和使用添加剂是牛场最为关心的问题之一。

奶牛常用的饲料添加剂主要有维生素添加剂、氨基酸添加剂、瘤胃缓冲剂、生物活性制剂、脲酶抑制剂、异位酸、蛋氨酸锌、离子载体等。

一、维生素添加剂

在国际饲料分类中，将维生素列为第八类饲料。奶牛饲料中常添加的维生素是维生素A、维生素D、维生素E，高产奶牛日粮中添加B族维生素的情况也日趋普遍。

烟酸能改善泌乳早期能量负平衡，控制酮病和刺激瘤胃纤毛虫生长。产前2周至产后10～12周，因高产奶牛处于能量负平衡阶段，肥胖牛只需在饲料中添加。

生物素能改善蹄质，减少体病发生，增加产奶量。对于蹄病严重的奶牛，至少饲喂6～12个月以上。

β-胡萝卜素能提高繁殖性能，免疫应答和乳腺炎控制，适合在泌乳早期和易患乳腺炎的时期饲喂。

保护性胆碱能减少脂肪肝形成和提供脂肪代谢的甲基供体并预防酮病发生，适合喂产犊前2周的干奶母牛以及经历酮病和失重的母牛。

二、氨基酸类添加剂

近年来的研究表明，无论是肉牛、肉羊还是奶牛，与生产需求相比，小肠氨基酸也存在不平衡的问题，赖氨酸、蛋氨酸常常是最限制的氨基酸，而通过改变小肠氨基酸模式，可以提高反刍动物的生产表现和蛋白质的利用效率。

由于瘤胃微生物对氨基酸的降解作用，给奶牛补充氨基酸必须选择经过保护处理的。

目前，市场上已经有过瘤胃保护赖氨酸和蛋氨酸产品。蛋氨酸羟基类似物在化学性质上与蛋氨酸一样，但能抵抗瘤胃微生物的降解。多数研究结果认为，添加蛋氨酸羟基类似物能够增加乳脂率和提高校正奶的产量。每日每头奶牛添加7 g保护性赖氨酸和5 g保护性蛋氨酸，产奶量从26.58 kg增至29.01 kg。

三、瘤胃缓冲剂

在精料比例高、酸性青贮料和糟渣类饲料用量大等情况下，瘤胃pH容易降低，导致微生物发酵受到抑制，奶牛生产和奶牛健康受到影响。在这种情况下，添加瘤胃缓冲剂可以使瘤胃保持更利于微生物发酵的内环境，使奶牛的生产与健康正常。常用的缓冲剂是小苏打和氧化镁，乙酸钠近年也有应用。

小苏打是缓冲剂的首选，一般要求添加量占干物质采食量的1%～1.5%，对提高产奶量和乳脂率具有良好的效果。对于高产奶牛，在添加小苏打的基础上，可以再添加0.3%～0.5%的氧化镁，其效果比单独使用小苏打更好。对于低产牛，没有必要添加氧化镁。乙酸钠进入瘤胃后，可以分解产生乙酸根离子，为乳脂合成提供前体，同时也对瘤胃具有缓冲作用。一头奶牛每天的理想的乙酸钠添加量为300 g左右。

四、生物活性制剂

(一)饲用纤维素酶制剂

饲用纤维素酶制剂是粗酶制品，主要来自真菌、细菌和放线菌等。纤维素酶的多酶复合物中除含有纤维素酶外，还含有半纤维素酶、果胶酶、淀粉酶和蛋白酶等。在单胃动物猪、鸡的饲粮中，添加纤维素酶制剂可以补内源酶活性的不足，提高纤维素和其他养分的消化率。由于反刍动物瘤胃微生物能降解外源蛋白质和其他多种成分，纤维素酶作为蛋白质可能被微生物降解掉。另外，瘤胃微生物能分泌充足的纤维降解酶以消化饲料中的纤维素成分。20世纪末，美国学者通过糖基化方法制成了瘤胃中稳定的纤维素酶制剂，使外源纤维素酶在反刍动物饲料中的使用成为可能。添加瘤胃稳定的酶制剂使干物质和六碳糖的体外消化率提高，挥发酸产生量增加。给产奶牛每天饲喂15 g瘤胃稳定的纤维素酶，使产奶量提高了7%～14%，乳蛋白含量没有改变，但乳脂率略有下降。

(二)酵母培养物

酵母培养物是包括活酵母细胞和用于培养酵母的培养基在内的混合物。酵母培养物经干燥后，有益于保存酵母的发酵活性。另外，酵母产品也可以来源于啤酒或白酒酵母。米曲霉和酿酒酵母是目前国内外制备酵母培养物的常用菌种。在奶牛饲料中添加酵母培养物，能够提高产奶量1～1.5 kg，乳脂率和乳蛋白率也有不同程度的提高。

(三)活菌制剂

活菌制剂又称为直接饲喂微生物，是一类能够维持动物胃肠道微生物区系平衡的活微生物制剂。活菌制剂在奶牛应激或发病情况下具有明显的效果。活菌制剂维持奶牛胃肠道微生物区系的机制十分复杂,目前还不完全清楚。一般可作为活菌制剂的微生物主要有芽孢杆菌、双歧杆菌、链球菌、拟杆菌、乳杆菌、消化球菌和其他一些微生物菌种。活菌制剂的剂型包括粉剂、丸剂、膏剂和液体等。活菌制剂在产奶期奶牛生产中的应用效果为提高产奶量3%～8%,减少应激和增强抗病能力。

五、脲酶抑制剂

奶牛体内尿素循环到达瘤胃的尿素和日粮外源添加的尿素,首先在脲酶的作用下水解为氨,然后供微生物合成蛋白时利用。由于尿素分解的速度很快,而微生物利用的速度较慢,导致尿素分解产生的氨利用率低。脲酶抑制剂可以适度抑制瘤胃脲酶的活性,从而减缓尿素释放氨的速度,使氨的产生与利用更加协调,改善微生物蛋白合成的效率。目前,我国批准使用的反刍动物专用脲酶抑制剂为乙酰氧肟酸。在奶牛日粮中的添加量为25～30 mg/kg(按干物质计),可以使瘤胃微生物蛋白的合成效率提高15%以上,每头奶牛产奶日增1～2 kg。

六、异位酸

异位酸包括异丁酸、异戊酸和2-甲基丁酸等,为瘤胃纤维素分解菌生长所必需。瘤胃发酵过程产生的异位酸量可能不足。所以,在奶牛日粮中添加异位酸能提高瘤胃中包括纤维分解菌在内的微生物数量,改善氮沉积量,提高纤维消化率,进而提高产奶量和乳脂率。每天给奶牛添加85 g异位酸,可以提高产奶量2.7 kg。在产犊前2周至产后225天期间内,添加异位酸效果较好。

七、蛋氨酸锌

蛋氨酸锌是蛋氨酸和锌的络合物,它具有抵制瘤胃微生物降解的作用。与氧化锌相比,蛋氨酸锌中的锌具有相似的吸收率,但吸收后代谢率不同,以至于从尿中的排出量更低,血浆锌的下降速度更慢。在奶牛日粮中添加蛋氨酸锌能够提高产奶量,并降低奶中体细胞数。在生产条件下,蛋氨酸锌还具有硬化蹄面和减少蹄病的作用。蛋氨酸锌的添加量一般每头每天 5～10 g，或占日粮干物质的 0.03%～0.08%。

八、离子载体

莫能霉素和拉沙里霉素是用以改变瘤胃发酵类型的常用离子载体，最早应用于肉牛，可以提高日增重和饲料转化效率。在育成牛和初产母牛所做的试验表明，莫能霉素可以提高增重 6%～14%，而对繁殖性能、产犊过程和犊牛初生重等无任何不良影响。由于生长速度加快，青年母牛可提前配种、产犊，因而节省了大量饲料费用。莫能霉素在饲喂初期可能会有影响采食量的情况。拉沙里菌素的作用效果与莫能霉素相同，但拉沙里菌素可以用于体重小于 180 kg 以下的牛，而且开始饲喂时不影响采食量。离子载体提高反刍动物生产性能的机制与其改变瘤胃中挥发酸产生比例和减少甲烷产生量有关，生产上的反应是提高日增重和饲料转化效率、节省蛋白质、改变瘤胃充满度和瘤胃食糜外流速度。

离子载体对于瘤胃发酵的影响必然也会影响到产奶性能。降低乙酸、丁酸、甲烷的产生量，而提高丙酸的产生量，这意味着能量用于产奶效率的提高。丙酸产生量的提高表明动物能够合成更多的葡萄糖，从而直接提供更多的用于乳糖合成的前体物。在产奶牛日粮中添加莫能霉素，可以明显提高奶牛的产奶量。莫能霉素作为离子载体目前在泌乳牛饲料中的使用已得到澳大利亚、新西兰、南非等 20 多个国家的批准，但我国尚未批准莫能霉素在泌乳牛饲料中使用。

第三节　奶牛饲料配合技术

一、日粮配合原则

奶牛饲料成本占鲜奶生产成本的 60% 以上。因此，日粮配合的合理与否，不仅关系到奶牛健康和生产性能的表现、饲料资源的利用，而且直接影响产奶牛的经济效益。奶牛饲料配合就是指将干草、青贮饲料、青绿饲料、糟渣类饲料、各种精料原料，以及矿物质、维生素和饲料添加剂预混合饲料按照科学的原则，配制成营养平衡的配合饲料。

影响奶牛日粮配合的因素有：奶牛体重、产奶量、牛奶组成（乳脂、乳蛋白的百分比）、奶牛所处泌乳阶段、奶牛胎次。

影响奶牛对营养平衡日粮的利用的因素有：日粮的适口性、每天的饲喂次数、饲喂方法（如完全混合饲料饲喂法、电脑控制精料饲喂法和先粗后精饲喂法等）、饲喂方法（单独饲喂或群体饲喂）、清理饲料槽的频率。

奶牛日粮配合的基本原则如下。

①根据饲养标准配制。以饲养标准为依据，并针对具体条件（如环境温度、饲养方式、饲料品质、加工条件等），进行必要的调整。奶牛饲养标准和常用饲料营养价值表是最主要的依据。在有条件的情况下，最好能够实测各种饲料原料的主要营养成分。

②充分利用当地饲料资源合理配制。日粮组成尽量多样化，以便发挥不同饲料在营养成分、适口性以及成本之间主要养分含量的补充性。在粗饲料方面，尽量做到豆科与禾本科互补；在草料方面，尽量做到高水分与低水分互补；在蛋白质饲料方面，尽量做到降解与非降解饲料互补。注意饲料的质量，不喂腐败、发霉、变质的饲料。

③要注意营养的全面平衡。根据饲料的质量、价格或季节、饲养方式，适当调整饲料配方中相关原料的配比或某一指标的含量。

④追求粗料比例最大化。在确保满足奶牛营养需要的前提下，追求粗料比例最大化。这样，可以降低饲料成本，促进奶牛健康。因此，在可供选择的范围内，要选择适口性好、养分浓度高的粗料。在粗饲料质量有限或奶牛生产水平高的情况下，要尽可能不让精料比例超过60%。为降低日粮成本，在保证质量的前提下尽可能选择价格低廉的饲料。

二、日粮配合方法

（一）计算机计算法

目前，最先进、最准确的方法是用专门的配方软件，通过计算机配合日粮。

市场上有多种配方软件，其基本工作原理都是一样的，差别主要在于数据库的完备性和操作的便捷性方面。具体方法是将奶牛的体重、产奶量、乳脂率以及饲料种类营养成分等输入配方软件，配方软件自动将日粮配合好。

(二)手工计算法

手工计算法首先应了解奶牛的生产水平或生长阶段，掌握奶牛的干物质采食量，计算或查出每天的养分需要量；随后选择饲料，配合日粮。奶牛常用的日粮配合方法是日粮配合试差法。

①根据奶牛的体重、产奶量、乳脂率，来查奶牛饲养标准中的维持营养需要表和产奶营养需要表，来确定日粮干物质、产奶净能(或奶牛能量单位)、粗蛋白质或可消化粗蛋白质、钙磷的维持需要量、产奶需要量及维持产奶合计的营养需要量。

②根据准备采用的饲料品种，查阅奶牛饲养标准中的常用饲料成分与营养价值表，确定各种选用饲料的干物质、产奶净能(或奶牛能量单位)、粗蛋白质、粗纤维、钙、磷的含量。

③根据牛群的一般采食量，先确定粗饲料(干草、秸秆、青贮、青绿饲料)、多汁饲料、糟粕料的日粮组成及日饲喂量，计算出这些饲料的干物质、产奶净能、粗蛋白质、粗纤维、钙磷的进食量，并与维持产奶合计营养需要量进行对比，差额部分由混合精料来补齐。

④根据混合精料干物质、产奶净能、粗蛋白质、粗纤维、钙、磷的含量，来确定能补足以上各种营养成分所需的混合精料饲喂量。

混合精料的配方可按照产奶营养需要预先制定，也可根据营养成分的差额临时制定。混合精料一般由玉米、麸皮、饼粕类、动物性饲料(如鱼粉)、矿物质饲料(石粉、骨粉、食盐)、添加剂(维生素、微量元素)和瘤胃缓冲剂组成。能量来源以玉米、麸皮为主，粗蛋白补充料以饼粕类、鱼粉为主，钙磷补充以矿物质为主。

⑤最后检查日粮的干物质、能量、粗蛋白质、钙、磷是否满足维持产奶的营养需要量，并检查干物质中粗纤维含量、精粗干物质比、干草和青贮的干物质比、钙磷比是否符合日量配合原则的要求。

第四章 围产期奶牛营养代谢病

第一节 奶牛营养代谢病的发生与控制原则

奶牛营养代谢病是指因碳水化合物、脂肪、蛋白质、维生素、矿物质等营养物质的缺乏或失衡，或上述营养物质的代谢障碍而引起的疾病。营养物质的缺乏及失衡与奶牛的饲养管理、生产阶段和生产性能等有较大关系，如产奶量高的奶牛易患各种营养代谢疾病；不同生产阶段如泌乳期、干奶期的营养搭配不合理也容易发生营养代谢病。奶牛生产中各种应激因素，如分娩、饲料改变、奶牛转群和热应激等，都有可能引起机体神经体液、内分泌系统等内环境调节紊乱，导致营养物质代谢障碍，从而诱发营养代谢疾病。

奶牛的健康水平直接关系到牛奶的品质，进而影响人们的身体健康。随着我国奶牛业的快速发展和动物源性食品质量监控的不断严格，保持牛群高产与奶牛健康已成为被广泛关注的目标。在奶牛生产中，营养代谢病是继传染病、寄生虫病和中毒病之外最重要的群发病、多发病和常见病，其造成的损失难以估量。

随着养殖业的规模化发展和养殖结构调整，以及饲养管理方式的改变，群发性奶牛营养疾病日趋严重，特别是亚临床疾病所致的生长发育缓慢和生产性能降低是造成经济损失的主要原因。当前许多奶牛营养代谢疾病以亚临床和群发形式出现。由于患亚临床疾病的奶牛大都不表现明显临床症状，给临床诊断工作带来很大困难，导致临床型疾病的发病风险加大，奶牛产奶量和繁殖性能降低等。例如，奶牛亚临床型低血钙的发病率高达 50%，是临床低血钙发病率的 10 倍。以 2 000 头泌乳牛牛场为例，每年仅由亚临床低血钙造成的直接经济损失就高达 125 000 美元，多于临床低血钙的 4 倍。亚临床低血钙症还与围产母牛难产、真胃变位、乳腺炎、子宫炎等疾病的发生发展有密切关系，给牛场带来的经济损失将是无法估量的。临床酮病发病率为 6.98%，而亚临床酮病发病率可达 16.98%，亚临床酮病牛每天比非酮病牛的产奶量减少 1～10 L，同时也增加了奶牛患临床酮病及皱胃扭转、胎衣不下等疾病的概率。我国奶牛脂肪肝的发病率高达 30%以上。亚急性瘤胃酸中毒逐渐成为奶牛养殖场关注的主要问题，超过 20%的奶牛在泌乳早期患有亚急性瘤胃酸中毒，在降低产奶量、降低生产效率、动物过早淘汰等方面影响养殖场的经济效益。

了解奶牛营养代谢病发生的基本规律和诊治原则，对这类疾病的检测预报、早期诊断预防、治疗和降低经济损失均有重要意义。

一、营养代谢病的特点

虽然营养代谢性疾病种类繁多、发病机理复杂，但是在发生发展和临床经过等方面有许多共同的特点。

（1）病程长，发病缓慢　从病因作用于奶牛直到奶牛呈现临床症状一般需要数周、数月甚至更长的时间，有的病例可能长期不出现明显的临床症状而转变为亚临床型。

（2）多群发，发病率高　随着我国奶牛饲养高度集约化的发展趋势，营养代谢病逐步成为一类重要的群发病，许多营养代谢病在一个养殖场或某一地区大群发生，不同动物品种均有发病，症状基本相似或相同。例如，随着奶产量的不断提高，奶牛真胃变位的发病率由过去的 0.2%～0.5% 提高到 2.0%～4.0%。

（3）地方流行性　植物性饲料中微量元素的含量与其生长的土壤和水源中的含量密切相关。由于奶牛营养部分来源于当地的植物性饲料，当地土壤或水源中某些微量元素过低或过高时，会导致微量元素缺乏或中毒病的地方流行性。这一点对放牧奶牛尤为重要。

（4）发病与生产阶段及生产性能相关　某些营养代谢病常发生于奶牛不同生产阶段，如产后瘫痪和酮病常发生在围产后期；白肌病主要发生于犊牛阶段；奶牛酮病、真胃变位等多发生于奶产量超过 6 000 kg 的高产奶牛；干奶期肥胖奶牛发生脂肪肝或妊娠毒血症的风险较高。

(5)发病多缺乏特征性症状　许多营养代谢病主要表现为精神沉郁、食欲不振、消化障碍、发育缓慢、贫血、异食等,大多缺乏特征性症状。因此,该类疾病的诊断必须通过详细的流行病学调查、饲料分析和体内相关指标的测定进行综合判断。例如,奶牛钴缺乏症,如果不借助实验室手段对饲料、患病牛血液和内脏中钴元素的分析测试,难以得出客观的诊断结论。

(6)无传染性　虽然营养代谢病呈群发性,但是没有传染性。患病奶牛除继发感染外,体温多保持在正常范围内或偏低。当供给缺乏的营养或改善机体的代谢状况后,疾病可在短期内被治愈。

二、营养代谢病的病因

奶牛对各种营养物质均有一定的需要量、允许量和耐受量。一种或多种营养物质不足、过剩、比例不当或中间环节代谢障碍,都会引起营养代谢病的发生。

(1)营养物质摄入不足　主要见于日粮不足、品种单一、品质不良、营养不平衡和饲养不当等使机体缺乏某种营养物质。如我国大面积的土壤低硒、低铜、低锌导致的当地牧草及饲料中硒、铜或锌含量不足而使奶牛发生相应的缺乏症。放牧奶牛在冬、春枯草季或自然灾害(如干旱、大雪覆盖草场等)引起牧草短缺,奶牛长期处于饥饿或半饥饿状态,不能满足最低的营养需求,可使大批出现营养不良,甚至死亡,造成巨大的经济损失。

(2)营养物质摄入过剩　为奶牛提供高营养饲料以提高动物生产性能,会导致营养物质过剩而发生营养代谢性疾病。如奶牛干奶期日粮中蛋白质含量过高和碳水化合物的不足是引发酮病的主要原因,产前高钙日粮会大大提高奶牛产后瘫痪的发病率。

(3)营养物质消化吸收障碍　主要见于奶牛患副结核病、肝脏疾病等慢性消耗性疾病,影响机体对营养物质的消化吸收。另外,日粮中的某些物质含量过高或比例不当会影响机体对另一些营养物质的吸收。如日粮中植酸过多与许多金属元素形成植酸盐,降低机体对这些物质的吸收;日粮中钙磷比例不当可诱发骨营养不良。

(4)营养物质需要量增加　奶牛在妊娠、泌乳、生长发育期间对各种营养物质的需要量都明显增加,此时若不及时补充,就不能满足机体的需要而发生代谢紊乱。

三、营养代谢病的分类

按照病因不同可以把营养代谢件疾病分为以下 3 类。

(1)糖、脂肪和蛋白质代谢紊乱性疾病　如奶牛酮病、妊娠毒血症和脂肪肝综合征。

(2)维生素缺乏及其代谢障碍　因饲料中维生素供应不足,或因含有某些维生素的拮抗剂,造成代谢过程中因维生素摄取不足,体内必需的辅酶合成不足而致代谢失调。如维生素 A 缺乏、维生素 D 缺乏等。

(3)常量和微量元素缺乏及其代谢障碍　矿物质不仅是机体硬组织的组成成分,而且是某些维生素和酶的组成成分。如钙是动物体的主要结构元素和固定成分,还直接参与平滑肌、骨骼肌、心肌细胞和心脏传导系统细胞中神经冲动的产生,调节羟化酶、ATP 酶和脂肪酶等酶的活性。低血钙不仅可能会导致产后瘫痪或骨软症的发生,还与奶牛繁殖功能障碍、酮病等疾病的发生有关。

四、营养代谢病的诊断

由于奶牛营养代谢病不仅群发,还涉及营养学、饲料学、临床病理学等多个学科和领域,因此要求奶牛临床兽医工作者具备较宽的知识面,且要求善于同营养学、临床病理学、生物化学等领域的专家们的协调努力和密切配合,才能对这类疾病建立客观而正确的诊断。对奶牛营养代谢病的诊断通常包括以下 4 个方面。

(1)流行病学调查　调查内容主要包括发病率、死亡率、发病季节、发病胎次、生产性能、日粮来源,该奶牛场牛群发病的病史和特点,饲料组成、加工和储存情况,奶牛饲养管理情况等。由于许多营养代谢病有群发、人畜共患和地方流行等特点,所以诊断时应利用一切手段排除病原微生物、寄生虫感染和可疑毒物。针对物质缺乏进行治疗有效时,可提示诊断。

(2)奶牛现症调查　在奶牛群体长期存在生长缓慢、发育停滞、繁殖机能低下，奶牛屡配不孕，常有流产、死胎、畸形胎生成等症状出现，且无体温升高症状，不能查出特异性病原微生物时，应考虑营养代谢病的可能性；有不明原因的贫血、跛行、脱毛、异嗜等非典型示例症状时，可提示诊断。例如，病牛有明显贫血，又有血红蛋白尿和低磷酸盐血症，体温不升高等症状时，提示牛产后血红蛋白尿的可能性；新生犊牛出现夜盲症，甚至白昼视力极度减弱时，提示牛群可能缺乏维生素 A 的情况；越高产越易出现临床症状时，也可提示营养代谢病的诊断。

(3)饲料调查　许多营养性疾病是因为饲料中缺少某些营养成分。应根据奶牛现症调查和初步治疗的体会，对可疑饲料中某营养成分进行测定，并和动物营养标准进行比较。不仅要测定当前饲料，可能的情况下还要测定病前饲料；不仅要测定可疑物，还应考虑对该营养元素具有拮抗作用的物质是否存在。

(4)病理学和临床病理学检查　某些营养代谢病会表现特征性病理变化，可依据剖检和组织学方法进行初步诊断，如钙、磷代谢障碍导致的骨骼疏松。

五、营养代谢病的控制

(1)加强饲养管理，科学配制日粮　在日常的饲养管理中应该保证供给全价日粮，特别是在奶牛生产的关键期，干奶期、妊娠期、产奶高峰期尤其注意。应根据奶牛的生理需求，及时、准确、合理调整日粮结构，而不能为提高产量或降低生产成本而不按生产需要饲养奶牛。

(2)奶牛血液代谢谱的早期监测　在高产奶牛群，特别是在围产阶段，定期、随机选择若干个体进行血浆蛋白质、血浆酮体、血糖、钙、磷、甘油三酯、胰岛素等项目的检测，根据牛群体内物质代谢的平衡状态，及时发现代谢平衡失调的现象，并采取相应的营养调控措施。

(3)采取综合防治措施　从品种培育、饲养管理、防治手段等各方面降低营养代谢病所带来的经济损失。如果是区域性矿物质代谢障碍性疾病，可通过更换饲料、日粮中添加微量元素等方法提高饲料中相关元素的含量。

第二节　围产期奶牛生理与代谢特点

奶牛围产期通常定义为产前3周至产后3周的阶段，是奶牛从妊娠非泌乳阶段到非妊娠泌乳阶段的过渡时期。在这一时期，奶牛需要经历干奶、分娩、泌乳启动等重要事件，同时伴随生理、营养、代谢和免疫等方面的变化。特别是围产前期胎儿的快速发育和产后乳汁的大量分泌导致奶牛对能量的需求急剧增加，而与此同时该时期的干物质采食量的下降导致奶牛能量摄入不足。几乎所有围产期奶牛都经历着能量负平衡。围产期奶牛动员机体各系统，通过一系列代谢适应过程（包括体脂动员等）应对能量负平衡带来的挑战。没有成功应对各种应激和挑战的奶牛，就会对自身健康构成威胁，严重影响牛场经济效益。据报道，围产期是奶牛疾病的高发期，约75%的奶牛疾病发生在此阶段。奶牛代谢性疾病（酮病、脂肪肝等）和感染性疾病（子宫炎、乳腺炎等）在围产期高发并相互影响，共同构成围产期奶牛的健康风险。有必要归纳总结围产期奶牛的代谢适应特点，对有效缓解奶牛能量负平衡的关键措施进行总结和比较，以便帮助围产期奶牛成功应对能量负平衡带来的挑战。

一、围产期奶牛的生理特征

（1）出现能量负平衡　能量的供给量与生产需求所需量之间的不平衡被称为能量负平衡。围产前期胎儿的快速发育和产后乳汁的大量分泌导致奶牛对能量的需求急剧增加。胎儿对营养的需求在妊娠的最后4周显著增加。产犊后，奶牛对葡萄糖的需求会立即增加约3倍，氨基酸需求增加1倍，脂肪酸需求增加5倍，对钙的需求会增加1倍。该阶段干物质采食量的下降导致奶牛能量摄入不足。所有围产期奶牛都经历着能量负平衡状态。

（2）降低干物质采食量　围产期奶牛干物质采食量（DMI）减少，产前3周到分娩期间的DMI平均减少30%，最后1周减少最为明显。DMI的减少加剧了能量负平衡状态。奶牛的采食行为由下丘脑进食中心控制，该中心受到来自肝脏和肠道传入神经末梢以及机体代谢产物和激素等各种信号的综合调控，其中包括物理性调节、内分泌调节和代谢调节。奶牛分娩前后日粮组成的改变、围产期管理不善导致的应激压力(舒适度、环境、分群等)的增加以及肝脏的能量状态的升高等，都会影响干物质采食量。特别是奶牛过度脂解产生的非酯化脂肪酸(NEFA)在肝脏的氧化引起的饱腹感，可能是动物采食量下降的重要因素。有研究认为，产前体况评分越高的奶牛，产后干物质采食量下降越明显。

(3)瘤胃内环境的改变　瘤胃内环境稳态对奶牛机体能量、蛋白质和其他营养素的供应至关重要。在妊娠后期至泌乳早期，奶牛干物质采食量显著下降和分娩前后日粮组成的变化，给奶牛瘤胃内环境稳态带来挑战。奶牛主要依靠瘤胃微生物发酵产生的挥发性脂肪酸(乙酸、丙酸、丁酸等)来提供能量。大约 90%的葡萄糖是由糖异生供给的，其中生糖先质——丙酸经过肝脏糖异生作用生成的葡萄糖占 50%～60%，丙酸还是刺激瘤胃乳头状突起生长进而增加瘤胃黏膜对挥发性脂肪酸吸收能力的主要物质。挥发性脂肪酸的比例和产量是由日粮组成、瘤胃微生物区系和瘤胃 pH 来决定的。

奶牛日粮从干奶期以“高纤维日粮”为主过渡为泌乳早期以“高精料日粮”为主，而随之带来的是瘤胃微生物区系、瘤胃乳头和瘤胃 pH 的变化。产前奶牛为适应干奶期日粮，瘤胃内产乳酸菌(乳酸杆菌和牛链球菌)较少，分解乳酸为挥发性脂肪酸的菌群(反刍兽新月形单胞菌和埃氏巨型球菌)数量少，引起丙酸合成减少，进而导致瘤胃乳头状突起的萎缩和瘤胃黏膜对挥发性脂肪酸的吸收能力下降；奶牛分娩后，为适应高精料日粮，瘤胃内产乳酸菌数量明显增加，但是乳酸分解菌(或称丙酸生成菌)对日粮变化适应较慢，可能导致：①瘤胃内乳酸累计，瘤胃 pH 急剧下降，与此同时由于瘤胃乳头未充分生长，不能有效快速吸收挥发性脂肪酸，加剧了瘤胃 pH 的下降，增加了发生瘤胃酸中毒的风险；②奶牛 DMI 及日粮中纤维消化率降低，瘤胃内原虫和许多其他瘤胃微生物失去活性，甚至死亡，瘤胃内微生态平衡被破坏，从而引发健康问题；③乳酸不能够被充分分解利用，挥发性脂肪酸的浓度降低，生糖先质丙酸供给不足，导致能量负平衡和酮病疾病的发生。因此，围产期奶牛需做好日粮过渡，以缓慢调节瘤胃内微生态平衡，减少因日粮改变而带来的隐患。

(4)内分泌的改变　围产期奶牛内分泌状态发生巨大变化而引发一系列生理和代谢变化。高水平的孕酮有利于维持奶牛的妊娠状态，而在分娩前孕酮浓度的急剧下降，是分娩和泌乳启动的关键刺激。血浆雌激素在分娩前1周和临近分娩时迅速升高，有利于泌乳启动，但同时也抑制了食欲，导致采食量降低；催乳素在奶牛泌乳前能促进乳腺发育和初乳的合成，但在泌乳维持中似乎没有起到重要作用。血浆皮质醇在临近围产期时增加，与产犊时的短暂高血糖有关。生长激素在整个围产期的变化不明显，在产前逐渐升高，分娩时降低，而产后逐渐升高。有证据表明，生长激素在刺激奶牛泌乳方面发挥重要作用，可能是奶牛产奶量增加的最重要的激素决定因素。胰岛素和胰高血糖素在葡萄糖稳态控制中起着至关重要的作用。然而，有证据表明奶牛在泌乳早期对胰岛素的反应并不敏感。发生在产犊时的短暂性高血糖似乎并没有刺激胰岛素的分泌。与正常奶牛相比，低血糖和酮血症的奶牛在注射葡萄糖和采食后的胰岛素反应强度要低很多，提示这些奶牛有明显的胰岛素抵抗。胰高血糖素在奶牛体内起着刺激糖异生的作用，但是可能不会出现与非反刍动物程度相同的刺激脂解作用。兼有促进泌乳和刺激生长激素分泌作用的甲状腺激素水平在妊娠末期逐渐提高，分娩时下降达50%，分娩后开始回升。

(5)免疫的变化　围产期是奶牛免疫应答发生剧烈变化的时期。过度而持久的脂质动员被认为是导致免疫功能障碍和感染性疾病发生的关键因素。统计数据表明，过度的脂质动员使奶牛易患代谢性疾病（脂肪肝、酮病）和感染性疾病（乳腺炎、子宫炎）。功能障碍或不受控制的炎症反应被认为是奶牛围产期代谢性疾病和感染性疾病发病率增加的主要原因。泌乳期代谢需求引起的脂质动员增加，可直接降低免疫细胞在泌乳早期的清除细菌的能力；另外炎症反应的激活和免疫细胞群的有效防御会和奶牛生产（如泌乳）共同争夺葡萄糖作为能量需求，这也可能是发病期间生产效率低或者酮病发生期间血糖浓度下降引起的机体防御能力降低的原因。围产期血浆NEFA的浓度、组成成分和持续时间可能都会影响到奶牛的炎症反应和机体防御能力。

(6)血钙的变化　围产期奶牛大多面临钙负平衡的问题，且以高产奶牛最严重。胚胎骨骼发育需要从胎盘摄取大量的钙，随分娩临近，奶牛钙需要量增加；奶牛分娩后启动泌乳，牛乳中钙的浓度约为30 mmol/L，机体钙的输出急剧增加，而钙摄入量明显不足，且由于内分泌和其他因素的综合调控，钙利用率较低，因此血钙在短时间内快速下降，导致低钙血症（hypocalcemia）的发生。

有研究指出，体况评分更高或者过度肥胖奶牛发生低钙血症的概率更大。钙代谢与健康和生殖之间的联系也很明显。低血钙是奶牛泌乳期许多重要疾病的风险因素，包括乳腺炎、酮病、胎衣不下、真胃变位和子宫脱垂。低血钙也是生殖障碍的风险因素，也是淘汰率增加的间接风险因素。研究显示，患低血钙的奶牛乳腺炎发病概率增加 8 倍。虽然这种发病率的增加可能归因于奶牛卧床和乳头括约肌闭合失败。亚临床低血钙的奶牛与正常奶牛相比，更容易出现发热、子宫炎和产褥期子宫炎。外周单核细胞功能存在差异，表明低血钙奶牛的功能受损。英国研究人员发现，患有临床低钙血症的奶牛从产犊到受孕比正常奶牛要多出 13 d 时间。研究人员还发现，低钙奶牛受孕率较低，66.6%的子宫炎和 91.3%的产褥期子宫炎是由低血钙所导致。

二、围产期奶牛的代谢特征

(一)葡萄糖代谢

1.葡萄糖的需求

对于所有哺乳动物，葡萄糖是某些极为重要的细胞(如红细胞、脑细胞和肾细胞)能量代谢必须依赖的能量物质。因此，维持血糖水平处于正常生理范围是至关重要的。与其他哺乳动物相比，反刍动物的葡萄糖代谢的特征是较低的外周血浓度和外周组织较低的胰岛素反应。葡萄糖代谢受血中葡萄糖和葡萄糖前体的供给和消耗的调节，并严格受到不同激素的控制。奶牛葡萄糖代谢较为特殊。葡萄糖大量向奶牛乳房聚集，以及由妊娠期向泌乳期的独特转变，使奶牛成为将代谢推向极端的重要案例。

在妊娠后期和泌乳早期，为了满足胎儿的生长发育和泌乳需要，大量的葡萄糖流向子宫和乳房。妊娠后期，胎儿摄取的葡萄糖量占母体产生葡萄糖的 42%～50%。奶牛乳腺消耗的葡萄糖占全身葡萄糖消耗的 50%～85%，72 g 葡萄糖才可产生 1 kg 牛奶。荷斯坦奶牛分娩前 21 天的葡萄糖需求量为 1 000～1 100 g/d，而分娩后 21 天大约为 2 500 g/d；实验检测发现，产前 11 天肝脏的葡萄糖释放量为 1 356 g/L，产后 11 天为 2 760 g/d。

2. 葡萄糖的供应

奶牛只能从肠道吸收少量的葡萄糖，而大部分葡萄糖来源于肝脏的糖异生（图 4-1）。糖异生的主要前体来自瘤胃微生物将饲料中的碳水化合物发酵形成的短链脂肪酸（丙酸、丁酸和戊酸等），三羧酸循环产生的乳酸，以及蛋白质分解代谢产生的氨基酸和脂肪组织脂解释放的甘油。丙酸（60%～74%）是最主要的生糖先质，其次是乳酸（16%～26%），丙氨酸（3%～5%），戊酸和异丁酸（5%～6%），甘油（0.5%～3%）和其他氨基酸（8%～11%）。

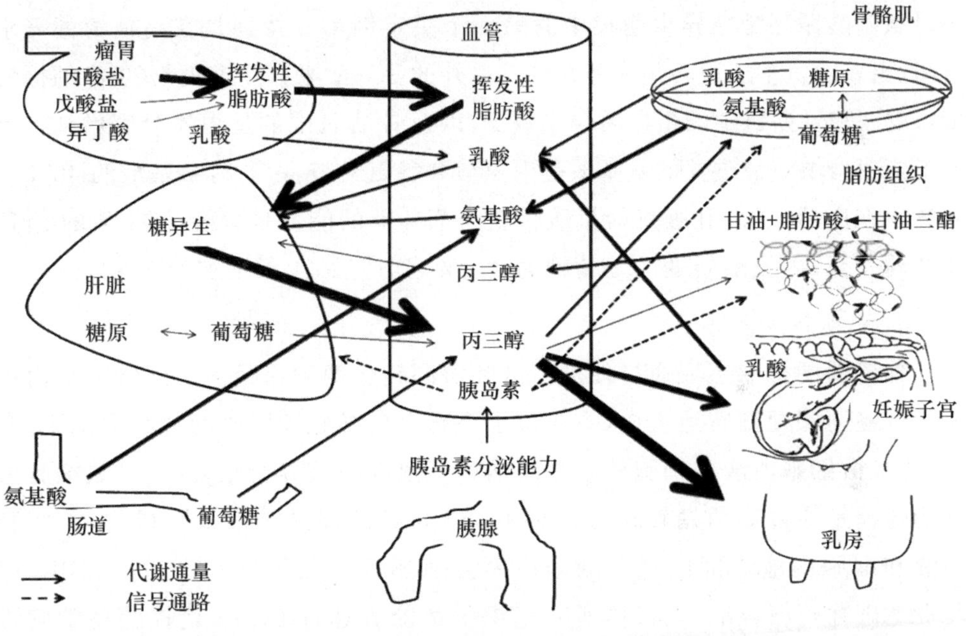

注：箭头的粗细提示代谢物或组织在生产或使用中的重要性。瘤胃中产生的挥发性脂肪酸是肝脏糖异生的最重要前体。此外，乳酸（来自瘤胃、骨骼肌和妊娠子宫）、甘油（来自脂肪组织中甘油三酯的脂类分解）和氨基酸（来自肠和骨骼肌）都有助于肝脏的总体糖异生。肠道吸收的葡萄糖和肝脏释放的葡萄糖（主要为糖异生，部分为糖原分解）是调节血糖水平最重要的贡献者。哺乳期乳房和妊娠子宫消耗了大部分葡萄糖。在妊娠后期和哺乳早期，骨骼肌和脂肪组织会摄取少量的葡萄糖。由于胰岛素会刺激骨骼肌和脂肪组织的葡萄糖摄取，所以胰腺将胰岛素释放入血，可抑制肝脏糖原异生、肝脏和骨骼肌的糖原分解和脂肪组织的脂肪分解。

图 4-1　奶牛葡萄糖代谢途径（修改自 De koster JD，2013）

乳酸也是糖异生的重要前体，其有外源性和内源性两种来源。外源性来源是指高精料日粮引起的菌群变化，淀粉分解菌群增加，瘤胃中产生乳酸；另一来源是内源性的，骨骼肌和其他组织中葡萄糖的无氧酵解产生。特别是泌乳早期和妊娠后期的子宫和胎盘中产生的乳酸。

甘油可能是奶牛适应泌乳时期的重要糖异生先质，主要发生在脂肪被动员时，非酯化脂肪酸和甘油释放入血，进入肝脏。在脂肪组织广泛动员期间，约3.2 kg/d的甘油三酯被分解代谢。在产后4天，甘油最多可提供15%～20%的葡萄糖需求量。甘油对糖异生的贡献取决于脂肪库的大小和脂肪动员的程度，与能量负平衡程度有关。奶牛机体的脂肪动员主要在泌乳早期(0.5～1.0 kg/d)，分娩后，随时间的推移逐渐减少，最终趋于正常。由此计算，甘油最多可占葡萄糖总需求量的2%～5%。

氨基酸循环是糖异生途径中的另一个决定因素。特别是在高葡萄糖需求期间，更多的氨基酸被转化为葡萄糖。另外的氨基酸来自肠道吸收(更高的摄食量)，皮肤和骨骼肌中的蛋白质合成减少，以及骨骼肌中的蛋白质分解增加。有助于葡萄糖供应最重要的氨基酸是丙氨酸和谷氨酰胺，占所有氨基酸的40%～60%。在产后1天，肝脏将丙氨酸转变为葡萄糖的能力是分娩前21天的2倍，在产前9天，丙氨酸转变的葡萄糖为2.3%，到产后11天增加为5.5%。

3.葡萄糖的摄取

葡萄糖的摄取主要通过促进扩散和协同转运两种途径。协同转运是由钠离子依赖性葡萄糖转运蛋白(主要位于小肠上皮细胞和肾脏的肾小管细胞)介导，并且由细胞内液和细胞外液之间钠离子浓度的差异所驱动；大多数细胞摄取葡萄糖是通过葡萄糖转运蛋白(GLUT)介导的促进扩散来完成的，由细胞外液和细胞内液之间的葡萄糖浓度差异所驱动。在所有GLUT中，GLUT1负责基础葡萄糖摄取，在机体所有组织中都能表达；GLUT4调控胰岛素刺激产生的葡萄糖的摄取，在骨骼肌、心肌和脂肪组织中表达。与单胃动物相比，反刍动物的骨骼肌和脂肪组织的胰岛素反应较低，究其原因可能由于脂肪组织上的GLUT4较少，且GLUT4对胰岛素诱导的异位反应性较低；也可能是因为脂肪组织更喜欢利用醋酸而非葡萄糖作为脂肪合成的底物。

(二)脂代谢

脂肪组织是机体主要的能量储备，由充满甘油三酯(TAG)的脂肪细胞组成，脂肪细胞内脂肪分解和脂肪生成反应不断发生，导致细胞内甘油三酯的不断降解和重新合成(图4-2)。

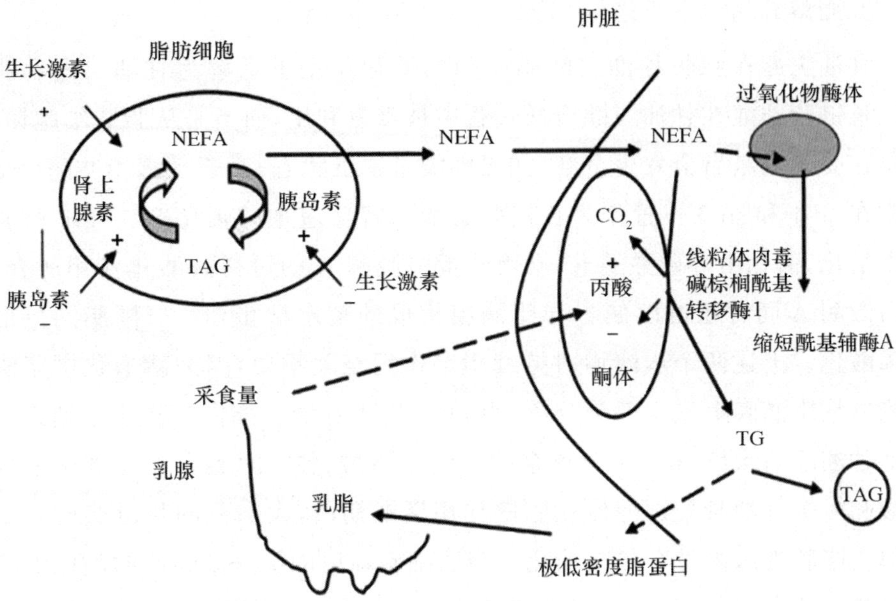

阳性标志(+)表示促进,阴性标志(−)表示抑制。虚线是指发生程度较低或仅在某些特定生理状态下发生的过程。

图 4-2　围产期奶牛脂质代谢途径(修改自 Drackley JK,1999)

1.脂肪合成

反刍动物脂肪细胞通过两种途径合成脂肪,即从头合成途径和循环中已形成长链脂肪酸的吸收途径。

从头合成途径:反刍动物主要利用瘤胃发酵产生的乙酸作为新脂肪酸从头合成的主要碳源。乙酰 CoA 羧化酶是这一过程的限速酶,它催化丙二酰 CoA 的形成,这是脂肪酸合成过程中的关键一步。然后丙二酰 CoA 与乙酰 CoA 在脂肪酸合酶缩合作用下产生第一个 4 碳酰基单位-丁酸。延伸的酰基链在脂肪酸合酶作用下与其他丙二酰 CoA(由乙酰 CoA 羧化酶产生)缩合为长链脂肪酸,最终生成 16 个碳的棕榈酸酯。

循环中已形成长链脂肪酸的吸收途径:从循环乳糜微粒或极低密度脂蛋白(VLDL)中摄取脂肪酸,脂蛋白脂肪酶水解血浆中甘油三酯产生游离脂肪酸和单酰基甘油。游离脂肪酸(NEFA)的摄取可以通过自由扩散(称为不饱和转运)进行被动吸收(特别是在浓度较高的部位),也可以通过膜结合蛋白脂肪酸移位酶(CD36)和脂肪酸转运蛋白(称为饱和转运)进行主动吸收。

2.脂解作用

甘油三酯在脂肪甘油三酯脂肪酶的催化作用下水解为甘油二酯和脂肪酸。长链脂肪酸在甘油三酯合成过程中被重复利用，而不是从脂肪细胞输出。脂肪在受到刺激后会发生分解，如慢性能量缺乏状态，激素敏感脂肪酶（HSL）通常在 sn-1 和 sn-3 位置作为长链脂肪酸水解反应中的催化剂。HSL 被脂解激素活化，活化由环磷酸腺苷-依赖性蛋白激酶 A 的可逆磷酸化作用所介导，蛋白激酶 A 同时还可以使参与脂滴膜构成的疏水性蛋白——围脂滴蛋白发生磷酸化。上述两个步骤均对持续脂解作用至关重要，因为磷酸化围脂滴蛋白能够从脂滴膜上发生部分分离，为 HSL 进入甘油三酯内部提供了通道。单酰基甘油酯酶水解 sn-2 位置剩余的长链脂肪酸，整个过程共产生 3 个游离脂肪酸和一个甘油骨架。即使在脂解作用活跃期内，大部分的长链脂肪酸水解后都在脂肪细胞内进行二次酯化。脂肪细胞释放的部分游离脂肪酸能够迅速黏附于血清白蛋白，并随白蛋白运输至各个组织中。甘油和单酰基甘油通过细胞质膜中的水通道蛋白释放至循环中。游离脂肪酸高速动员期内，细胞内游离脂肪酸与白蛋白的比例增加，游离脂肪酸占据白蛋白分子上低亲和力结合位点。游离脂肪酸与白蛋白的这种微弱连接有利于能量需求组织和脂肪需求组织游离脂肪酸之间的传递与吸收。

3.游离脂肪酸代谢途径

游离脂肪酸的代谢通常包含 3 种途径，即肝脏和骨骼肌中氧化供能、肝脏中重新酯化为甘油三酯，或者在乳腺中被作为乳脂合成中长链脂肪酸的来源（图 4-2）。

肝脏中脂肪酸的 β 氧化发生在肝细胞线粒体和过氧化物酶体室内；前者代谢产生乙酰辅酶 A、还原性的烟酰胺腺嘌呤二核苷酸和黄素腺嘌呤二核苷酸，这些代谢产物分别进入柠檬酸循环和电子传递链，通过生成三磷酸腺苷（ATP）来产生能量。肝细胞中过量的乙酰 CoA 经 β 氧化转化为酮体（乙酰乙酸盐和β-羟丁酸）。酮体是奶牛泌乳早期重要的能量供给机制，尽管乙酰 CoA 能够转化为酮体，但相对于完全 β 氧化而言，其能量效率较低。泌乳早期，奶牛体内大部分的可用葡萄糖被分配至乳腺，而机体重要器官（如大脑）并不能通过代谢脂肪酸来作为自身能量的来源，因此器官内的酮体氧化对机体的存活就显得至关重要了。酮体形成速率与脂肪分解、脂肪酸氧化速率成正比。

肝脏中游离脂肪酸的另一种氧化途径是过氧化物酶体途径，过氧化物酶体在多数脏器中均有存在。与线粒体内的β氧化相比，过氧化物酶体内的β氧化能够产生过氧化氢（过氧化氢酶催化），更重要的是，同时能够产生更短的酰基CoA，这些酰基CoA被转运至线粒体中进行进一步的氧化。由于过氧化物酶体中不含有与ATP形成相关的呼吸链，因此认为过氧物酶体内的β氧化途径能量效率相对较低，该途径可能仅在游离脂肪酸广泛动员期间作为脂肪酸氧化的溢出途径而发挥作用。有研究发现，过氧化物酶体途径的β氧化占奶牛肝脏匀浆中棕榈酸β氧化初始循环总量的50%。不同物种间过氧化物酶体和线粒体β氧化的比例没有差异。与产前21天相比，产后1天奶牛肝脏过氧化物酶体的β氧化增加了12%。

肝脏中未发生β氧化的非酯化脂肪酸被重新酯化为甘油三酯，部分非酯化脂肪酸还可形成极低密度脂蛋白释放到循环中（图4-2）。奶牛能量负平衡期间，脂肪酸在肝脏中的再酯化能力增加。然而，肝脏中极低密度脂蛋白的输出速率却仍然很低，这可能是由于奶牛控制极低密度脂蛋白总反应速率的关键组成成分——载脂蛋白B生成能力降低的缘故。因此，肝脏增加游离脂肪酸的摄取与再酯化，同时降低了内在极低密度脂蛋白的合成和分泌，最终导致了肝脏中甘油三酯的积累，这种现象通常被称为脂肪肝。肝脏中NEFA的摄取与ATP的需求之间的不平衡可能是分娩后肝脏脂肪浸润快速发展的重要因素。有证据表明，牛肝脏脂肪浸润并不影响肝细胞的糖异生。然而，肝细胞中TG的累积可降低合成尿素的能力，氨可降低肝细胞将丙酸转化为葡萄糖的能力。因此，TG累积可间接抑制牛体内的葡萄糖合成。

4.激素和脂肪因子在围产期脂解中的调控作用

（1）胰岛素　已经得到证实的是，胰岛素在奶牛脂肪分解中发挥着重要的调控作用。脂肪细胞是胰岛素所调控的最重要的敏感性细胞之一。在脂肪细胞中，胰岛素刺激葡萄糖的转运和脂肪生成，促进脂肪酸从循环中摄取，并抑制脂肪分解。胰岛素结合并激活胰岛素受体酪氨酸激酶，导致胰岛素受体底物1和2的磷酸化。这些事件之后是磷脂酰肌醇3激酶（PI3K）、phsiinotid-edependent kinase1（PDK1）和蛋白激酶B（AKT）的激活，后者介导胰岛素代谢和有丝分裂作用，包括通过葡萄糖转运体（如 GLUT4）对葡萄糖的摄取。胰岛素通过活化 AKT 抑制脂肪分解，从而抑制下游蛋白激酶 A（PKA），降低 PKA 对围脂滴蛋白（Perilipin 1，PLIN 1）的磷酸化作用。奶牛胰岛素循环浓度的降低，以及肝脏和脂肪组织中 AKT 磷酸化水平的降低，能够在围产期和泌乳早期刺激葡萄糖生成和脂肪分解。

（2）生长激素　生长激素能激活脂溶作用，降低哺乳动物脂肪组织的胰岛素敏感性。对于泌乳奶牛，生长激素注射能够将肾上腺素刺激的脂肪组织反应提高 2～6 倍。泌乳动物脂肪组织的体外实验表明，生长激素降低了脂肪细胞对抗脂溶性分子（如腺苷）的敏感性，从而抑制了腺苷环化酶的活性。因此，相对于分娩前 4～8 周的非泌乳奶牛，围产期奶牛循环中生长激素浓度升高，通过增加脂肪细胞对肾上腺素刺激的反应性，降低腺苷对交感神经活动的抑制作用，提高脂解水平。

（3）脂肪因子　脂肪组织不仅是一个储存能量的场所，而且是一个重要的内分泌组织。脂肪因子是一类由脂肪组织特异性分泌的生物活性物质，对维持机体糖脂代谢稳定和免疫应答等具有重要作用。有证据表明，围产期奶牛脂肪因子分泌的动态变化间接促进了葡萄糖向乳腺的转运，增加肝脏中脂肪酸的流量，调节能量摄入。

①脂联素。主要由脂肪细胞分泌，也可由心肌细胞和骨骼肌表达，可以改善脂肪细胞胰岛素敏感性和脂肪生成，改善肌细胞和肝细胞中脂肪酸的 β 氧化。这些作用的发挥需要通过其受体（adipoR1 和 adipoR2）的激活，这些受体在肝脏、脂肪组织和骨骼肌中表达。在单胃动物中，循环脂联素主要有 3 种寡聚形式（低分子量、中分子量、高分子量）和球型脂联素。在奶牛体内，循环脂联素主要由高分子量复合物组成，其分布不受泌乳阶段的影响。值得注意的是，循环脂联素的浓度与血浆脂肪酸含量成反比，而血浆脂肪酸是奶牛主要的脂解生物标志物。同样，脂肪组织中编码 adipoR1 和 adipoR2 的基因表达在分娩后的前 3 周下调，而后在第 100 个泌乳日时回归峰值。脂联素及其受体的表达和分泌的动态可能表明，这种脂肪因子在过渡时期脂肪组织的适应性调整中起着自分泌、旁分泌和内分泌调节的作用。然而，脂联素在泌乳早期影响乳腺葡萄糖分配的程度目前尚不清楚。

②瘦素。哺乳动物中发现最早的脂肪因子之一。在奶牛和其他反刍动物中，瘦素编码基因被广泛表达，包括瘤胃、真胃、十二指肠、乳腺、骨骼肌、脑下垂体和脂肪组织。与脂联素类似的是，瘦素以自分泌、旁分泌和内分泌方式调节食物摄入和能量消耗。这种厌食的脂肪因子可以减少脂肪生成，增加脂肪分解和脂肪酸氧化。奶牛血浆中瘦素浓度在干奶阶段达到峰值，在分娩后第一周急剧下降。在脂肪组织中，瘦素编码基因在干奶期最高表达，在分娩后转录水平降至最低。在围产期，瘦素转录和分泌的降低可能促进干物质采食量的快速正常恢复。然而，目前尚不清楚的是，对于营养条件过剩的奶牛，高瘦素血症是否会增加产犊前脂肪的分解和脂肪组织储备的损失。

③抵抗素。为脂肪细胞和巨噬细胞分泌的脂肪因子。在转录和分泌水平上，抵抗素与人类胰岛素抵抗的发展以及肥胖和代谢综合征的啮齿类模型有关。围产期奶牛抵抗素的血浆浓度在产犊后第 1 周达到高峰，泌乳 6 周后恢复到产前水平。血浆抵抗素与血浆 NEFA 浓度呈正相关，与产奶量呈负相关。脂肪组织中抵抗素的转录和分泌动力学与血浆抵抗素相似，与其他泌乳阶段和干奶期相比，在分娩后的第 1 周有更高的表达。

（三）氨基酸代谢

反刍动物的蛋白质供应主要靠日粮中粗蛋白质的降解转化和瘤胃微生物的合成（图 4-3）。日粮中的蛋白质进入瘤胃，在瘤胃微生物的作用下，一部分蛋白质被降解为小肽和氨基酸，氨基酸可进一步被降解为挥发性脂肪酸、NH_3和 CO_2。NH_3被瘤胃壁吸收经血液进入肝脏代谢生成尿素。未被瘤胃微生物降解的蛋白进入肠道被降解为氨基酸和小肽。大多数小肽和氨基酸在瘤胃和小肠被吸收进入血液，在体内转化合成具有生物活性的蛋白质。研究发现，当机体能量充足时，小肽和氨基酸多用于合成瘤胃微生物蛋白（microbial protein，MCP）；当机体处于能量负平衡状态时，氨基酸倾向于脱氨基作用，为挥发性脂肪酸提供碳架。小肠吸收的氨基酸经血液到达肝脏，肝脏可利用丙氨酸和谷氨酰胺通过糖异生途径来供能，也可利用组氨酸、蛋氨酸和苯丙氨酸合成肝脏内的蛋白质。又有研究发现，奶牛乳腺利用游离的氨基酸和小肽从头合成的乳蛋白占 90%以上。奶牛乳蛋白含量的变化与日粮能量摄入变化一致。患酮病奶牛的丙氨酸、精氨酸和脯氨酸含量降低，而亮氨酸和赖氨酸的代谢产物2-哌啶甲酸增加，生酮氨基酸及其产物的增多可加剧酮体的累积。奶牛发生酮病时，生糖氨基酸（丙氨酸和脯氨酸）由于参与糖异生途径合成葡萄糖而降低，亮氨酸、异亮氨酸以及赖氨酸的代谢产物（2-哌啶甲酸）增加，鸟氨酸含量下降。

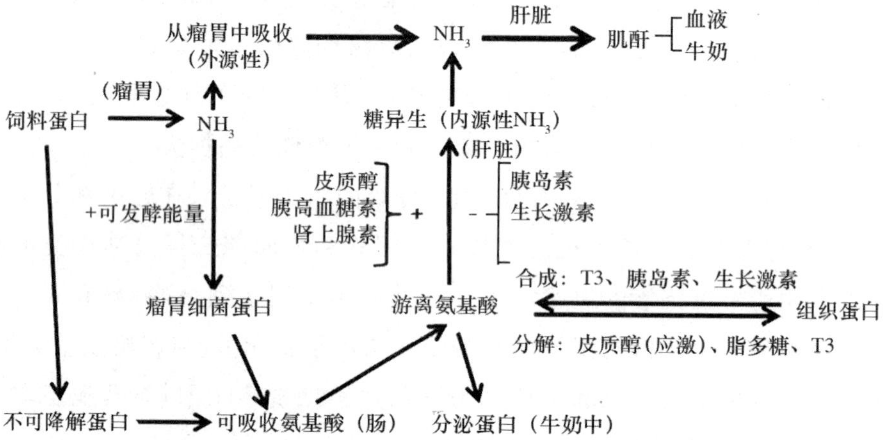

图4-3 奶牛肝脏中氨氮的来源及蛋白质代谢的调控机制

（四）矿物质元素代谢

血液中Ca、P、Mg和K等矿物质元素是维持神经、骨骼和肌肉功能的重要元素，含量不足可导致奶牛站立困难。成年牛血液中Ca、P、Mg和K的浓度分别为2.0～2.5 mmol/L、1.3～2.6 mmol/L、0.75～1.0 mmol/L和3.9～5.8 mmol/L。骨骼中含有Ca和P分别占机体总量的99%和80%。Co是维生素B_{12}的中心化合物，在能量和氨基酸代谢中具有重要功能。血清中Cu浓度与奶牛的健康密切相关，主要在碳水化合物代谢、生理和生化反应中起作用。肾脏中，维生素D的代谢产物甲状旁腺素（parathyroid hormone，PTH）和1,25-二羟维生素D_3两种激素通过调节肠道和骨骼对Ca和P的吸收维持体内Ca和P的动态平衡。在反刍动物中，甲状旁腺素发挥主导作用。

泌乳早期，机体主要依赖肠道来吸收Ca，骨骼吸收的作用非常的小。成年反刍动物的小肠是Mg的主要分泌器官。虽然，日粮中K的含量通常是足够的，但是仍存在 K 缺乏的可能，低钾血症也偶有发生。产犊后，大量的 K、Ca 和 Mg 参与乳成分的合成，使得血液中 K、Ca 和 Mg 的浓度急剧下降。K 是牛奶中含量最丰富的矿物元素，其次是 Ca 和 Mg。牛奶中 K 的浓度是血浆的 5～10 倍，Mg 的浓度大约为 5.2 mmol/L。有研究提出，奶牛血清 K 浓度在分娩当天升高。还有研究报道，酮病奶牛治疗后第 3 天血清中 Co、Cu、Mn 和 P 浓度降低。

第三节　围产期奶牛主要代谢病

一、酮病

奶牛酮病是奶牛体内碳水化合物和挥发性脂肪酸的代谢障碍或紊乱引起的一种全身性功能失调的代谢性疾病。目前酮病是奶牛主要的群发性、高发性疾病之一，对奶业造成巨大的经济损失。据报道，美国奶牛酮病发生率达 17%，印度达到 14.69%，日本则达到 43.1%。在中国高产牛群中，临床酮病的发生率一般占产后母牛的 2%～20%，而亚临床型酮病的发生率可达 10%～30%。综合考虑产奶量下降、治疗费用及弃奶、奶牛繁殖性能降低等方面的影响，每头酮病牛所造成的经济损失至少为 3 200 元，如果再考虑到淘汰所造成的经济损失，这个数字将会更高。因此牛场需重视酮病诊断，及早发现病症并治疗，以免带来更多的损失。

（一）泌乳早期奶牛及酮病奶牛的生理学特点

随着泌乳的启动，奶牛对能量的需求急剧增加。在干奶期，这种高能量的需求已经发生，但同时伴随采食量的减少。虽然产后采食量不断增加，但增加的速度仍然低于泌乳的需求，由此引发能量负平衡。脂肪以非酯化脂肪酸（NEFA）的形式从机体储备中动员出来，以满足能量需求。NEFA 被转运至肝脏可能经历 3 种处理途径中的一种，即：或完全氧化产生能量，或不完全氧化生成酮体，或者重新酯化成脂肪酸（图 4-4）。在围产期，NEFA 在肝脏的 3 种处理途径均被激活，但脂肪分解的程度和奶牛个体的耐受性决定了途径的相对分布。

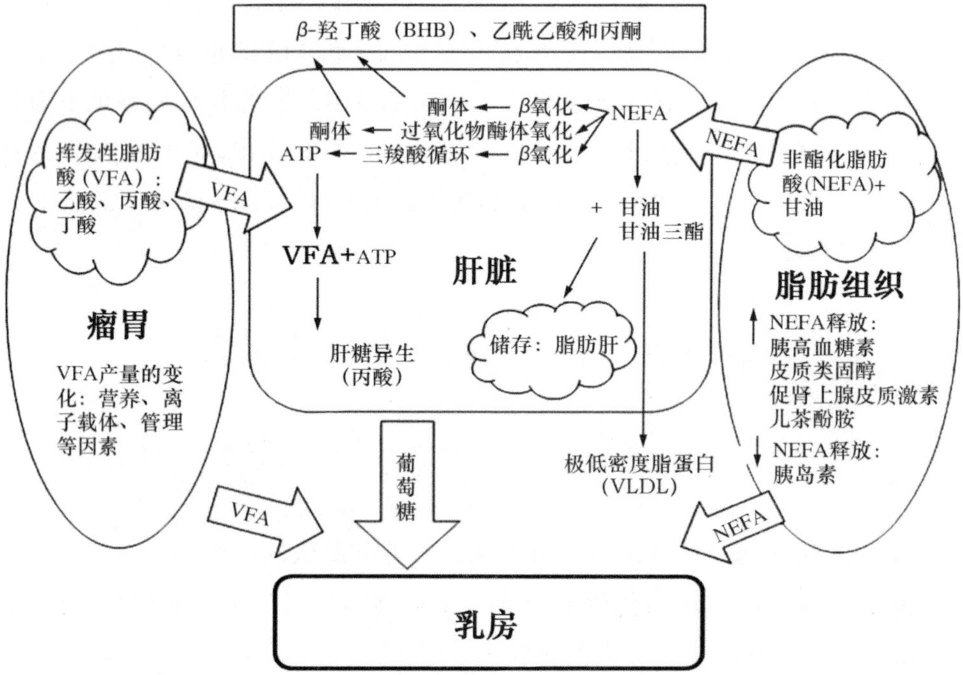

图 4-4　围产期奶牛能量需求、能量储备和代谢途径

在泌乳早期，谐调机制是生理反应的驱动力。谐调机制被归纳为“支持生理状态所必需的身体组织代谢的协调变化”。在这些过程中，可能促进了超过基于谐调机制的体内储存的脂肪和蛋白质的分解。胰岛素抵抗几乎出现所有的泌乳早期奶牛。牛奶生产需要大量的葡萄糖。由于反刍动物仅从日粮中吸收少量的葡萄糖，所以只能通过糖异牛作用来满足这种需要。受酮病困扰的奶牛糖异生作用会降低，进而出现低血糖。因此，提供葡萄糖、刺激糖异生和减少脂肪分解是合理治疗酮病的基础。

(二)酮病的分类

根据症状何时开始以及奶牛面临的并发疾病，可将酮病分为原发性或继发性。

(1)原发性酮病　又称生产性酮病，是常见的酮病类型，病理基础是能量负平衡。常发生于体况极好，具有较高的泌乳潜力，而且饲喂高质量日粮的母牛，是由于能量代谢紊乱，体内酮体生成增多所引起的。由于奶牛产奶高峰大多开始于分娩后 4～6 周，但奶牛的食欲和采食量的高峰出现在分娩后 8～10 周，奶牛分娩后 10 周内摄入的能量不能完全满足奶牛高产的需求，进而导致酮病的发生。

(2)继发性酮病　任何引起食欲降低或者消化吸收障碍的疾病都可以引起酮病。如真胃变位、前胃迟缓、瘤胃臌气和创伤性网胃炎等，其他如生产瘫痪、产褥热、子宫炎、乳腺炎及其他慢性消耗性疾病等病均可引起食欲降低、血糖浓度降低，导致脂代谢紊乱，酮体生成增多而引起酮病。另外，饲料中钴、碘、磷等矿物质的缺乏和各种应激因素及其他内分泌紊乱也可引发酮病。

根据有无明显临床症状，可以将酮病分为临床和亚临床 2 个类型。

(1)临床酮病　血液、尿液或乳中酮体的增加及其他可见的体征出现，如食欲减退、明显而快速的体重减轻和干粪。

(2)亚临床酮病　血液、尿液或乳中酮体增加，并超过相关的阈值，但没有明显的临床症状。

需要说明的是，正常健康奶牛血清中酮体含量通常低于 1.72 mmol/L (100 mg/L)，临床型酮病奶牛血清中酮体含量一般为 3.44 mmol/L(200 mg/L)以上，亚临床型酮病奶牛血清中酮体含量为 1.72～3.44 mmol/L(100～200 mg/L)。在血液中酮体含量增加者称为酮血症；在尿中酮体含量增加者称为酮尿症，尿中乙酰乙酸的测试应用广泛，如果尿颜色变紫色，说明有乙酰乙酸存在，可确定为酮尿症；在乳中酮体含量增加者称为酮乳症。

奶牛生产中常以血清 BHBA 含量作为检测奶牛酮病的金标准，血清 β-羟丁酸浓度在 1.4～3.0 mmol/L 为亚临床酮病，3.0 mmol/L 以上为临床酮病。目前的许多临床检查显示，具有高浓度酮血的动物可能没有明显临床症状，而低浓度酮血的动物可能表现出临床症状。临床症状的严重程度似乎取决于动物个体对酮体的耐受能力。

根据发病特征，可以分为Ⅰ型酮病、Ⅱ型酮病和富丁酸青贮型酮病。

(1)Ⅰ型酮病　主要发生于产后 3～4 周，通常由产后能量负平衡引起。血液特征是低血糖、低胰岛素、高游离脂肪酸和高酮体。包括继发性酮病(由采食量减少所引起)、饥饿性酮病(由体况不佳，饲料质量不良所引起)和特殊营养缺乏性酮病(由钴、碘、磷等元素缺乏所引起)等。病牛肝脏糖异生功能正常,提供足够的生糖先质就可以缓解能量负平衡。

(2)Ⅱ型酮病　产后1～2周发病,通常由产前肥胖所致,饲养管理差的瘦牛也会发病。血液学特点是高血糖症(或血糖正常)和高胰岛素血症。患病奶牛常具有胰岛素抵抗和葡萄糖耐受现象。由于肝脏代谢脂肪和糖异生功能障碍,泌乳启动后,随能量负平衡的加剧,机体动用更多体脂,加剧肝脏脂肪浸润,导致酮体生成增加。

(3)富丁酸青贮型酮病　富丁酸青贮型酮病是因瘤胃吸收过多丁酸转化为酮体而引起的,主要是由饲喂质量差的青贮所致。青贮原料水溶性碳水化合物含量低、干物质含量太低都会导致梭菌生长而产生大量丁酸。

(三)发病机制

1. 产后葡萄糖代谢失衡

血糖浓度下降是发生酮病的中心环节。由于泌乳的需要和机体生理调控,奶牛产后对葡萄糖的需求量急剧增加。而奶牛内源性葡萄糖的供给量严重不足,此时,如果外源性葡萄糖的供给量仍不能满足奶牛生产需要,机体就会动员肝糖原,随后动员脂肪和体蛋白来加速糖异生作用,维持泌乳的需要。葡萄糖被直接吸收的很少,能量来源主要是瘤胃内降解的挥发性脂肪酸——乙酸、丙酸、丁酸,其中丙酸生糖,而乙酸、丁酸及体脂动员产生的游离脂肪酸均为生酮先质,他们或以葡萄糖代谢为条件生成脂肪,或者消耗草酰乙酸进入三羧酸循环而供能,或者生成酮体。

当血糖浓度下降时,脂肪组织被大量动员,分解为甘油和脂肪酸,甘油可以作为生糖先质转化为葡萄糖,而脂肪酸因脂肪组织中缺乏α-磷酸甘油,不能重新合成脂肪。游离脂肪酸进入血液导致血中游离脂肪酸浓度升高,同时肝脏内脂肪酸的β氧化作用加快,生成大量的乙酰辅酶A。糖类和生糖氨基酸是草酰乙酸的唯一来源;当病牛厌食或不食时,糖类和生糖氨基酸浓度下降得很低,草酰乙酸浓度也下降,此时草酰乙酸和葡萄糖缺乏迫使乙酰辅酶A不能进入三羧酸循环,而沿着合成乙酰辅酶A的途径,最终形成大量酮体(包括β-羟丁酸、乙酰乙酸和丙酮)。此外,脂肪酸在肝内生成的甘油三酯,因缺乏足够的极低密度脂蛋白将其运出肝脏，而在肝内聚集，形成脂肪肝，使肝脏糖异生功能障碍，脂肪分解加剧，生成更多的酮体。

酮体被释放到血液中，可以用作能量底物，特别是在肌肉和神经组织中。当酮体生成速率超过酮体使用时，在强烈的脂质动员期间会导致酮病。高浓度的酮体对中枢神经系统有抑制作用，加上脑组织缺糖而使病牛呈现嗜睡，甚至昏迷。丙酮还原或β-羟丁酸脱羧后，可生成异丙醇，可使病牛兴奋不安。酮体还有一定的利尿作用，可导致病牛机体脱水，粪便干燥，迅速消瘦，因消化不良以至拒食，病情迅速恶化。

2. 激素在酮病发生中的作用

激素调节在酮体生成中起着重要作用。当血糖浓度下降时，胰高血糖素分泌增多，胰岛素分泌减少，垂体内葡萄糖受体兴奋，促使肾上腺髓质分泌肾上腺素，在3种激素的共同作用下，糖异生作用增加，促使糖原分解、脂肪水解、肌蛋白分解，最终亦可使酮体生成增多。甲状腺功能低下，肾上腺皮质激素分泌不足等，与疾病发生也有密切关系。在催乳素的作用下，乳腺泌乳量仍可维持正常，可将外源性和内源性产生的糖源源不断地转化为乳糖。但在疾病继续发展时，母牛食欲减退，机体消瘦，消化功能减弱，产奶量也随之下降。

(四)临床病理

1. 低血糖

患病奶牛的血糖浓度为1.12～2.22 mmol/L(200～400 mg/L)，健康奶牛为2.80 mmol/L(500 mg/L)。

2. 高血酮、高尿酮、高乳酮

患病奶牛的血酮浓度从正常的0～1.72 mmol/L(0～100 mg/L)，升高到1.72～17.2 mmol/L。如果是继发性酮病，血酮很少达到8.6 mmol/L(500 mg/L)以上。正常情况下，奶牛血浆丙酮0～10 mg/100 mL、乙酰乙酸0～1.1 mg/100 mL、β-羟丁酸0～9.0 mg/dL。

正常奶牛尿酮浓度波动较大，常低于10 mg/dL，正常可高达70 mg/dL。如果尿酮为80～130 mg/dL，表明有酮病存在。正常奶牛乳酮含量为

0.52 mmol/L,酮病牛可升高到 6.88 mmol/L(40 mg/dL)。

3.脂肪代谢方面

患病奶牛主要表现出高血脂。血中游离脂肪酸含量增高,甘油三酯含量降低,约 80%患牛胆固醇增高。正常时,血中β-羟丁酸:(丙酮+乙酰乙酸)之间的比值为(7～8):1,而患酮病牛血中该比值降低至 1:1。

4.蛋白质代谢方面

患病奶牛主要表现为白蛋白的减少,γ-球蛋白增多,生糖氨基酸如丙氨酸、精氯酸、半胱氨酸等含量降低,而生酮氨基酸如赖氨酸、甘氨酸等含量升高。

5. 尿液、血液、酶

患病奶牛的尿液 pH 降低,尿中总蛋白、氨氮、氨基酸氮含量升高,尿素氮含量亦发生改变(急性时,尿素氮含量升高;慢性时,尿素氮含量降低)。血浆钙下降,是由于尿中碱的损失增加而对酸中毒的一种代偿。血象变化表现为白细胞增多。酶的变化主要表现在谷草转氨酶的活性增高。

(五)症状

1.消耗型

本型最常见于泌乳期的第 1 个月内,第 0～70 天随时可能发生。最初几天病牛食欲下降,拒食精料和青贮,仅采食少量干草;泌乳量下降可达 25%以上,乳汁容易形成泡沫;被毛干枯、逆立。体重下降,但通常呼吸、体温、脉搏等表现正常;瘤胃蠕动减弱;皮下脂肪过度消耗导致皮肤弹性降低。呼出气体、尿液和乳汁中有烂苹果的气味(丙酮味),加热时气味明显,但这种气味只有在病情严重时才能闻到,大多数病例不易闻到。消耗型酮病极少引起死亡,但如不及时治疗,病程延长,产奶量很难恢复到正常水平。

2.神经型

患病奶牛常是在消化型的基础上出现神经症状。初期表现兴奋,精神高度紧张、不安,大量的流涎,磨牙、空口咀嚼;视力下降,走路不稳,横冲直撞。个别病例全身肌肉紧张,四肢叉开或相互交叉,震颤、吼叫,感觉过敏,通常持续 1～2 小时。这种兴奋过程一般持续 1～2 天后转入抑制期，反应迟钝，精神高度沉郁，严重者处于昏迷状态。少数轻型病牛仅表现精神沉郁，头低耳耷，对外界刺激的反应下降。据报道，神经症状的出现主要是由于异丙醇含量升高所致。

3. 亚临床酮病

高产奶牛易发本病。病牛不表现明显的临床症状，但是泌乳性能和繁殖性能会降低，酮尿阳性。泌乳量会减少 1%～9%。患病牛常发不孕，卵泡发育异常、发育延迟或子宫内膜炎等，导致首次授精受胎率降低，产犊间隔延长。

（六）诊断

临床型酮病产生于围产期，低血糖、高血酮并伴有食欲骤减，奶产量下降和神经症状等，不难做出诊断。亚临床酮病由于没有明显的临床症状，常不能引起临床兽医和生产者的注意，并且仅根据外部症状很难做出确切诊断。所以在高产奶牛群中发生严重。对亚临床酮病奶牛进行血清学检测，可发现有低血糖、酮体升高、游离脂肪酸浓度升高、奶产量下降、乳脂和乳蛋白含量升高、体重减轻，产后乳腺炎、子宫炎的发病率增高。本病在高产奶牛群中已普遍存在，因此，应特别注意产后 10～30 d 内的母牛，要仔细观察其食欲和乳产量等方面的变化。若要确切诊断仍需对血、乳和尿中酮体进行检测。在综合判定过程中，应考虑亚临床酮病的 3 个特征：①高产母牛产后 10～30 d 内多发，而 40 d 后少见；②饲养管理不当，日粮配合不平衡、特别是日粮能量不足使母牛处于能量负平衡；③血液酮体含量在 10～20 mg/dL。

酮病常见的诊断方法包括以下 3 种。

1. 血酮检测

对亚临床酮病奶牛进行血清学检测，血清中β-羟丁酸（BHBA）含量 1.4～3.0 mmol/L 为亚临床酮病，3.0 mmol/L 以上为临床性酮病。

2. 尿酮、乳酮检测

酮粉法检测尿和乳中的酮体。

（1）配制酮粉所需材料　硫酸铵 20 g、无水碳酸钠 10 g、亚硝基铁氰化钠

0.5 g(研磨混匀，于棕色瓶中贮存，不宜过细)。

(2)操作方法　在白色瓷片或纸版上放置少量已配好的酮粉 0.1 g，滴加新鲜乳汁或尿液 1～2 滴，观察颜色反应并进行判断。

(3)判定标准　酮粉法检测乙酰乙酸和丙酮，准确性低于血酮和尿酮试纸条，但如果在1 min 内迅速变为深紫色(＋＋＋变为＋＋＋＋)，其对应血浆 BHBA 检测值＞3.0 mmol/L，可判定为临床性酮病(表 4-1)。对疑似阳性牛使用手持式血酮检测仪检测血浆 BHBA。

表 4-1　酮粉法检测酮病的判定标准

反应现象	结果判断	报告方式
立即出现深紫色	强阳性	+ + + 变为 + + + +
立即呈现淡紫色后渐转为深紫色	阳性	+ +
逐渐呈现淡紫色	弱阳性	+
5 min 内无紫色出现	阴性	−

酮病主要注意要与前胃弛缓及生产瘫痪相区别，前胃弛缓没有神经症状、无酮味，尿、乳检查无大量酮体；生产瘫痪多发生于产后 1～3 d，体温下降，病初多呈现抑制状态，呼出气、乳及尿中无酮体，通过补钙治疗有效，而酮病通过补钙疗效不显著。

3. 青贮检测

一旦怀疑青贮有问题，应及时检测青贮中挥发性脂肪酸的含量，确定是否为青贮中丁酸含量超标引发的酮病。正常青贮中丁酸湿重含量为 0.01%，质量差的青贮中丁酸含量可达 2%以上。奶牛每天进食 50 g 丁酸即可影响干物质采食量，进而诱发酮病。

(七)治疗

酮病的治疗原则主要有 3 条：尽快恢复血糖水平；补充肝脏三羧酸循环中必需的草酰乙酸，使体脂动员产生的脂肪酸完全氧化，从而降低酮体的产生速度；增加日粮中的生糖先质，特别是丙酸。下面分析了 6 种不同的治疗措施。

1. 葡萄糖

早在 20 世纪 30 年代，人们就已经确定酮病奶牛存在低血糖。从那时起，葡萄糖一直被认为是酮病治疗的主要方法。这种治疗方法在生理学上似乎是合理的，因为奶牛泌乳的高葡萄糖需求引发了脂肪代谢和低血糖。但有人担心标准的 500 mL 50% 葡萄糖中的葡萄糖含量过高。注射 500 mL 50% 葡萄糖后可立即将血糖浓度升高至正常水平的 8 倍左右，并在给药后约 2 小时恢复至治疗前浓度。血糖浓度升高的同时，血液循环中胰岛素浓度会立即增加 5 倍并在 15 min 后增加 12 倍。在此期间奶牛未利用的葡萄糖通过肾脏排出，增加了电解质的排泄，会有增加电解质失衡的风险。同时葡萄糖的治疗引起的血液 BHBA 水平降低是短暂的(＜24 h)，必须重复或接受另一种治疗，以达到持久的效果。还有一些人担心高浓度的葡萄糖会导致胃肠功能障碍。有证据表明，高浓度葡萄糖会导致皱胃运动减少，并且临床上出现的真胃变位与高血糖相关。

为此，建议将葡萄糖的使用作为酮病病例的备选治疗方案。患有严重酮病并伴有低血糖的奶牛可以采取葡萄糖治疗。具有神经症状(例如异食、步态异常和具有攻击性)的酮病奶牛也应立即用葡萄糖治疗，以减轻低血糖和神经症状，然后再继续选取其他治疗方式，以获得更长期的疗效。

2. 糖皮质激素

糖皮质激素已被用于酮病治疗，因为它们能够因葡萄糖使用的变化而增加血糖浓度。类固醇还可以阻断胰岛素的作用，从而增加身体储备的脂肪和蛋白质分解代谢。注射地塞米松后约 48 小时，血浆中葡萄糖和胰岛素的浓度显著增加。也有研究表明，在分娩时常规使用皮质类固醇没有益处，并且还会损害奶牛的代谢。此外，在使用糖皮质激素类产品治疗酮病时，可能会削弱奶牛对疾病的防御能力。

由于皮质类固醇作为酮病治疗的证据是不确实的，而且含有胰岛素的类固醇会降低治愈率，不良副作用的风险增加，因此临床上不支持使用皮质类固醇治疗酮病。

3. 胰岛素

泌乳早期奶牛本身就具有胰岛素抵抗性。这一特征是协调机制的一部分，以促进奶牛在能量负平衡期间生产更多的牛奶。与健康奶牛相比，酮病奶牛胰岛素抵抗更显著。胰岛素能减少脂肪分解，增加脂肪合成，提高酮体作为能源的利用率。鉴于胰岛素在促进合成代谢方面发挥的作用，临床上常选用胰岛素治疗酮病。

由于使用胰岛素有发生低血糖的风险，胰岛素从未单独用于治疗酮病，而是作为辅助治疗方法。有研究评价了葡萄糖治疗酮病的过程中胰岛素的辅助作用。研究将尿酮浓度和临床体征相结合诊断酮病。所有酮病奶牛在诊断后每天一次性静脉输入 500 mL 50%葡萄糖，持续 5 d。在实验后的第 2～4 天，一半奶牛接受 200 IU 的胰岛素皮下注射 3 d。结果显示，胰岛素处理的奶牛在第 6 天具有显著降低的血液 BHBA 浓度和显著升高的血液葡萄糖和胰岛素浓度。然而，此项研究后续时间较短，且没有考虑奶产量和淘汰率等经济学指标。也有研究报道了胰岛素辅助治疗对酮病治愈率没有影响。

鉴于胰岛素辅助治疗酮病的效果没有得到证实，再加上大多数胰岛素制剂成本较高，制约了酮病治疗中胰岛素的大规模使用。但是对于那些难以治愈的疾病，特别是涉及肝脏脂质沉着症的病例可能有益处，但在这方面需要更多的研究。

4. 维生素 B_{12}/磷组合产品

氰钴胺是维生素 B_{12} 的一种形式，因其在糖异生中的作用而被用作酮病治疗的辅助疗法。据推测，维生素 B_{12} 的使用可能通过增加甲基丙二酰辅酶 A (CoA)变位酶的活性来增加糖异生作用，该酶是维生素 B_{12} 依赖性酶以及三羧酸(TCA)循环的重要组成部分。随着该酶活性的提高，可以更有效地产生能量，TCA 循环活性和糖异生能力也会提高。布他磷作为一种有机磷源，也因其在糖异生中的作用而被使用。在糖生成途径的许多阶段都需要磷，因为所有中间化合物必须被磷酸化才能继续循环。然而，尚不清楚这种形式的磷是否可用于动物。有研究使用布他磷和氰钴胺或安慰剂处理的奶牛 3 d，并同时给予丙二醇。结果显示布他磷和氰钴胺联合使用增加了酮病治愈的可能性，并增加了泌乳期前 30 天的产奶量。布他磷和氰钴胺组合产品可能在将来的酮症治疗中有应用前景。但目前还没有足够的证据表明该产品适合常规用于酮病治疗。

5. 丙二醇

丙二醇于 1954 年首次用于酮病的治疗。通常每天灌服 1 次。丙二醇进入瘤胃后直接被吸收或转化为丙酸。被吸收的丙二醇直接进入三羧酸循环以增加乙酰 CoA 的氧化并刺激糖异生。丙二醇转化生成的丙酸也可用于糖原生成并有助于刺激胰岛素释放。给药后 15 min 胰岛素显著增加，并且胰岛素浓度会保持 2 h 或更长时间。胰岛素的这种峰值有助于减少脂肪分解和肝脏酮体的产生。鉴于丙二醇灌服带来的体力劳动，许多生产者和兽医对丙二醇饲料添加剂产生兴趣。这种方式值得关注的是，由于全天供给瘤胃的丙二醇量相对较少而且稳定，所以没有产生胰岛素峰值。这种丙二醇的慢性提供也改变了瘤胃的环境，支持更多的丙酸生成。根据肝脏氧化理论，这种方式可能会降低采食量，增加脂肪动员并使酮病问题长期存在，尽管其临床意义尚未确定。

对酮病治疗的最佳设计和影响最大的试验之一是康奈尔大学的研究人员于 2010 年进行的。每逢周一、周三和周五使用手持式仪表（Precision Xtra）对所有泌乳天数为 3～16 的奶牛进行酮病检测。实验选取所有血液 BHBA 为 1.2～2.9 mmol/L 且未经过酮病治疗的奶牛。这些奶牛被随机分成两组，分别接受 300 mL(310 g)丙二醇或 300 mL 水处理，直至其血液 BHBA 水平低于 1.2 mmol/L 或高于 3.0 mmol/L 或泌乳达到 16 d。每周测量血液 BHBA 3 次直至泌乳 16 d，测量每日奶产量，淘汰情况和繁殖记录等。相对于对照组，用丙二醇处理的奶牛亚临床酮病治愈（血 BHBA ＜1.2 mmol/L）的可能性增加了 1.5 倍，而且血液 BHBA 高于 3.0 的比例仅为对照组的 1/2。在泌乳的前 30 天，治疗的动物发生真胃变位的可能性降低了 40%，死亡的可能性降低了 1/2。在前两个牛群中，在泌乳的前 30 天，处理过的奶牛的产奶量增加了 1.3 和 1.6 kg/d，而在第三个牛群中的产奶量没有差异。该研究清楚地显示了口服丙二醇在治疗亚临床酮病中的潜在益处。该研究的局限性是未处理血液 BHB 水平为 3.0 mmol/L 或更高的动物。可以预期，丙二醇在具有较高血液 BHB 水平的动物中是有效的，但较高的初始 BHB 水平可能降低治愈率和产奶反应。

鉴于丙二醇在治疗亚临床酮病中的有效性，每天用 300 克丙二醇治疗酮病奶牛应该是酮病治疗的基础。根据 McArt 研究的结果和丙二醇使用的其他研究，5 d 的治疗似乎就足够了，而不会产生过度的劳动力负担。在选择产品时，检查产品中丙二醇的浓度并确保以足够的体积处理动物以提供 300 g 丙二醇是至关重要的。应考虑使用丙二醇来治疗所有酮病动物，但需要更多的研究来确定 BHBA 高于 3.0 mmol/L 的动物的疗效。

6. 联合治疗

许多通过多种方式联合治疗酮病的研究已经展开。许多研究表明，用 1 种以上产品治疗的动物比仅用 1 次治疗治疗的动物有更好的结果。然而，其中许多研究使用的只是短期跟踪了结果，而这些研究并未统计重要经济效益的影响。

明尼苏达大学开展了一项联合治疗酮病的研究。在泌乳期的前 15 天每天收集所有奶牛的尿液并使用检测酮体，将具有低水平的或更高水平的酮病奶牛随机登记分配到治疗组或对照组。治疗组奶牛在登记当天给予 20 mg 地塞米松，500 mL 50% 葡萄糖，5 mg 维生素 B_{12}（全部静脉滴注）和 500 mL 丙二醇灌服，并连续给予 2 d。对照组奶牛未经处理。结果表明，联合治疗组奶牛产奶量显著降低，且在最初的 60 天泌乳期内显著增加了淘汰风险。虽然治疗后的奶牛没有体现出更好的效果，但与对照组相比，确实在治疗后第 1 周降低治疗动物的 BHBA 和 NEFA 值。这项研究提示我们重新考虑酮病的联合治疗方案。

（九）预防

酮病不仅是奶牛泌乳早期常见的一种代谢疾病，同时也属于一种管理性疾病，其预防应保证充足的能量供应，奶牛对葡萄糖的需求为：妊娠末期奶牛，日需 1 200～1 500 g；泌乳期奶牛，日需 3 000～4 000 g。疾病发生与否取决丁干奶后期和泌乳早期为追求高的奶产量而向高的营养日粮过渡时奶牛的饲养和管理。坚持合理饲养制度，随时调整日粮组成。

饲养原则是既不要过肥也不要过瘦，日粮中的蛋白含量要保持，每产 1 千克奶饲喂精料 1 kg，干草与谷类的比例要保持，高产奶牛的饲料中加丙酸钠 120 g/d，2 次/d，连用 10 d。

建立隐性酮病监测制度，在母牛妊娠 7～8 个月时，通过血糖测定检出血糖降低牛（早期隐性），用丙二醇合剂进行治疗。及时发现酮病患牛，高产牛于干奶前10天和产后45天期间，隔3～5天测乳酮和尿酮，凡检出可疑和阳性等，一律尽早治疗。

二、生产瘫痪

生产瘫痪也称产后瘫痪、乳热症、产后低血钙等，是奶牛最常发生的营养代谢疾病之一。直接发病原因是泌乳开始后，大量的血钙被转移到乳腺用于泌乳，此时若肠道吸收和骨骼动员的钙不能完全补充钙的流失，即会引起血钙降低，导致低血钙性瘫痪，假如不及时治疗，会导致奶牛死亡。高产奶牛生产瘫痪的发病率很高，在美国，每年大约8%的成年奶牛会患有生产瘫痪；在芬兰，有9%的发病率，而且发生率会随着群体的增大而增加。研究表明，患有生产瘫痪的奶牛整个泌乳期的产奶量会降低14%；除此之外，大量无明显临床症状的亚急性低血钙的发生对牛群健康和奶牛生产性能的影响也非常明显。研究还表明，每年2/3的经产奶牛会患有不同程度的亚急性低血钙，而且由此引起的经济损失远远大于治疗和处理这种低血钙的费用。因为这种低血钙会引起或继发其他代谢紊乱，如乳腺炎、酮病、难产、胎衣不下、子宫脱出、子宫炎和真胃变位等。这些继发的疾病可能由于低血钙引起的肌肉收缩障碍以及食欲下降。对病牛泌乳性能的跟踪研究表明，患有亚急性低血钙的奶牛其产奶量每年比血钙正常奶牛低约385 kg。如果我们能够完全预防产乳热和亚急性产乳热的发生，将会给奶牛业带来巨大的经济效益。

（一）临床低血钙（生产瘫痪）与亚临床低血钙

1.临床低血钙

临床低血钙是最常见的奶牛疾病之一。生产瘫痪的临床症状可分为3个阶段。第一阶段，奶牛没有趴卧的早期征兆。由于迹象微小且短暂，不容易引起注意。受影响的牛可能会出现兴奋，紧张或虚弱。有些牛可能会出现体重的频繁改变并且后蹄会出现异常。第二阶段，奶牛会出现胸卧位。它们的表现为中度至重度抑郁和部分瘫痪，并且通常将头部弯向侧腹（图4-5）。第三阶段，奶牛侧卧不起，完全瘫痪，通常发生典型的瘤胃臌气，严重的抑郁至昏迷状态。如果不及时治疗，会在几个小时内死亡。

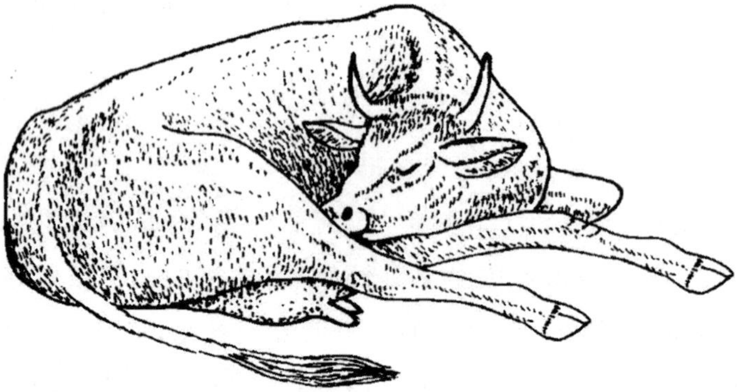

图 4-5　产后瘫痪的典型症状

2. 亚临床低血钙

亚临床低钙血症的血钙浓度比较低，但没有乳热症的临床症状。亚临床低血钙会影响大约 50%的饲喂典型产前日粮的二胎或者更高胎次的奶牛。如果日粮中补充阴离子以降低产乳热的风险，则患低钙血症奶牛的百分比会降低至 15%～25%。

奶牛不一定必须在出现趴卧时，才会受到低钙血症的负面影响。有或没有明显的临床症状，低钙血症与奶牛的各种继发问题都有关联。这是因为血钙对肌肉和神经功能至关重要，特别是支持骨骼肌运动和胃肠蠕动的功能（图 4-6）。这两个领域中的任何一个问题都可能引发一系列负面影响，最终减少干物质采食量，增加代谢疾病风险，降低产奶量。图 4-6 显示了低钙血症可能对奶牛健康和产奶产生负面影响的途径。

亚临床低血钙比临床产乳热更加“昂贵”，因为它影响了牛群中更高比例的奶牛。例如，如果一个 2 000 头的牛群，临床生产瘫痪发病率为 2%，每例生产瘫痪费用 300. 5 美元，临床病例对产奶量造成的损失约为每年 12 000 美元。如果同一群牛中二胎或者更高胎次的泌乳奶牛中每年发生亚临床低钙血症 30%（假设牛群中有 65%的经产牛），每个病例花费 125 美元（估计产奶量减少和由于酮病增加导致的直接成本），亚临床低血钙损失约为每年 48 750 美元。这大约是临床病例费用的 4 倍。

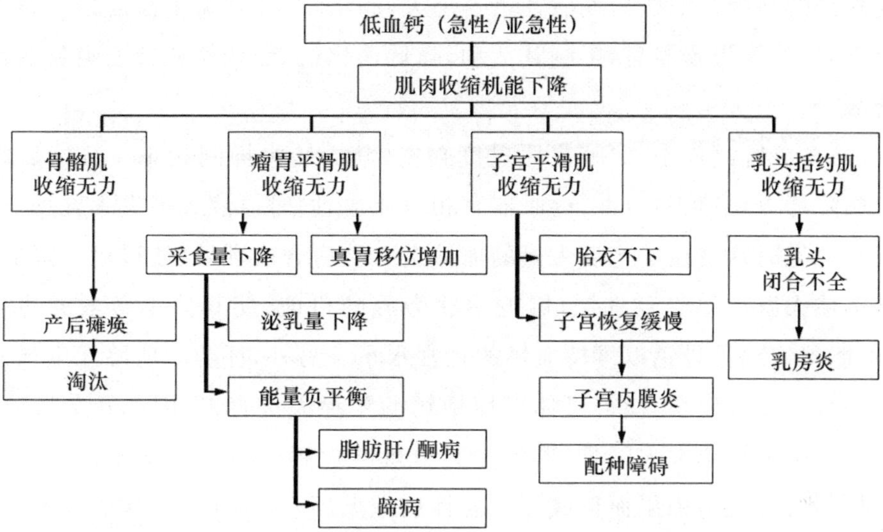

图 4-6　低钙血症对奶牛健康和生产性能的负面影响途径

(二)病因与发病机理

奶牛生产瘫痪与其体内钙的代谢密切相关,血钙下降为其主要原因。

所有母牛在分娩后血钙浓度都有不同程度的降低,但患病母牛降低更加显著。据有关资料报道,产后健康母牛的血钙浓度是 2.15～2.78 mmol/L,平均为 2.5 mmol/L,病牛则下降至 0.75～1.94 mmol/L,同时血磷和血镁含量也降低。目前认为引起血钙浓度降低的因素主要有以下几种,发生奶牛生产瘫痪可能是其中一种因素单独作用或几种因素共同作用的结果。

(1)分娩前后大量血钙进入初乳以及动用骨钙的能力降低是引起血钙降低的主要原因　试验证明,干奶期母牛甲状旁腺机能减退,使甲状旁腺激素分泌减少,因而动用骨钙的能力降低。怀孕后期饲料配合不当,特别是饲喂高钙饲料的母牛,血液中钙的浓度更高,刺激甲状腺的 C 细胞分泌的降钙素增多,同时抑制甲状旁腺激素的分泌,导致动用骨钙的能力降低。

因此,分娩后大量的血钙进入初乳中,体内钙丢失的速度超过了钙从小肠吸收和骨骼中钙的动员速度。血液中流失的钙不能得到及时补充,致使血钙浓度急剧下降而发病。另外,分娩前后从肠道吸收的钙量减少,也是引起血钙浓度降低的原因。妊娠后期胎儿迅速增大，胎水增多，妊娠子宫占据了腹腔大部分空间，挤压胃肠器官，影响其活动，降低消化机能，致使从肠道吸收的钙量显著减少。

(2)在分娩过程中，大脑皮质过度兴奋，其后转为抑制状态　分娩后腹内压突然降低，血液重新分配，内脏器官相对充血，同时血液大量进入乳房，引起脑组织的暂时性贫血。产后大量的血糖进入乳房合成乳糖，使得血糖降低，这些都可使大脑皮层受到抑制，影响甲状旁腺的机能，使其分泌激素的功能减退，不能很快动员骨钙以维持血钙的正常水平。另外，怀孕后期胎儿生长发育尤其是骨骼发育较快，使得母体骨骼中钙的贮存大量丧失，因此在分娩时，骨骼中可动员的钙也大大降低，不能补充分娩时血钙的丧失。低血钙和大脑皮质的抑制过程互为因果而形成一个恶性病理循环，从而促进本病的发生。

(3)也有人认为本病为一时性贫血所致的脑皮质缺氧、脑神经兴奋性降低的神经性疾病，而血钙降低则是脑缺氧的一种并发症　其根据是脑缺氧时先表现为短暂的兴奋(临床上多观察不到)和随后的功能丧失，这与本病的症状发展过程相似。有些病例补钙后，临床症状并不见好转，而乳房送风却有较好的效果。乳房送风使乳房内的大量血液重新进入血液循环，从而使血压上升，改善了脑的血液循环，缓解了脑贫血。但乳房送风的同时也可使血钙的浓度升高，两者是有关联的。

(4)本病很少发生于青年母牛，但随着年龄和胎次的增加，发病率亦呈现上升趋势　其主要原因是产乳量随着胎次的增加而提高，相反，骨骼中钙的动员却随之下降。分娩时雌激素分泌增加，可减少肠道对钙的吸收，抑制骨骼中钙的动员。

(5)饲料中蛋白质过多对本病的发生也有事实上的促进作用　蛋白质分解的氨基酸可产生氨，使得瘤胃内 pH 升高，瘤胃内环境发生改变。B 族维生素的合成及瘤胃的消化代谢功能紊乱，过多的氨吸收后可直接抑制大脑的功能，并影响血液的酸碱平衡。

(6)生产瘫痪的病牛常并发血镁含量降低，而镁在钙代谢途径的许多环节中具有调节作用　血镁含量降低时，机体从骨骼中动员钙的能力降低。因此，低血镁时，生产瘫痪的发病率高，特别是产前饲喂高钙饲料，以致分娩后血镁过低而妨碍机体从骨骼中动员钙，难以维持血钙水平，从而引起生产瘫痪。

总之，靠糖异生作用获得糖的奶牛在分娩前后需要大量的糖。糖的供给是脆弱的，尤其是高产奶牛，脑神经组织血液循环量不足或缺糖（或有其他疾病因素加剧这一过程），会造成脑神经组织供能不足，导致脑神经机能障碍，并降低神经体液的调节水平，引发产后瘫痪及产后瘫痪的低血糖和低血钙。

（三）钙的调控机制

1. 钙的来源与去路

含钙的食物进入动物机体后，主要由小肠吸收。奶牛身体内钙的代谢途径主要包括乳分泌、骨骼和肾脏。部分钙可经过泌乳，通过牛奶流失。钙离子在骨骼中的代谢包括骨吸收和骨形成两种过程。在骨吸收的过程中，钙离子从骨向细胞外液移动；在骨形成过程中，钙离子从细胞外液向骨移动。血液中的钙离子还可经肾排泄，以尿的形式排出体外，部分钙离子又经肾脏重吸收。此外钙离子还进出动脉等软组织。上述诸多器官组织和细胞调节了钙离子代谢。而血中钙离子浓度受各种激素调节并且被控制在一定水平上，这些激素主要有甲状旁腺素（PTH）、降钙素和1，25-二羟基维生素 D_3 等。

2. 血浆钙浓度的内分泌调节

日粮中钙的吸收、骨骼中沉积钙的动用和肾脏中的钙吸收主要是由1，25-二羟基维生素 D_3 和 PTH 两种激素调控。正常情况下，血钙浓度的维持非常精确。直到围产阶段，这种平衡状态被打破。分娩后泌乳对钙离子的需求突然增加。初产奶牛一次泌乳 10 kg 就会流失 23 g 钙。这个数字相当于 1 头成年牛血钙储量的 9 倍多。血钙储备的动用必须通过增加肠道的吸收和骨钙的动用来补充。在干奶阶段，奶牛对钙的需求非常小（胎儿的生长和内源钙的粪便损失每天 10～12 g），导致补充血钙的各种机制相对不活跃。因此产犊时，每头牛每天必须多提供 30 多克额外的钙来补充血钙。在分娩后的前几天，肠道和骨骼没有完全适应泌乳造成的突然钙需求量的急剧增加，几乎所有奶牛都会经历不同程度的低血钙。

在血钙浓度降低时，会反馈到甲状旁腺并刺激 PTH 的分泌。数分钟之内，PTH 迅速地增加肾小球钙离子的再吸收。如果血液钙浓度只是稍低，血钙浓度会很快恢复正常。PTH 的分泌也迅速降低到正常水平。如果细胞外或血浆钙浓度很低，未能及时恢复正常，PTH 的分泌会继续增加，从而刺激骨骼的钙被动用。

骨骼中少量的钙溶解在骨细胞周围和骨微管中的液体中，通过骨骼细胞中的合胞体与细胞外液隔离。1 头成年奶牛的溶解钙含量共 6～10 g。在 PTH 的刺激下，这部分溶解的钙可以迅速转移到细胞外。骨骼中绝大部分钙是以磷酸氢钙的形式牢牢地结合在骨骼胶原蛋白结构上。PTH 的持续分泌导致成骨细胞释放破骨细胞激活因子和前列腺素，刺激已存在的破骨细胞的活性并产生新的破骨细胞，使沉积在骨骼的钙被重新吸收利用。另外，PTH 也会促使肾脏将维生素 D 转化成 1,25-二羟基维生素 D_3。1,25-二羟基维生素 D_3 和 PTH 协同刺激破骨细胞的活性，提高骨骼钙动用并稍微增加肾小管对钙的再吸收。1,25-二羟基维生素 D_3 还可以刺激钙离子跨越肠黏膜的主动转移，促进日粮中的钙的吸收。

（四）流行病学

1. 年龄与季节

1～2 胎牛发病率低，3～6 胎发病率较高，随年龄增长而发病率增高，一年四季都有散发。

2. 奶产量

患病奶牛的奶产量与发病直接相关，越是高产牛，发病越多。

3. 发病时间

本病绝大多数发生于产后 3 天内。据统计，产后 1 天发病占 83%，产后 2 天发病占 3.2%，产后 3 天发病占 2.6%。偶然可见临产前 1～2 天发病的产前瘫痪；也有于分娩后 3～6 个月发生的非生产性瘫痪。

4. 犊牛及其他因素

本病的发生与犊牛的性别、体重、死胎等因素关系不大。上胎泌乳期低钙血症可致下胎泌乳期产乳热增多；胎衣不下、子宫炎、酮病等疾病易促进本病发生。

5.干奶期营养

干奶期营养状况与本病的发生有关。①干奶期精料喂量过多，特别是日粮中的蛋白质水平过高，使本病更为易感；②产前饲喂高钙日粮、饲喂高阳离子钠离子、钾离子和低阴离子氯离子、硫离子日粮，都易促使发病。

6.复发力和遗传力

本病是一个能重复发病和遗传性疾病。发生过生产瘫痪的牛比未发生过的牛易感性高 2～5 倍，遗传力显著性估计为 0.04～0.2。不同品种对本病的易感性具有明显的差异。娟姗牛最易感，发病率为 29.2%，瑞士褐牛为 15.3%，短角牛为 13.3%，更赛牛为 8.6%，荷兰牛易感性最低，发病率为 5.6%。临床发现，发生过产后瘫痪的牛，下胎产犊后，有重复发病的趋势。

(五)生产瘫痪的诊断

1. 诊断要点

①发病多为 3～6 胎的高产母牛。

②产犊后不久发病，常在产后 1～3 天内瘫痪。

③体温低于正常值 38 ℃以下。心跳加快至 100 次/min。

④卧地后知觉消失、昏睡、便秘。

⑤发生低钙血症(一般在 2.0 mmol/L 以下，多数为 0.40～1.25 mmol/L)。

2.鉴别诊断

由于产后母牛卧地不起的原因很多，在诊断时应仔细检查，并与以下疾病进行严格比较，以使诊断准确。

(1)产后截瘫　由于生产过程中腰臀部神经、关节、骨骼、韧带等受到机械性损伤而造成的后肢不能站立，奶牛瘫痪卧倒，只有后肢症状，不出现神经症状、意识障碍和血清钙浓度降低等(表 4-2)。

(2)低镁血症　又称“青草搐搦”，发病不受年龄、品种限制，病初表现持续感觉过敏、轻度至中度抽搐。兴奋\肌原纤维性眼睑抽搐和强直性惊厥，由声音或触摸容易判定。可能出现牙关紧闭，心跳和呼吸频率加快，心音高亢，血镁(1.2 mg/100 mL)比产后瘫痪牛(3 mg/100 mL 以上)降低。对钙的反应极慢。

表 4-2　奶牛产后瘫痪与产后截瘫的鉴别诊断

区别	产后瘫痪	产后截瘫
胎次因素	头胎牛发病率极低、经产牛发病率高	头胎牛发病率高、经产牛发病率低
食欲	食欲明显下降或食欲废绝	食欲正常
排粪排尿	排粪、排尿减少或不排	排粪、排尿正常
咽、肠功能	伴有咽、舌及肠道麻痹	正常
精神状态	高度沉郁或昏睡	正常
体温	偏低或正常	正常
神志知觉	知觉障碍，反射迟钝或消失	神志清楚
后躯反射	减弱或消失	正常
运动功能	四肢瘫痪、静卧、不爬行、无站立欲望	后躯瘫痪、可爬行、有站立欲望
卧势	呈犬卧姿势或头颈"S"状弯曲姿势	挣扎站立时呈半蹲姿势
糖钙疗效	静脉输钙治疗有效或效果好	静脉输钙治疗无效或效果差

(3)产后毒血症　多因产后大肠埃希菌所致的乳腺炎、创伤性网胃炎、子宫破裂等所致的急性弥漫性腹膜炎和急性败血性子宫炎所致。病牛心率极快、呻吟；乳汁、乳房及产道可检查出病变；钙剂治疗常引起死亡。

(4)热射病　夏季，产后母牛暴露于阳光下或潮湿炎热环境中，因过热而卧地不起。病牛体温过高，高达 42 ℃以上，可视黏膜发绀，全身脱水严重。

(5)瘤胃酸中毒　过食谷类饲料以后，母牛产后也会出现低血钙，因乳酸蓄积中毒，也会瘫痪、休克。但病牛脱水严重，腹泻，排出黄绿色或褐色的稀粪，血糖降至 25 mg/100 mL 以下，二氧化碳结合力明显下降，使用钙剂可加速病情恶化。

(六)病程及预后

生产瘫痪病程发展较快，治疗及时与否、药物用量大小、机体本身所处的状况等，都直接影响到本病的病程长短和预后是否良好。

典型的生产瘫痪，病程进展很快，如不及时治疗，50%～60%的病牛可在 12～48 h 死亡。在分娩过程中或产后不久(6～8 h)发病的母牛，病程进展更快，病情也较严重，个别牛可在发病后数小时内死亡。若伴发或并发其他疾病，病程取决于损伤的部位、性质、程度和护理情况。护理得当，约有半数病牛在 4 d 内站起,7 d 后仍不能站立的,预后多不良。

据临床观察,治疗越早,预后越好,治愈率达 99%～100%。瘫痪而有食欲者,预后良好。瘫而不食者,且伴发褥疮、体温升高,预后不良。瘫而站立者,仍有再次复发现象,治疗会更困难。故对瘫痪而又站立的奶牛,要观察食欲和泌乳变化。当食欲完全恢复,奶产量持续增长,为痊愈标志,不能一见站立就停止治疗。当病牛发生腕、髋关节损伤及创伤性网胃炎者,治疗困难,多预后不良。

(七)治疗

1.补钙疗法

治疗低血钙最常规的方法是静脉或皮下补钙,以达到迅速恢复血钙浓度的目的。应将躺卧在平滑地面上的奶牛转移到一个容易站立的地方,防止患有低钙血症的奶牛在光滑地面挣扎着站立时,出现劳累性肌病和其他肌肉骨骼损伤。

常用的补钙药物有 5%氯化钙、20%硼葡萄糖酸钙等。可以根据其临床表现推算用药量,尽可能做到精确治疗。血清钙浓度为 1.7 mmol/L 左右时,多数奶牛能够站立,但有轻微的瘤胃臌气和食欲减退;浓度为 1.2 mmol/L 时,大多数奶牛不能站立;浓度低于 1 mmol/L 时,大多数奶牛昏迷。可以按照每 100 千克体重 2 g 钙简单估算补钙总量。

静脉补钙时应注意输液速度,一般以每分钟 1 g 钙为宜,避免对心脏的刺激。大多数患有产后瘫痪的病例,只需简单治疗。如果复发,除了补充钙以外,还应该考虑补充镁。

口服补钙一般只用于预防亚临床低血钙或产后瘫痪病例输液后防止复发,而不直接用于产后瘫痪的首次治疗。对于产后瘫痪的奶牛,如输液治疗后能够站立,可在 2～4 h 后经口补钙 50～125 g,达到预防复发的目的。

2.乳房送风

用乳房送风器给乳房打入空气以刺激乳腺的神经末梢,增加乳房内压力,以减少乳房血量,增加循环血量,使血压升高并抑制泌乳,从而使血钙、血磷不再减少。其方法是:先挤净奶,并消毒乳头及乳头管,然后插入消毒好的乳房送风器导管向乳头管内打气。先打下部乳区，后打上部乳区，打到乳房鼓满为止。拔出乳房送风导管，用纱布条扎住乳头。打气量一定要适宜，量少不起作用，过量可造成乳腺泡破裂。

（八）常见治疗措施分析

1.口服钙制剂治疗法

口服钙制剂中钙的来源及其物理性状极大地影响钙的吸收和血钙反应。氯化钙具有最强的支持血钙能力。氯化钙具有很高的钙生物利用度，而且能够酸化奶牛血液，促使奶牛动员更多的体钙。以小剂量口服方式提供氯化钙（如 50 g 元素钙）可产生最佳的吸收效果。氯化钙对上呼吸道组织具有腐蚀性，当灌服浓度较低的氯化钙时，会增加吸入而损伤呼吸道组织的风险。丙酸钙的吸收速度较慢，必须使用较高剂量时（通常为 75～125 g）才能起到应有的效果。碳酸钙作为口服钙补充剂时，生物利用度较低，且有引起血液碱性反应的可能性，进而削弱奶牛自身动员来自骨骼的钙的能力。因此，碳酸钙可以用作奶牛钙的饲料来源，以满足长期的钙需求，不能作为快速治疗应用的口服钙制剂。在用脂质包裹的丸剂（博威钙）投喂后，能够给奶牛提供氯化钙和硫酸钙的组合会使奶牛的血钙浓度持续改善。

2.皮下补钙治疗法

皮下补钙可用于支持分娩前后的血钙浓度，但具有很大的局限性。通过皮下给药方式吸收钙需要充分的外周灌注。对于严重低血钙或脱水的奶牛，它可能是无效的。皮下补钙注射有刺激性，可能导致组织坏死；给药应限制在每个部位不超过 75 mL 的 23%葡萄糖酸钙溶液（约 1.5 g 元素钙）。不应皮下注射含有葡萄糖的钙溶液，因为通过这种途径给予葡萄糖时吸收很差。

当皮下给予葡萄糖时，可能导致脓肿和组织脱落。皮下补钙的动力学研究结果表明，它最初被很好地吸收，但血液浓度会在 6 h 之内回落的基线值。因此，必须要重复给药，以取得和口服钙丸同样的维持血钙浓度的效果。

3.亚临床低血钙和临床产乳热的治疗

口服钙制剂仍然是能够站立的低血钙奶牛的最佳治疗方法，例如第一阶段低血钙的奶牛或未检测到的亚临床低血钙。奶牛在补充后约 30 min 内将有效量的钙吸收到血液中。对于大多数形式的口服钙补充剂，血钙浓度仅仅能够维持 4～6 h。静脉注射补钙不建议用于治疗仍然站立的奶牛。静脉补钙治疗能迅速将血钙浓度提高到极度，血液中钙浓度过高可能导致致命的心脏并发症，更重要的是有可能关闭了奶牛在这个关键时刻调动钙所需的能力。静脉补钙治疗的奶牛经常在 12～18 h 后出现低血钙复发。

第二阶段和第三阶段的生产瘫痪应立即缓慢静脉输注 500 mL 的 23% 葡萄糖酸钙溶液。用以提供 10.8 g 钙，这足以纠正奶牛的细胞外钙缺乏（4～6 g）。静脉治疗中给予较大剂量的钙是没有益处的。对于趴卧奶牛，为了防止引起严重的肌肉骨骼损伤，应尽快给予静脉注射钙治疗。为了降低复发风险，对静脉补钙反应良好的趴卧奶牛，一旦精神恢复并且能够吞咽就需要额外的口服补钙，然后在约 12 h 后再进行第二次口服补充。

低钙血症发生在奶牛采食或肠道蠕动减少的时期。可能很难分辨出首先是低钙血症还是肠胃蠕动迟缓。无论如何，这两个问题是相互促进的。在低钙血症的实验诱导期间，研究人员指出，在生产瘫痪的临床症状出现之前，瘤胃蠕动已经停止。不采食的奶牛，特别是在泌乳早期，可能更加需要快速口服补钙。

即使牛群已经在产前使用了酸化日粮且取得了不错的效果，而且生产瘫痪发病率较低，口服钙补充剂还是有益的。生产者应先给所有具有低钙血症临床症状的常规奶牛口服钙，并在成功进行静脉治疗后给予所有的趴卧奶牛口服钙。对于低钙血症发病率高的牛群，用口服钙对所有新产奶牛进行战略性补充也具有良好的经济效益。与先前泌乳期产奶量和跛行状态相同的对照奶牛相比，口服钙的奶牛在产犊后的第 1 个月测试中每天多产生 3.1 kg 的牛奶。

4. 口服钙补充剂的补充时间

产后应该至少两次口服补钙，即产犊后立即口服补钙和产后第 2 天口服补钙。血钙浓度预期的最低点出现在产犊后 12～24 小时。在大约产犊时给予单剂量的口服钙补充剂，当血钙浓度自然最低时，奶牛就无法维持正常血钙浓度。口服钙补充剂的理想方案是分别在产犊前约 12 小时、产犊时、产后

12 小时、产后 24 小时各补钙 1 次。但很难预测到奶牛距离预期产前 12 小时，许多奶牛在没有接受此剂量的情况下产犊。

三、奶牛妊娠毒血症

奶牛妊娠毒血症也称为母牛肥胖综合征、牛的脂肪肝和肥胖牛的酮病。是由于干奶期或怀孕期间母牛日粮能量水平过高，如饲料中谷物或青贮玉米过多，牛体过度肥胖而引起的消化、代谢、生殖等机能失调的综合表现，该病具有发病急、病程短、后期治疗效果差、死亡率高等特点。目前，此病已成为奶牛场面对的一个重要代谢病，在某些牛群中发病率高 50%，死亡率高达 25%，群发性的奶牛妊娠毒血症可给牛场造成重大经济损失。

(一)病因

该病的发病原因还不是很清楚，一般认为与下列因素有关。

①干奶期母牛或妊娠后期 3 个月日粮中精料比例过高，或精料中能量、蛋白质过量或实际采食量超过营养标准是导致奶牛妊娠毒血症的主要原因。研究表明，如果干奶期日粮中含 15%的粗蛋白质，代谢病发生占 69. 4%，其中有 31%病牛属卧地不起母牛；如果干奶期日粮中粗蛋白质占 8%，代谢病发生仅为 7%，无卧地不起母牛。

②日粮中某些特定蛋白质缺乏，导致载脂蛋白生成量减少，影响肝脏中脂肪的转移，从而导致本病发生。

③分群不科学，干奶牛、青年牛与泌乳牛混群饲养易导致本病发生。

④精饲料配合不科学，精饲料中豆粕、棉籽等蛋白质类饲料成分添加过多，可导致本病发生。

⑤粗饲料质量低劣，导致奶牛采食精料相对过多，也可导致本病发生。

⑥过瘤胃脂肪等高能量添加剂超量添加，可导致本病发生。

⑦糟粕料添加过量(例如：啤酒糟)等可导致本病发生。

本病的发生还与牛的品种有关，中国黑白花奶牛的发病率为 45%～50%，其中 40%呈中度或重度脂肪肝。奶牛在分娩后的产奶高峰期发病，有些牛群发病率可高达 25%，死亡率高达 80%。创伤性网胃炎、真胃变位、骨软病、生产瘫痪及某些慢性传染病等疾病发生时，可继发脂肪肝，进而诱发本病。

(二)流行特点

奶牛妊娠毒血症常在某地区、某些牛场内发生，流行呈地区性，病牛单个出现、散发。偶见于在一段时间内，产后母牛有相继发病的现象。

(1)发病与胎次、月份无明显关系　各胎都有发生，一年四季均可发病。青年牛、胎次低的牛发病较多，其中1～6胎占78.9%，6～10胎占21%。

(2)发病时间　发病多在分娩后开始，产后1～7天发病的占82%，产后7天发病的占18%。而产后2天发病的最多，占16%。

(3)发病与产奶量关系　产奶量越高，发病越多。据统计，产奶量在5 000 kg及以下的牛无本病发生；产奶量5 000～6 000 kg的牛发病率占29%；产奶量6 000～7 000 kg的牛占26%；产奶量7 000 kg以上的牛占45%。

(4)发病与精料喂量　母牛在干奶期精料喂量越高，发病越多。

(5)发病与牛品种有关　娟姗牛发病率最高，达60%～66%，其中87.5%的病牛呈中度或重度脂肪肝。中国荷斯坦牛发病率为45%～50%，其中40.0%呈中度或重度脂肪肝。更赛牛发病率达33.0%。役用黄牛发病率仅6.6%。

(三)发病机理

研究表明，奶牛体能的贮存在泌乳期为59%，在干奶期为85%，干奶期能量贮存的增加就会造成奶牛肥胖，导致体内贮存大量脂肪。

肥胖可使奶牛分娩前后食欲大为降低，采食量下降，导致生糖的原生质缺乏，从而引起正常的糖异生受阻，血糖下降。

一头牛每天约需7.4 kg的葡萄糖，由于血糖下降，体内脂肪分解加强，脂肪分解过程中会释放出大量的脂肪酸进入血液，并随血液进入肝脏，在肝脏内由于缺乏合成脂蛋白必需的磷脂，致使甘油三酯在肝脏中大量蓄积，使肝细胞发生严重的脂肪变性(脂肪肝)。

在体脂肪分解过程中，会产生大量的中间代谢产物，这些产物包括丙酸酮、乙酰乙酸、β-羟丁酸等物质。另外，肝脏细胞发生严重的脂肪变性后，肝脏的解毒、分泌等功能也会随之发生障碍，从而造成大量对机体有毒害作用的中间代谢产物(如酮体等)在血液中蓄积，最终引起全身性中毒。

脂肪动员过程中形成大量的脂肪酸浸润于肌细胞间隙和子宫肌层，可引起骨骼肌和平滑肌运动障碍，诱发母牛卧地不起、真胃变位、胎盘滞留、子宫炎等综合征；血中脂肪酸含量增多，促使钙离子向脂肪细胞转移，再加上脂肪酸与镁离子可形成整合物，不仅可诱发低镁血症的出现，还能影响钙的动员，致使低钙血症发生；由于脂肪肝影响雌激素和孕酮的代谢，临床上表现出不孕症、产犊间隙延长等繁殖障碍。

当该病发展到后期出现临床症状时，许多器官的细胞发生了变性，因此药物治疗很难见效，这也是本病死亡率高的原因。严格地讲，奶牛妊娠毒血症并不是一个简单的酮病、肥胖或脂肪肝，而是一种复杂的、严重的代谢障碍性疾病。

(四)临床症状

1. 最急性型

最急性病例大多发生于分娩后，也可以发生于临分娩前 2 周，常常突然死亡，来不及治疗。当青年牛在怀孕后期出现这种突然死亡病例时，应该联想到奶牛妊娠毒血症，并针对妊娠毒血症进行相应的监测、诊断，不能将诊断只局限在传染病方面，由于饲养不当是导致本病发生的重要原因，所以，在饲养不当的奶牛场此病的发生会表现出一定的群发性。

2. 急性型

随母牛分娩而表现出症状，患牛精神沉郁，食欲废绝，瘤胃蠕动微弱，少奶或无奶，可视黏膜发绀、黄染。体温初期升高(39.5～40 ℃以上)，目光呆滞，对外反应微弱。伴腹泻者，排黄褐色、具恶腥臭稀粪。对药物无反应，于 2～3 d 死亡，或因后期卧地不起而被淘汰。

3. 亚急性

多于分娩 3 d 后发病，患牛主要呈现出产后酮病。表现为食欲降低或废绝，奶产量减少，粪便量少且干，尿液偏酸，pH 6.0，具酮味。酮体检验呈阳性。病程延绵，呈渐进性消瘦。有的病牛常伴发乳腺炎、胎衣不下。有乳腺炎时，见乳房肿胀，乳汁呈脓性或极度稀薄，呈黄水样，乳汁酮体检验呈阳性。产道内蓄积多量褐色具腥臭味液体。药物治疗无效，后期卧地不起，呻吟，磨牙，衰竭死亡。

（五）诊断

本病的发生有其自身特点，均发生于肥胖母牛。当奶牛于产犊后突然停食，躺卧时，应疑为本病。诊断中应与真胃左方变位、酮病、胎衣滞留和生产瘫痪相区别：真胃变位时，于肋弓下叩诊，在相应的同侧肷部可听到金属音，在左侧髋关节水平线的倒数第1～3肋间进行叩诊并结合听诊可听到明显的钢管音。生产瘫痪常在分娩后立即发生，但用钙剂、促肾上腺素及乳房送风治疗的效果明显。

本病与卧倒不起综合征易混淆，这两种综合征均表现出食欲废绝、明显的酮尿，从临床症状上很难区别。但从病史上看，肥胖母牛综合征是以妊娠期饲喂大量谷物，过度肥胖为主；卧倒不起综合征牛多不表现过度肥胖。本病与分娩综合征十分相似，除以上病理特征外，还包括胎衣滞留、子宫内膜炎、卵巢功能不全、低钙血症、低镁血症、酮体增多性低血糖症和乳腺炎等症状。

尤其是高产乳牛奶产量下降，尽管疾病呈慢性经过，但用通常治疗方法疗效甚差。本病在产前发生时应与真胃积食、迷走神经性消化不良及慢性腹膜炎等相鉴别。

（六）治疗

本病死亡率高，目前仍无特效治疗方法，应以预防为主，预防原则是保持妊娠期间良好体况，防止过度肥胖，及时治疗产前、产后的其他常发病。具体做法，建议对妊娠后期母牛分群饲养，并密切观察牛体重的变化；经常检测血液中葡萄糖及酮体含量，对血酮升高，血液葡萄糖浓度下降的病牛，除应做酮病治疗外，还应千方百计地使动物恢复食欲，防止体脂过度动用。

对本病的治疗应慎重，若完全丧失食欲者，常导致死亡。对尚能维持一定食欲者，应采取综合治疗措施。即反复静脉滴注葡萄糖、钙制剂、镁制剂。用ACTH、糖皮质激素、维生素 B_{12} 治疗，并配合钴盐，后期体况好转后，注射丙酸睾丸酮以促进同化作用，这些措施对病况虽有改善，但效果并不满意。灌服健康牛瘤胃液 5～10 L，或喂牛反刍食团，喂给丙二酸促进生糖作用。后期用胰岛素(鱼精蛋白锌)200～300 IU 皮下注射，1 天 2 次，可促进糖向外周组织转移。多给优质干草和多饮用水的同时，给予含钴盐砖；用氯化胆碱，每 4 小时 1 次，每次 24 g，口服或皮下注射；硒—维生素 E 制剂口服等，均有一定治疗作用，但效果均不令人满意。以下是制剂的具体用法。

1.提高血糖浓度，补充糖原

①50%葡萄糖液 500～1 000 mL，静脉注射。

②50%右旋糖酐，第 1 次量为 1 500 mL，后改为 500 mL，每日 2～3 次，静脉注射。

③木糖醇 500～1 000 mL，1 次静脉注射，每日 2 次，有升糖和降酮作用。

④丙酸钠 114～228 g 或丙二醇 117～342 g，每日 2 次内服，服药前，可静脉注射 50%右旋糖酐，其效果更好。

2. 促脂肪氧化，用解脂制剂

①50%氯化胆碱粉 50～60 g，1 次内服。也可用 10%氯化胆碱溶液 250 mL，1 次皮下注射。可促进脂肪酸氧化和脂蛋白的合成，有显著的解脂作用。

②泛酸钙 200～300 mg，配成 10%溶液，1 次静脉注射，连续注射 3 d。

③复合维生素 B 液 200～250 mL，1 次灌服，每日 2 次。能增进食欲，改善瘤胃功能。

④烟酸 12～15 g 1 次内服，连服 3～5 d，灌服后能抗脂肪分解和抗酮体的生成。

3.对症治疗

为防止继发感染，可使用抗生素如四环素、金霉素，静脉注射；为防止氮血症，可用 5%碳酸氢钠液 500～1 000 mL，1 次静脉注射；对黄疸病牛，用硫酸镁 300～500 g，加水灌服，连用 3 d。

四、瘤胃酸中毒

瘤胃酸中毒是由于奶牛采食了过多容易发酵、富含碳水化合物的饲料，在瘤胃内发酵产生大量乳酸而引起的以前胃机能障碍、瘤胃微生物群落活性降低为特征的一种疾病，临床上以严重的毒血症，脱水，瘤胃蠕动停止，精神沉郁，食欲下降，瘤胃 pH 下降，血浆二氧化碳结合力降低，虚弱，卧地不起，神志昏迷和高死亡率等为特征。

瘤胃酸中毒是现代集约化奶牛生产中一种常见的营养代谢病。随着畜牧业逐步向集约化和高效化发展，在现代奶牛生产过程中，为了提高生产效率而大量饲喂以谷物淀粉为主要能量饲料的高精料饲粮，在生产水平提高的同时，导致以瘤胃酸中毒为主的代谢性疾病的发病率提高，这已经成为现代奶牛生产中的突出问题。即使在欧美发达国家，瘤胃酸中毒也已成为奶牛场关注的主要问题，北美地区每年奶牛产业因瘤胃酸中毒损失 5 亿～10 亿美元。

由于我国的优质粗饲料资源较北美和欧洲缺乏，粗饲料质量普遍较差，除了规模较大的奶牛场从国外进口苜蓿等优质粗饲料饲喂奶牛外，大部分地区奶牛场仍以农作物秸秆作为饲养牛的主要粗饲料来源。生产者为追求较高生产性能，不得不大量使用富含淀粉的谷物精料来满足动物的营养需要，动物对优质纤维的采食量不足，结果使高产奶牛发生瘤胃酸中毒的情况普遍存在，该疾病的发病率呈逐年上升的趋势。瘤胃酸中毒的发生不仅会影响奶牛采食量和产奶量，而且会导致瘤胃微生物区系平衡遭到破坏而使瘤胃对饲料的消化和代谢能力下降，并伴随有腹泻、消化道上皮损伤和炎症、蹄病、肝脏脓肿和乳脂下降综合征等病征，给养殖业带来很大损失，已经成为制约我国奶牛生产的重要因素之一。

（一）瘤胃酸中毒的分类

瘤胃酸中毒一般分为瘤胃急性酸中毒和瘤胃亚急性酸中毒（sub-acute ruminal acidosis，SARA，也称慢性酸中毒或亚临床酸中毒）。瘤胃内 pH 在 5.2～5.6 发生 SARA；pH 低于 5.0 即发生瘤胃急性酸中毒。发生瘤胃急性酸中毒的奶牛会表现出较明显的临床症状，易于发现并及时防治。与瘤胃急性酸中毒相比，SARA 一般没有明显的临床症状，目前没有适宜的诊断手段，因而更具有隐蔽性和隐患性。

(二)病因

1. 日粮中精饲料喂量过高

本病主要的发病原因是饲喂过量的富含碳水化合物的饲料，如玉米、高粱、大麦、燕麦、小麦和各种块根饲料，如甜菜、马铃薯、萝卜以及糟粕类饲料，如啤酒渣、糖糟、豆腐渣等是发病的主要原因。造成精料饲喂过量，饲养不当的原因有以下 7 点。

①为了促使下胎泌乳增加，干奶期时精料喂量增大，以促使母牛肥胖，单纯认为肥胖就能高产。

②产房期间，精料的添加量由饲养员自己掌握，喂量多少没有明确规定。

③临产前加料催乳房发育，生牛后为了增加乳产量，增加精料。

④冬天加料增膘，春天加料换毛。

⑤为能使奶产量增加，过分增加精料、块根类及糟粕类饲料的喂量。

⑥谷类饲料粉碎过细，牛短时间内采食大量粉碎谷物，在瘤胃内可产生大量乳酸。

⑦突然变更饲料，特别是日粮中突然由适口性差改变为适口性好的饲料，如增加精料、块根类和糖糟等，致使采食过量。

2. 促使发病的因素

临产与产后母牛机体抵抗力降低，消化机能减弱。在分娩、气候条件突然变化等应激因素的作用下，均可影响瘤胃内环境的改变，成为发病的诱因。

(三)瘤胃酸中毒的发生机制

虽然国外学者自 20 世纪 50 年代初就开始研究本病的发病机理，但是迄今尚未完全定论。目前，对本病的发生有 3 种观点，即有机酸中毒、乳酸中毒和内毒素中毒学说。富含碳水化合物的精料发酵产生大量挥发性脂肪酸和乳酸，使瘤胃 pH 下降，引起了瘤胃内细菌区系的改变，挥发性脂肪酸增加，B 族维生素的合成减少，产生内毒素。内毒素的吸收，作用于组织器官，引起了组织的损伤，加剧了酸消化不良症候群的病理过程。

1. 有机酸中毒学说

该学说指出，瘤胃酸中毒是由于动物采食的大量可溶性碳水化合物在瘤胃内代谢所产生的挥发性脂肪酸浓度增加，导致瘤胃液 pH 大幅度下降所致，而不是瘤胃液中乳酸大量集聚的结果。多数学者发现，患有 SARA 的奶牛瘤胃乳酸浓度较低（＜5 mmol/L），瘤胃液 pH 的下降主要是由 VFA 浓度的增加引起的，而乳酸并不是瘤胃液 pH 下降的主要因素。当瘤胃液 pH 高于 5.5 时，乳酸积累较少甚至没有。国际上普遍认为：当瘤胃液 pH 降低到 5.2～5.6，并至少每天维持 3 h 以上时，或者 pH 低于 5.8 即发生 SARA。鉴于瘤胃液 pH 会受到采样方法、采样时间和采样部位的影响而有较大变化，瘤胃液 PH 不是 SARA 的唯一可靠指标。

2. 乳酸中毒学说

该学说认为，瘤胃内微生物紊乱，特别是乳酸生成菌与乳酸利用菌之间的菌群失调，导致瘤胃内乳酸积累，是诱发瘤胃酸中毒的直接原因。乳酸生成菌主要包括牛链球菌、乳酸杆菌等；乳酸利用菌主要有埃氏巨型球菌（*Megasphaera elsdenii*）、反刍兽新月单胞菌（*Selenomonus ruminantium*）等。两者之间的平衡状态决定了瘤胃中乳酸的积累程度。当奶牛摄入大量可溶性碳水化合物后，几乎所有瘤胃微生物均加速生长。牛链球菌在不同的 pH 条件下所代谢的产物不同，当 pH 低于 5.7 时，以乳酸为代谢终产物；当 pH 高于 6.0 时，其快速繁殖的代谢产物是乳酸，而缓慢生长则以乙酸、甲酸和乙醇为代谢产物；因乳酸的电离常数远低于 VFA，所以瘤胃中乳酸对 pH 的贡献大于 VFA。大部分乳酸可被乳酸利用菌代谢转化为 VFA。然而，当瘤胃液 pH 低于 5.0 时，乳酸利用菌受到抑制，造成乳酸积累。

由于瘤胃中超过 70%的乳酸可被埃氏巨型球菌代谢为挥发性脂肪酸，可以通过提高瘤胃内乳酸利用的方式来调控瘤胃酸中毒，例如添加硫胺素可促进埃氏巨型球菌的增殖，降低乳酸浓度，提高瘤胃 pH；添加益生菌、酵母提取物等可提高乳酸利用菌活力及增殖速率，加速对乳酸的分解利用；瘤胃内接种埃氏巨型球菌可有效缓解瘤胃酸中毒。

另外，生长环境 pH、培养基底物类型、乳酸的浓度和构型等都对乳酸的利用机制有显著的影响。当 pH 下降到 5.5 左右，大部分微生物的生长受到抑制，而能耐受较低 pH 的牛链球菌成为优势菌群，并以乳酸为主要的代谢终产物，而此时多数乳酸分解菌活性受到抑制，仅有埃氏巨型球菌能较好地利用乳酸。可见，瘤胃 pH 可能是影响瘤胃中乳酸分解菌活动最重要的因素。

3. 内毒素中毒学说

该学说认为，大量可发酵碳水化合物进入瘤胃引起瘤胃内微生物区系发生改变，pH 急剧下降，导致纤维素分解菌数量下降，革兰氏阴性菌大量死亡崩解，释放出大量内毒素和组胺并被吸收入血，肝脏和外周血液中的内毒素水平升高，形成内毒素血症型酸中毒。当发生酸中毒时，瘤胃内的细菌内毒素水平远高于正常时的水平；胃壁黏膜发炎、损伤，肝脏受损，网状内皮系统对内毒素的解毒能力受到破坏，致使内毒素进入血液，导致微循环障碍而发生缺氧，从而使糖代谢过程沿着无氧酵解途径进行，结果形成大量乳酸。因此，乳酸和细菌内毒素可能对瘤胃酸中毒的发生起到相辅相承的作用。另外，乳酸积累及 pH 的缓慢下降还可能促进上皮释放产生降解组织的金属蛋白酶，这些金属蛋白酶进入血液还将导致动物发生蹄叶炎，出现跛行，甚而蹄甲脱落等症状。瘤胃内组胺的吸收不仅使全身组织胺含量上升，还可进一步加重由乳酸中毒引起的瘤胃上皮细胞的损伤，是使酸中毒病情恶化的主要因素。

（四）临床症状

1. 最急性型

病畜常在采食后几小时内出现中毒症状，发病急骤，突然死亡，因病畜生前无任何明显前驱表现，常不被发现，故称为猝死综合征。

2. 急性型

此型常见于产后母牛。分娩前，奶牛精神、食欲正常。随分娩后即出现症状。表现出食欲废绝，精神沉郁，目光无神，结膜充血，肌肉震颤，皮温不匀，耳、鼻俱凉，走路摇晃，眼窝下陷。腹泻者，排出黄褐色、黑色、带黏液的稀粪，或排出褐红色、暗紫色的粪汤，干涸后似沥青样。病牛伏卧于地。

随病情加剧，有的病牛于分娩后 3～5 小时瘫痪，卧地不起。初期，卧地后头不能抬起，很快见患牛呈躺卧姿势，头、颈和体躯平躺于地；四肢僵硬，伸直；

头向背部弯曲，呻吟、磨牙，兴奋不安，甩头；之后转为抑制状态，精神沉郁，眼睑闭合，全身不动；拉稀者，粪呈水样，黄褐色。体温正常，仅少数病例初期或后期稍有升高为 37.5～39.7 ℃；脉率为 65～130 次/min。

3. 亚急性型——慢性型

病牛症状轻微，通常呈现前胃弛缓，瘤胃蠕动微弱，食欲减退，伴发蹄叶炎时，步态强拘，站立困难。

脱水和蹄叶炎是本病常见的病征。由于大量乳酸在瘤胃内聚积，增加了渗透压，使得大量体液进入瘤胃，导致机体脱水，皮肤紧缩、干燥，眼球下陷，血液浓缩（PCV 增高），尿量减少或无尿（如果在治疗后尿量增加是一个良好的征兆），血液碱储降低，pH 下降，酸度升高，血钙降低，同时由于酸的刺激，发生化学性瘤胃炎。随着病情发展，由于瘤胃微生物菌群失调，产生内毒素等物质，导致许多病例出现蹄叶炎的症状，慢性蹄叶炎可能发生于数周至数月以后。

（五）瘤胃酸中毒的诊断

根据过食碳水化合物病史，结合严重脱水，瘤胃内有多量液体，瘤胃 pH 降低，血液二氧化碳结合力降低，碱储下降，卧地不起，具有蹄叶炎和神经症状，尿液 pH 降低等症状进行综合分析，不难做出诊断。

1. 瘤胃液和尿液 pH 的监测

测定瘤胃液 pH 是诊断 SARA 的最有效方法，多数研究认为，奶牛瘤胃 pH 每天低于 5.6 的累计时间达到 3～5 h，即可认为出现 SARA。诊断 SARA 的参数对瘤胃液 pH 的检测最为可靠。瘤胃穿刺技术是瘤胃液采集的一种有效方法，却可能会给牛带来一些不良反应。有研究指出产后泌乳奶牛尿液 pH 可作为预测奶牛瘤胃酸中毒发生风险的评估指标，瘤胃酸中毒的最佳尿液 pH 的分界值为 pH 小于 6.55。

2. 奶牛牛群改良（DHI）数据监控

在奶牛生产中，由于测定 pH 不便于操作，可应用 DHI 测试报告中的乳脂率、蛋白率和脂蛋比指标对奶牛瘤胃酸中毒进行早期诊断。在保证乳成分达到国家标准的前提下，若乳脂率减去乳蛋白率小于0.4%或者脂蛋比小于1.12，说明已经发生酸中毒现象，数值越小酸中毒的程度越严重。中国荷斯坦牛平均乳脂率为3.0%～3.4%，平均乳蛋白率为3.0%左右。如果乳脂率低于3.0%或者更低，就应该考虑奶牛是否存在瘤胃酸中毒。奶牛体况较好，如果在任何泌乳阶段，乳脂率低至0.9%～2.5%，而乳蛋白率正常(2.7%～3.3%)，就指示奶牛存在瘤胃酸中毒。

3.血液参数指标的检测

研究表明，当奶牛发生SARA时，血液中的血气指标、血液生化指标和血液中的内毒素含量等会有所改变，可达到对SARA的监测。血气分析是诊断奶牛酸中毒中一个很有价值的手段，与检测瘤胃pH相比可减少对动物的伤害。瘤胃pH与血液pH关系密切，奶牛发生酸中毒时会导致血液pH低于正常值。当瘤胃pH小于5.5时，血液pH、O_2含量、CO_2含量、氧合血红蛋白含量显著降低。

(六)治疗

治疗原则：调整日粮组成，制止乳酸产生，解除酸中毒和脱水。一旦发生瘤胃酸中毒，牛多半是因为内毒素而导致死亡。

1.最急性型

最急性型可及时实施瘤胃切开手术，洗出瘤胃内容物，将健康牛瘤胃液10～20 L和少量干草一起置于瘤胃内。同时静脉快速输入5%碳酸氢钠注射液3 000～5 000 mL，以纠正酸中毒。接着静脉注射复方氯化钠注射液，5%葡萄糖生理盐水4 000～5 000 mL。

2.急性型

急性型可用瘤胃灌洗法。将一根内径为25～28 mm的橡皮管送入瘤胃，将温水灌入瘤胃直至左肷窝明显胀大为止，然后利用液体虹吸法将瘤胃内液体排空。经10～15次冲洗可使瘤胃几乎排空。全身酸中毒仍需按上述方法治疗。

3.亚急性

亚急性可用氢氧化镁或氧化镁500 g，加水适量内服，也可用氢氧化钙(新鲜石灰)500 g,加水 10 L,取上清液胃管灌服,然后按摩瘤胃以促进充分混合。静脉注射 5%碳酸氢钠 1 000～1 500 mL,复方氯化钠注射液 2 000～3 000 mL。

为防止继发蹄叶炎,可用扑尔敏 300 mg,肌内注射;氟尼辛葡甲胺 15 mL,肌内注射。出现休克,可用地塞米松 60～100 mg,肌内注射或静脉注射。一般有轻微低钙血症,用 10%葡萄糖酸钙 200～400 mL,静脉注射。

病牛兴奋不安时,输液中加入甘露醇或山梨醇,每次 250～300 mL,降低颅内压、解除休克。

病牛全身中毒减轻、脱水缓解而仍卧地不起者,可补充低浓度钙制剂,如 2%～3%氯化钙 500 mL,静脉注射,一方面可减少渗出,另一方面可补充血钙浓度,加强心肌收缩力,增强全身张力。

为防止继发感染,可使用抗生素,如庆大霉素 80 万～240 万 IU、四环素 300 万 IU,随输液一起加入。

(七)预防措施

1. 科学合理的饲养管理

维持瘤胃内 pH 和微生物区系稳定是预防瘤胃酸中毒的最有效途径。饲喂次数及每次饲喂量是控制 SARA 的重要措施。饲喂 TMR 可避免动物一次性采食大量谷物,还可严格控制动物实际采食的精粗比,能降低患 SARA 的风险。

2. 合理设计日粮碳水化合物组成

NRC(2001)推荐采用日粮 NDF 最低水平为 25%,其中至少 75%来自长且粗糙的饲草,从而有足够的纤维以刺激咀嚼、反刍和唾液的产生,有助于瘤胃微生物的发育。通常,以每天保证供给奶牛 4～5 kg 优质青干草为宜。饲喂青贮玉米比饲喂干草会增加患 SARA 的可能性,在生产中要控制青贮玉米在日粮中的比例。

3. 利用缓冲剂

可通过提高瘤胃液的流速、中和瘤胃产生的部分有机酸或两种方式相结合来发挥缓冲效应,达到阻止瘤胃中有机酸的积累,预防瘤胃酸中毒的目的。

生产中以碳酸氢钠和氧化镁混合缓冲剂最常用。碳酸氢钠的推荐用量：占饲粮干物质总量的0.6%～1.0%（每头100～230 g/d）；氧化镁的推荐用量：占饲粮干物质总量的0.3%。用二者的混合物时2～3份碳酸氢钠与1份氧化镁混合，其添加量占饲粮干物质总量的0.6%～0.8%或占精料干物质总量的0.8%～1.2%。

4.调控瘤胃内有机酸的产生和利用

①饲粮中添加抗生素能有效抑制产乳酸菌的生长，从而控制乳酸的产量。离子载体类抗生素（拉沙里菌素和莫能菌素）的使用证明抗生素能有效防止瘤胃酸中毒。莫能菌素能有效降低甲烷的产生量、乙酸与丙酸比例，还能抑制瘤胃内牛链球菌的活动，减少乳酸的产生量来提高瘤胃液pH，减少了瘤胃酸中毒的发生。②在瘤胃内接种乳酸利用菌（埃氏巨型球菌）可提高瘤胃内乳酸利用率，并能与牛链球菌竞争性争夺葡萄糖、麦芽糖等底物，抑制牛链球菌的生长。③饲粮中添加有机酸，可使反刍兽新月单胞菌的生长速度和利用乳酸的能力均有不同程度的提高。因此，有机酸是调控瘤胃乳酸发酵和抑制瘤胃酸中毒发生过程中有应用潜力的调控剂。

5.饲粮中添加硫胺素

硫胺素调控瘤胃酸中毒的机制是促进酸利用菌及硫胺素合成菌的生长，抑制乳酸产生菌及淀粉分解菌的繁殖，促使瘤胃微生态恢复平衡。

6. 接种疫苗

牛链球菌和乳酸菌是瘤胃酸中毒的主要诱发菌，接种二者的疫苗则可刺激机体产生抗体，从而减少乳酸的产量和瘤胃酸中毒的发生。是生产中预防瘤胃酸中毒的有效途径之一。

第四节　围产期代谢紊乱与炎性反应

对奶牛来说，最初几周的泌乳期，是他们自己自从出生以后生命中风险最高的时期。据估计，在这段时期内，超过50%的奶牛至少有1种类型的亚临床紊乱。由于正常适应过程、传染因素和代谢障碍等方面的复杂因素，使得很难确定这种紊乱是生理性的适应过程，还是处于病理状态。许多研究已经清楚地表明，在分娩后的几天内，基本上所有的奶牛都经历了某种程度的系统性炎症。炎症的严重程度和可能的持续时间在不同的奶牛之间差异很大，一些研究已经将产后炎症的程度与疾病风险的增加和泌乳量的降低联系在一起。

代谢活动和功能失调的免疫反应的显著变化与围产期奶牛疾病的发展密切相关。奶牛在泌乳启动过程中经历了若干可能导致健康问题的生理变化，其中体脂的过度动员和血浆脂肪酸浓度显著升高是疾病发生的重要危险因素。脂质动员增加会直接影响肝脏的功能，并且与某些代谢性疾病如脂肪肝和酮症的发病有关。最新的证据表明，血浆脂肪酸浓度的增加可能通过损害参与免疫反应的细胞的功能间接影响代谢和感染性疾病的发生。炎症在围产期奶牛发病机理中尤为重要。在围产期深入了解代谢应激，脂质动员和免疫失调之间的相互关系有助于制定有效的防控措施，以防止奶牛在这一重要的生产周期出现健康问题。

一、围产期奶牛应对能量负平衡

奶牛的围产期定义为产前 3 周至产后 3 周。奶牛在围产期从妊娠非泌乳阶段进入大量乳汁合成分泌阶段，同时奶牛在生理、营养、代谢和免疫方面也发生改变。例如，由于随后泌乳期对能量需求的急剧增加，为了确保最佳产奶量，奶牛必须进行代谢适应(图 4-7)。牛奶生产需要大量的碳水化合物用于乳糖合成。为了泌乳，奶牛体内几乎所有可用的葡萄糖都被转移到乳腺。在奶牛妊娠的最后 1 周，奶牛食欲减退，一直持续到产后 1 周左右，干物质采食量才能够恢复。消耗的能量与生产所需的能量之间的不平衡被称为能量负平衡。在能量负平衡期间，必须从组织储备中调动足够的能量以支持机体能量依赖的需求，而脂肪组织是围产期奶牛的主要能量来源。然而，奶牛在泌乳启动时需要一个平衡的代谢反应来调节适当的脂质动员量。起初，由于泌乳的高需求和干物质摄入量的减少，导致血糖浓度的降低。血糖的降低导致胰岛素水平降低，从而启动了脂肪动员过程。在脂解过程中，非酯化脂肪酸通过各种激素敏感性脂肪酶的作用从脂肪细胞内的甘油三酯分子上切割下来。然后通过白蛋白将非酯化脂肪酸转运到血液中，作为能量来源并且还启动负反馈回路以调节脂解的量。通过以上调整过程，奶牛机体形成相对恒定的血糖浓度满足乳汁合成和分泌，且血液中不会有过多的非酯化脂肪酸积累。

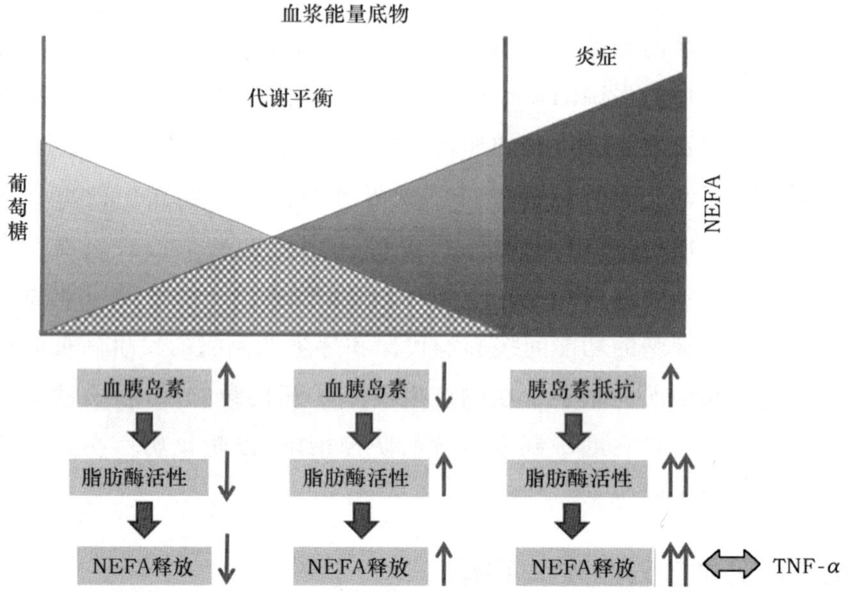

围产期对可用葡萄糖的需求增加，以支持泌乳的启动。能量负平衡的发生是由葡萄糖需求的增加和干物质采食量的降低造成的。血糖浓度降低会导致胰岛素浓度降低。血液胰岛素浓度的降低增加了脂肪酶的激活，触发了脂肪组织中 NEFA 的释放。NEFA 的增加是另一种能量来源，它有助于为牛奶合成保存葡萄糖。在适度的脂质动员过程中，胰岛素浓度升高，由于胰岛素依赖性脂肪酶活性的降低，脂肪组织中 NEFA 的释放率降低。然而，在过度脂质动员过程中，NEFA 的过度积累可能通过肿瘤坏死因子 α(TNF-α)的表达增加而干扰有效的炎症应答。TNF-α 的表达增加可能会干扰胰岛素依赖性脂肪酶活性降低的进程，并使血浆 NEFA 的积累增加。

图 4-7 奶牛围产期的代谢适应过程(修改自 Sordillo LM，2013)

二、围产期奶牛炎性反应

(一)炎性反应机制概述

炎症作为一种进化上的保守反应，存在于许多生理和病理过程中，针对与感染和组织损伤相关的刺激，先天性和适应性免疫启动协调反应和引发炎症。理想状态下，炎症可以帮助身体适应和克服不良刺激，恢复体内平衡。炎症可以分为急性炎症和亚急性炎症。

1. 急性炎症

急性炎症的典型症状是红、肿、热、痛和机能障碍。针对急性炎症刺激，机体增加了炎症介质的表达和释放，包括细胞因子、趋化因子、黏附分子、类二十烷酸(eicosanoid)和补体蛋白等。这些炎症介质形成复杂的调节网络，促进血液流向受感染的组织，免疫细胞的渗透和激活，以及全身性反应，包括体温升高，心率加快，食欲下降等。肿瘤坏死因子 α(TNF-α)、IL-1β 和 IL-6 等细胞因子可激活白细胞和内皮细胞，同时触发急性期反应。这些细胞因子主要是由巨噬细胞和肥大细胞产生。

细胞因子与相应细胞因子受体结合之后，才能在炎症过程中发挥作用。大多数跨器官系统的细胞类型都可表达炎性细胞因子受体，而这些实质细胞负责调节免疫激活的许多系统反应。如免疫细胞在感染期间通过血流释放出的细胞因子，刺激内皮细胞中的前列腺素 E2 的生成，进而作用于大脑前视区的神经元，增加核心体温的设置点。这种发热诱导机制，涉及不同谱系的免疫细胞和非免疫细胞之间的交互作用，类似于许多炎症反应的连锁反应。

炎症的一个重要的次级反应是急性期反应。由肝脏大量产生的急性期蛋白包括结合珠蛋白、血浆铜蓝蛋白(ceruloplasmin)、血清淀粉样蛋白 A 和 C 反应蛋白。通常这些急性期蛋白在血液中含量较低，但是在全身性炎症反应过程中，它们的浓度大大提高。与此同时，其他主要由肝脏分泌的蛋白质(例如白蛋白)浓度下降。

以奶牛乳腺炎的发生为例。乳腺炎是奶牛生产中“最昂贵”的炎症性疾病，通常来自乳腺的微生物感染。如果感染是由革兰氏阴性菌引起的，由细菌外膜释放的 LPS 是启动炎症的主要病原体成分。LPS 诱发促炎细胞因子的产生，使白细胞(主要是中性粒细胞)迁移到感染部位。当它们到达被感染的组织后，中性粒细胞会被激活并释放它们的有毒物质，包括活性氧、活性氮和蛋白酶。这些物质对清除病原体是非常重要的，但同时也可能促进血奶屏障的破坏，并诱发乳腺上皮组织的损伤，进而导致分泌型细胞的数量减少和活性降低，减少了牛奶的合成和分泌。除了乳腺炎，子宫感染经常出现在泌乳早期。基本上所有的牛在分娩后的 3 周内都有子宫内的细菌污染，而大多数奶牛至少有一种形式的生殖道病理状态。

可控制的炎症过程通常会促进机体从感染中恢复，但不受控制的或慢性炎症可能有害的。因此，在一种理想的急性炎症反应中，必须在消灭传染因子后快速地消除。重要的消除信号包括抗炎细胞因子（如 IL-10）和 n-3 脂肪酸衍生物（如 resolvins 和 protectins）。

2. 亚急性炎症

炎症信号的急剧升高会引起细胞因子风暴甚至组织损伤，但亚急性炎症会导致炎症介质轻微的增加，有助于组织功能慢性的和渐进性的变化。低水平的慢性炎症发生于各种疾病中，包括人类的肥胖和Ⅱ型糖尿病。其中与代谢紊乱有关的慢性炎症被称为代谢炎症。与由感染和损伤引起的传统炎症不同的是，亚急性炎症通常与组织故障有关。例如，在肥胖症中，亚急性炎症是由新陈代谢组织中多余的营养物质引起的，最终激活多种类型的免疫细胞，引起不能消除的组织炎症反应，常常会破坏新陈代谢。

虽然急性和亚急性炎症引发不同的反应，但它们共享大多数信号通路。在免疫系统中最古老的成分之一是模式识别受体（PRR）。PRR 与广泛的病原体相联系，因此被称为病原体相关分子模式，主要包括 Toll 样受体、c-lectin 受体（由真菌分子激活）和核苷酸结合寡聚化结构域（NOD 样受体）（由胞内细菌激活）。除了与病原体相关的配体发生反应外，还可以被病原体无关的配体激活。其中 TLR4（常称为 LPS 受体）的生理相关配体就包括饱和脂肪酸，而这种受体在泌乳早期被大大提高。

（二）围产期奶牛存在广泛的炎性反应

产后奶牛的急性期反应明显。研究证明，在分娩后的数天，即使在没有疾病发生的情况下，炎症和正向急性期介质都会升高。有研究通过监控 161 头围产期奶牛发现，血清急性期蛋白结合珠蛋白含量普遍升高，这种现象也发生于明显健康的奶牛，只是患病或难产奶牛的浓度明显更高。

分娩时子宫组织的损伤所导致炎症可能引起全身性症状。有研究在产后第 7 天和第 42 天使用细胞刷技术分别采集经产奶牛中含有子宫内膜和炎性细胞的宫颈标本。与产后第 42 天的样品相比，产后第 7 天时子宫中性粒细胞群、IL-6 和 IL-8 的转录丰度以及嗜中性粒细胞酶基因表达显著增加，反映了产后子宫内迅速发生了中性粒细胞浸润，以及促炎介质的增加。

高谷物日粮喂食奶牛可改变肠道环境和微生物群，从而导致细菌释放出大量的LPS，诱导炎症反应。据报道，泌乳期奶牛日粮中增加大麦谷物的比例，会降低采食量和瘤胃pH，并使体内LPS浓度增加10倍。这种反应与血浆中急性期蛋白浓度升高有关，表明发生了全身性炎症反应。尽管这种亚急性酸中毒诱导模型比大多数牧场奶牛所经历的过程更加极端，但从干奶日粮向泌乳期高谷物日粮的突然转变可能会引发类似的反应。有证据表明，即使是相对短期的禁食也会引起急性期反应，这可能是由于肠道屏障功能的破坏。瘤胃环境的变化以及更加“渗漏”的肠道，可能会导致这段时间发生LPS诱导的炎症反应。

很明显的是，产后奶牛几个器官中炎症信号都有升高，且没有明显的病理变化出现。越来越多的证据表明，分娩的过程和泌乳直接诱发炎症。与急性感染的炎症不同，产后炎症状态通常较低，且没有炎症的典型症状。这与代谢炎症的概念是一致的。

类二十烷酸(eicosanoids)是一种由长链脂肪酸氧化而产生的信号分子的家族，对炎症具有复杂的控制作用，能够增强(如某些类型的前列腺素、thromboxanes和白细胞三烯)或者减弱(如resolvins和protectins)炎症反应。有研究在泌乳期第1周检测了16种不同类二十烷酸血浆的浓度发现，促炎症的浓度在分娩时升高，随后在泌乳期第1周内降低，而某些促炎症消除的代谢物在分娩后浓度升高。由此说明，奶牛在产后炎症反应迅速增加，并且随着泌乳的进行，抗炎信号逐步增强，利于炎症的消除。

三、围产期代谢紊乱的发生

当脂肪动员得到充分调节并且非酯化脂肪酸的释放限于可以完全代谢以满足能量需求的浓度时，奶牛就能成功适应能量负平衡。虽然脂质动员提供了促进产奶所需的能量，但脂肪组织中脂质的过量释放和血液中高浓度游离脂肪酸的积累与围产期奶牛代谢紊乱呈正相关。例如酮病和脂肪肝就是血浆非酯化脂肪酸浓度显著增加的直接结果。高血浆非酯化脂肪酸浓度导致的泌乳性能降低可部分解释为对肝功能的不利影响。非酯化脂肪酸被肝细胞摄取，可以再酯化成甘油三酯或经历β氧化以在线粒体中产生能量。然而，在强烈的非酯化脂肪酸通量期间，超过了肝细胞输出新合成的甘油三酯的能力。肝脏中过量的甘油三酯积累也导致脂肪酸氧化减少，脂肪酸氧化对于糖原异生是必需的。由于甘油三酯积累导致肝脏中糖异生的减少限制了最佳产奶所需的可用血糖，并进一步促进了围产期母牛的能量缺乏。肝脏吸收非酯化脂肪酸会产生脂肪酸代谢中间产物酮体。酮体被释放到血液中，可以用作能量底物，特别是在肌肉和神经组织中。当酮体生成速率超过酮体使用时，在强烈的脂质动员期间会导致酮病。最多的酮体，β-羟丁酸通常用于评估围产期奶牛中能量负平衡和脂质动员程度。

据报道，围产期高体况评分（BCS）奶牛比相对瘦的奶牛更容易出现健康问题。具有高 BCS 的奶牛倾向于通过脂质动员减少更多的体重，导致泌乳期间非酯化脂肪酸和β-羟丁酸浓度增加。在人体中，肥胖与胰岛素抵抗有关，并且大的脂肪团（adipose mass）对胰岛素的调节作用变得不那么敏感。因此，肥胖可能通过形成破坏性反馈回路而加剧代谢疾病的严重性，促使脂肪分解以及血液中非酯化脂肪酸和β-羟丁酸浓度升高。

四、代谢紊乱与炎症的关系

（一）炎症与围产期代谢紊乱的密切联系

大量数据显示，围产期代谢紊乱与炎症有着密切的联系。脂肪肝奶牛血浆中包括急性期蛋白和血清淀粉样蛋白在内的炎症标志物浓度升高。中度到重度脂肪肝奶牛血清中 TNF-α 活性升高。肝脏炎症与围产期奶牛的代谢性问题相关。奶牛肝脏炎症的程度主要根据血浆中急性期蛋白浓度分为 4 个等级。那些具有最严重炎症指标的奶牛患有一种或多种围产期紊乱的风险将提高 8 倍以上，具有较低的血钙浓度和更长的空怀期，而且在泌乳的第 1 个月产奶量更低。急性期蛋白和围产期疾病之间存在着联系，并且多发生在出现明显临床症状之前。

能量代谢的某些方面，尤其是脂质动员，可能会对围产期奶牛的炎症反应产生负面影响。功能障碍或不受控制的炎症反应被认为是奶牛围产期代谢和感染性疾病发病率增加之间的共同联系。这一假设是基于观察到代谢和感染性疾病往往彼此伴随发生，而不是在泌乳早期的奶牛中发生的孤立事件。任何单一围产期疾病的发病率增加都会增加共患其他疾病的概率。流行病学调查表明，胎衣不下与乳腺炎发病率之间存在关联，患有酮病的奶牛发生乳腺炎的可能性是健康奶牛的 2 倍。虽然没有直接的因果关系，有充分的证据表明在围产期健康问题的增加是免疫系统功能失调的表现。

(二)短暂的急性炎症对代谢的影响

研究人员对急性乳腺炎症对代谢的影响进行了评估。这项研究旨在评估革兰氏阴性菌引起的乳腺炎是否能直接导致常见的围产期代谢紊乱。泌乳早期奶牛乳房内注射 100 μg 的 LPS 诱发了急性全身炎症，表现为直肠温度升高 3 ℃，心率增加 29%，血浆皮质醇浓度增加了 15 倍。但这种急性反应并没有对与代谢紊乱相关的代谢物造成很大程度的影响。由此得出的结论是，这种急性炎症模型不会直接损害新陈代谢功能。

(三)持续的亚急性炎症对代谢的影响

人类肥胖症研究认为，分娩时与过度肥胖相关的代谢风险可能是由脂肪组织中免疫细胞浸润造成的。基于这种假设，有研究使用渗透微型泵，将牛 TNF-α 连续数天持续性输入泌乳后期奶牛的皮下脂肪库，评估稳定而低水平的炎性因子是否干扰新陈代谢功能。结果发现，不断地将 TNF-α 注射到皮下脂肪库并没有改变代谢功能、采食量、葡萄糖生成和血浆代谢物浓度。部分原因可能是微型泵输液的缓慢速度不足以引发足够的细胞因子风暴而产生系统效应。然而实验同时观察到对侧脂肪库中抗炎细胞因子 IL-10 的含量急剧增加。由于泌乳牛脂肪组织中含有非常少量的免疫细胞，奶牛在分娩时可能并不会出现人类肥胖症表现出的脂肪组织炎症的程度。

(四)重复且短暂的炎症对代谢的影响研究

有研究为泌乳中期奶牛每天 1 次皮下注射亚急性注射剂量的 TNF-α，可以导致采食量降低 34%，血浆 NEFA 浓度升高和氧化应激的增加。使用稍微低剂量的类似方法，连续几天每天皮下注射重组牛 TNF-α，可引起泌乳后期奶牛肝脏甘油三酯含量增加 1 倍，泌乳早期奶牛采食量下降 18%，酮病发病率增加了 3 倍。由此推测反复亚急性的炎症反应能破坏体内代谢平衡，促进泌乳奶牛新陈代谢紊乱的发生。

(五)代谢应激对分娩前后免疫功能的影响

围产期的高强度脂质动员是导致免疫功能障碍的主要因素。有研究对妊娠奶牛进行乳房切除术，以评估产奶量和能量负平衡对免疫的影响。乳房切除的奶牛由于没有产奶，因此不会经历能量负平衡阶段和高血浆游离脂肪酸浓度过程，与正常分娩奶牛相比，乳房切除奶牛的淋巴细胞和中性粒细胞功能明显更好，这说明了泌乳期代谢需求引起的脂质动员增加，可直接降低免疫细胞在泌乳早期的清除细菌的能力。酮病奶牛更容易患乳腺炎和其他感染性疾病，子宫炎奶牛血浆 β-羟丁酸浓度显著升高，这些现象表明，与能量负平衡有关的代谢物可能会对中性粒细胞和其他免疫细胞功能造成影响；另外，炎症反应的激活和产奶过程会在争夺葡萄糖作为能量需求，这也可能是发病期间生产效率低或者酮病发生期间血糖浓度下降引起的机体防御能力降低的原因。

五、血浆 FFA 与炎症反应

目前围产期奶牛亚急性炎症的产生原因还不清楚。人肥胖症和糖尿病等代谢病的研究表明，血液中代谢产物 FFA 是导致亚急性炎性反应的重要因素。围产期奶牛大量动员体脂储备，不仅提高了血浆 FFA 浓度，还改变了 FFA 的组成，而且血浆 FFA 的组成与肥胖病人极其相似。奶牛血浆 FFA 在分娩前两周开始增加，在分娩后 0～10 天达到峰值，而酮病奶牛血浆 FFA 处于更高水平。分娩后血浆 FFA 成分发生了改变，其中包括棕榈酸(C16:0)和硬脂酸(C18:0)浓度的升高，以及 Ω-3 多不饱和脂肪酸浓度的下降。医学界多项研究表明，饱和脂肪酸，如棕榈酸(C16:0)和硬脂酸(C18:0)能通过 Toll 样受体 4(TLR4)的介导激活白细胞、内皮细胞 NF-κB 信号通路，诱导黏附分子的转录，以及大量细胞因子、趋化因子和受体的表达，增强细胞炎症反应。而 Ω-3 多不饱和脂肪酸可以抑制这种炎症途径。脂肪酸还可以与细胞的过氧化物酶体增生物激活受体(PPAR)结合，调控包括内皮细胞、单核细胞和脂肪细胞在内的多种类型细胞的炎症反应。对人单核细胞的研究表明，暴露于高FFA浓度的持续时间也会对细胞炎性反应起关键性作用。据此推测血浆FFA浓度、组成和维持时间可能通过某机制影响围产期奶牛炎性状态。

六、炎性反应与胰岛素抵抗

胰岛素抵抗是围产期奶牛支持胎儿发育和早期泌乳的关键机制，其通过降低外周组织对胰岛素的敏感性，促进大量营养物质主要流向胎儿或乳腺。但过度的胰岛素抵抗与围产期奶牛酮病、脂肪肝的发生密切相关。泌乳早期奶牛经非甾体类抗炎药(NSAID)水杨酸钠处理后，血浆中促炎症介质降低的同时，还降低了血糖和升高了胰岛素敏感性。泌乳第1周奶牛连续7d皮下注射低剂量的TNF-α显著提高了血浆结合珠蛋白含量，而且将酮病发生率提高了3倍。以上研究表明，泌乳早期炎性反应可能适应性诱导奶牛生理性胰岛素抵抗，但持续的炎性反应反而加重代谢应激。但其作用机制尚不清楚。

医学研究表明，代谢性炎症信号主要通过激活炎性细胞内信号转导途径，调节下游炎症反应，如c-Jun氨基末端激酶(JNK)、抑制性κB激酶(IKK)通路，诱导局部炎性介质的低度产生。而JNK、IKK可使胰岛素受体底物(InRS)发生丝氨酸磷酸化，抑制InRS酪氨酸磷酸化并引起蛋白泛素化和InRS-1的降解，从而阻断胰岛素信号转导。某项对肥胖啮齿类动物的研究显示，肥胖的脂肪酸可以激活IKKβ/NF-κB炎症信号通路，而大剂量水杨酸盐治疗可以抑制IKKβ/NF-κB信号通路，改善脂肪酸诱导的胰岛素抵抗。研究证实，炎性细胞因子和脂肪酸可激活JNK，进而损伤胰岛素信号转导和介导肥胖相关胰岛素抵抗。围产期奶牛炎性因子是否通过上述某个途径诱导了胰岛素抵抗，还有待于进一步研究。

鉴于炎性反应在围产期奶牛代谢疾病发生中的可能性作用，有研究试图通过抗炎药物或物质的使用来改善或缓解胰岛素抵抗，提高围产期奶牛生产性能。如泌乳前5天奶牛经阿司匹林处理后能够在较长时间内持续增加产奶量；但需要指出的是，炎性反应是机体应对病原或损伤的一种宿主反应，完全去除炎症反应信号可能会使机体的疾病易患性增强。比如，分娩期间使用非甾体类抗炎药会提高奶牛剖宫产和胎衣不下的风险。

适度的炎症可以保护奶牛免受病原体感染和组织损伤，也有利于奶牛生理状况和物质代谢的适应性变化。但是，如果炎症状态不可修复的话，则会破坏机体新陈代谢。多方面研究已经证实了围产期奶牛广泛存在炎性反应，而这种炎性反应的发生与营养信号过剩有很大关系。因此单纯抑制炎性介质并不能去除与代谢信号相关的营养过剩或伴随的细胞器功能障碍。研究人员有必要开展研究，揭示代谢产物，特别是 FFA 对围产期奶牛炎性反应的贡献，以及炎性反应诱导围产期奶牛胰岛素抵抗和代谢紊乱的机制，以期在不破坏整体免疫反应的基础上为围产期代谢病防治探寻适合的机制靶点。

第五章　围产期奶牛代谢病的综合防控

第一节　围产期奶牛能量与蛋白质营养的调控

奶牛通过自身生理机制适应状态变化的挑战，将从外界获取的营养物质按不同比例分配到各个组织器官，以满足不同的生理功能需要，这种机体对状态变化长期适应的过程称为奶牛的谐调机制。

在奶牛怀孕的最后3～4周，胎儿的快速生长，初乳的生成以及乳房的发育，促使奶牛通过调节代谢过程以有利于脂肪和其他营养元素的动员，而整个时期伴随着干物质采食量的下降；在奶牛分娩后3～4周，干物质采食量缓慢增加，与此同时，奶牛主要通过葡萄糖和钙等关键营养物质的稳定调控以支持泌乳。奶牛谐调机制紊乱或者没有成功应对关键营养元素的缺乏，就会引发一系列相互关联的疾病，如低钙血症、低镁血症、酮病、脂肪肝和妊娠毒血症、乳房水肿、真胃变位、胎衣不下和子宫炎等。

奶牛体内代谢机制主要涉及能量、蛋白质、钙和骨骼的代谢，以及瘤胃和免疫功能等方面。常量元素（如钙、镁和磷等）的缺乏会导致低钙血症、低镁血症等；脂质动员紊乱主要涉及酮病、脂肪肝和妊娠毒血症等；瘤胃疾病的发生主要与采食量低、青贮质量差和分娩前后日粮突然改变有关；免疫抑制通常与能量缺乏或蛋白质以及微量营养素（包括铜、硒、锌和维生素A、维生素E和维生素D）摄入不足有关。上述各代谢过程看似孤立，实际是错综复杂的，某种代谢过程的失控将不可避免地影响其他代谢的效率。有大量的证据证实，围产期是奶牛生命中最重要的时期，综合性考虑围产期奶牛代谢平衡和协调机制，有效调控奶牛营养，会对随后的健康和生产效率产生重大影响。

一、围产期奶牛能量与蛋白质代谢的需求

鉴于胎儿胎盘对氨基酸和葡萄糖的需求以及乳腺对氨基酸、葡萄糖和脂肪酸的需求，以及产犊前干物质采食降低的情况下，奶牛极度需要动员体内脂肪和蛋白质来提供能量。

（一）通过奶牛体况衡量能量储备

奶牛体况评分（BCS）是奶牛产犊到首次发情间隔的主要决定因素；体况较高的奶牛发情较早。如果改善奶牛的产前营养，将奶牛体况提高到中等或更适合产犊，通常能提高奶牛产奶量。体况评分过高（＞3.75，5分制）会导致奶牛在妊娠后期和泌乳早期干物质采食量较低，从而在泌乳早期引起更严重的能量负平衡，表现为体况的过多损失。奶牛产犊前体重和产犊后食欲是影响发情表现的重要因素。通过检查血液中包括胆固醇浓度和葡萄糖与3-羟基丁酸酯的比值等在内的代谢状况能更好地反映能量平衡。奶牛更好的能量平衡状态与排卵时更明显的发情表现有相关性。

总的来说，奶牛体况评分提高到大约3.75（5分制），能使奶牛有更好的繁殖力，但是进一步增加体况反而有害。一旦能够评估奶牛体况中包含的组织成分（脂肪、蛋白质、糖原），就能更好地理解奶牛体况评分与繁殖能力之间的关系。

（二）通过碳水化合物调控能量摄入

奶牛产后预估的能量平衡随着产前日粮能量密度的增加而改善。这些改善与产奶量的增加、乳脂率的降低、乳蛋白质率的显著增加以及产量的增加趋势相关。增加产前饲料的能量密度的影响，特别是增加可发酵碳水化合物浓度的影响，可以部分通过促进瘤胃乳头的发育来调节，以适应性增加挥发性脂肪酸（VFA）的生成。瘤胃吸收能力的增加可能降低了挥发性脂肪酸（VFA）积聚以及瘤胃pH降低的风险，进而预防随后由于产后高能量日粮的摄取而引起的酸中毒的风险。由于瘤胃乳头的适应和发育需要3～6周，因此给产前奶牛提供富含可发酵碳水化合物日粮的收益可能是呈曲线的。瘤胃微生物群在

产前这种适应作用,对于产后采食高浓度日粮方面也可能有益处的。如果奶牛过肥时,就存在控制代谢性疾病的挑战。然而,在导致奶牛过肥的因素中,泌乳期日粮比干奶期日粮更为重要。

在奶牛饲养中,既要提供适合于瘤胃将来能够适应更高能量密度饲料的日粮,但同时又要控制奶牛体重,特别是体脂的增加。因为过多的碳水化合物供应带来酸中毒的风险。

(三) 奶牛机体蛋白质储备

奶牛从产犊到泌乳高峰,动员的组织蛋白作为氨基酸来源对乳腺代谢和糖异生的重要性可能相对较小,但在泌乳的前1～2周是重要的。奶牛产犊后不久就会观察到骨骼肌纤维直径减少25%,并且在泌乳早期时肌肉蛋白质与DNA的比值也会发生下降。这些研究发现说明骨骼肌是泌乳早期内源性氨基酸重要来源。

奶牛在产犊时动员的体蛋白储备估计为奶牛体蛋白总量的25%～27%,总计10～17 kg。据估计,奶牛产后23天内代谢性蛋白质(MP)的损失将近7 kg(不计算糖原含量),若包括糖原,将有12.5 kg的损失。如果10 kg蛋白质从肌肉中流失,相当于大约60 kg肌肉质量的损失。如果不能满足奶牛代谢性蛋白质(MP)需要以及超出上一泌乳期能量需求的日粮,可能使奶牛处于更大的代谢紊乱风险中。

(四)产前蛋白质的摄入

关于奶牛产前日粮中蛋白质最佳浓度的研究主要集中在粗蛋白(CP)含量、日粮中瘤胃可降解成分或瘤胃不可降解成分,但没有深入考虑瘤胃微生物蛋白合成的潜能或代谢性蛋白质(MP)的平衡。通过增加产前体组织蛋白质的储备,围产期奶牛可以在产犊后更好地利用这些储备来支持泌乳,并最大限度地降低代谢紊乱。这可以通过增加不稳定蛋白质的储备来完成。仅提高粗蛋白(CP)含量可能不会增加代谢性蛋白质,而通过添加淀粉来提高日粮的可降解性可能比增加粗蛋白(CP)或不可降解的蛋白质所获得的代谢性蛋白质(MP)更多。

有研究指出，为肥胖的（BCS >3.75）成熟荷斯坦奶牛产前饲料中添加额外的动物源性蛋白，能够降低奶牛酮病患病率，减少健康疾病，改善奶牛的繁殖性能。在产前至泌乳早期，为奶牛提供额外的旁路蛋白或补充过瘤胃蛋氨酸和赖氨酸，奶牛有更佳的健康状态。在放牧系统中，提高奶牛的围产期产前采食时间，能够改善奶牛的生殖性能和健康。繁殖性能的改善可能归因于蛋白质对卵母细胞发育或质量的影响，也可能由于产后继发疾病发病率的降低或体况评分和蛋白质储备状态的改善。

与饲喂低蛋白（11% CP）日粮的奶牛相比，成年奶牛在产前饲喂的高蛋白日粮（14%CP）中补充蛋氨酸后，奶牛在泌乳早期时会损失较少的体蛋白，并且体脂肪会有所上升。胰岛素是营养利用的主要调控因素，其状态和组织敏感性与疾病风险和生殖障碍有关。修正的定量胰岛素敏感性指数（RQUICKI）是胰岛素、葡萄糖和非酯化脂肪酸浓度的相关函数，与体况评分成反比。为经产干奶牛的日粮中额外补充旁路蛋白后，RQUICKI 值会有所增加，说明了胰岛素敏感性的增加。然而并非所有奶牛产前日粮中补充蛋白质的研究都观察到对奶牛健康或生殖性能的影响，这可能与饲料处理、饲喂时间方面的差异，以及氨基酸平衡和管理因素等有关。

尽管有文献指出，增加产前蛋白补充量可能会引起犊牛出生体重增加，导致难产问题增多，但对照研究并不支持这种结论。当产前奶牛饲喂蛋白超出 NRC 推荐量时，犊牛出生体重并没有差别。在干奶期补充蛋白质不会增加荷斯坦奶牛的犊牛出生体重。

（五）日粮组成需考虑氨基酸平衡

蛋氨酸和赖氨酸通常被认为是奶牛泌乳的第一限速氨基酸，同时也是限制妊娠的氨基酸。高蛋白日粮中添加动物源性的旁路蛋白（39.6% CP）可使奶牛妊娠最后 2 周蛋氨酸含量增加，并提高蛋氨酸在外周组织的利用率。组氨酸已被证实是微生物代谢的限制性氨基酸，特别是当大多数代谢性蛋白是源自微生物蛋白的时候。产前日粮的典型配方摄取量的减少，将导致微生物蛋白质供应超过 60% 的代谢性蛋白输送到肠。

产后日粮中的氨基酸平衡对奶产量和日粮成分反应的影响已经被广泛研

究。适度的牛奶产量和真正的蛋白质产量反应往往与蛋氨酸的补充有关，而且在日粮中满足代谢性蛋白要求方面的作用可能微乎其微。蛋氨酸的反应可能是其与赖氨酸支持糖异生和肝脏脂肪转运的能力的结果。研究结果的差异可能归因于日粮能量密度（即微生物蛋白质贡献）、产前和产后蛋白质含量、干物质采食量以及它们相对于氨基酸补充的潜在应答的相互作用的混淆效应。产前高蛋白日粮减轻了产后蛋白质的影响，而产前低蛋白日粮则增强了氨基酸反应。在制定产后日粮时，应着重于提供足够的代谢性蛋白质，使其具有平衡的氨基酸谱系。

（六）脂肪摄入量

脂肪在奶牛新陈代谢中的作用开启了改善奶牛新陈代谢、健康和繁殖的新途径。亚油酸（C18:2）和亚麻脂肪酸（C18:3）被归类为必需脂肪酸，必须在日粮中供应，这是因为奶牛自身不能在 C9 以外的碳原子上引入双键。脂肪酸的作用包括生殖激素（如前列腺素）的前体、膜结构中的磷脂以及免疫功能。有研究表明为保证有效的奶产量，日粮中 15%～25% 的能量最好是以生脂肪先质的形式（或日粮中约 8% 的长链脂肪酸）提供。

考虑到脂肪添加具有降低干物质采食量的风险，特别是对头胎牛，因此传统上不建议在产前和产后立即喂食脂肪。目前的研究发现了脂肪添加的更多的好处，这其中包括在产后立即降低肝脏甘油三酯的积聚和非酯化脂肪酸的水平，并提高妊娠率。日粮中脂肪的加入可能会增加血清胆固醇浓度。有研究认为，血浆胆固醇浓度越高，奶牛从产犊到受孕的间隔越短，受孕概率越大，150 d 受胎率越高。

有研究比较了保护性共轭亚麻油与基于硬脂酸的脂肪补充对组织动员的影响。总的来说，奶牛身体动员减少的趋势表明补充共轭亚麻油对奶牛在泌乳 42 天内使用身体储备具有保护作用。连续补充共轭亚麻油直到泌乳的第 105 天，能够增加体蛋白生成。这些效应表明给泌乳早期的奶牛补充共轭亚麻油能够使奶牛更有效地利用可代谢能量。相对于不供给脂肪的奶牛，使用过瘤胃共轭亚麻酸的奶牛表现出了显著的繁殖性能改善（平均受孕时间减少 34 d，泌乳天数：117 vs 151）。

总体来说，脂肪补充剂可以改善奶牛能量平衡，降低代谢性疾病如酮病的风险，更加关键的是在保持日粮能量密度的同时，而不增加对快速可发酵碳水化合物的依赖。有证据表明，无论是使用过瘤胃脂肪还是从牧草中提取的共轭亚油酸，无论是奶牛在产犊后保持体况方面还是提高生育力方面都发挥着积极的作用。在围产期饲喂脂肪是综合应对需要控制组织动员挑战的必要组成部分。

二、围产期奶牛能量与蛋白质代谢的调控

（一）生长激素

生长激素的使用能够降低外周组织对胰岛素的敏感性，提高血糖浓度，增加了预防性治疗以降低酮病风险的潜力。泌乳期奶牛胰岛素的释放可能与使用重组牛生长激素（rBST）有关。用 rBST 治疗的奶牛，肝糖异生能力增加。从产前 28 天至产犊时，对奶牛饲喂粗蛋白浓度不同的两种日粮，并且每隔 14 天用 rBST 处理。葡萄糖浓度趋于增加，并且在产犊前后，rBST 处理的奶牛的 NEFA 和 BHB 浓度都有所下降。

生长激素的使用还会改变下一泌乳周期营养素分配。有研究在上一泌乳周期用不同剂量的 rBST（分别为 17. 2、51. 6 和 86 mg/d）处理 3 组牛，产犊后发现处理过的奶牛血糖更高，血液 BHBA 和 NEFA 更低。

（二）甲基供体

肝脂肪浸润是产犊前后机体脂质动员的预期结果。过多的肝脂质沉积是由于能量负平衡和急性期炎症反应之间的相互作用造成的，这减少了载脂蛋白的合成，并且是许多围产期疾病发生的重要前提。蛋氨酸和赖氨酸的限制供应会降低极低密度脂蛋白（VLDL）的产生，并易于发生肝脏脂变。胆碱和蛋氨酸代谢密切相关，蛋氨酸用于胆碱合成的比例很高。胆碱是一种甲基供体以及磷脂酰胆碱的组成部分，通过增加 VLDL 形成促进肝脏脂质转运出肝脏。胆碱和蛋氨酸具有作为甲基供体可互换的功能，可以部分替代或置换另一种。另一种甲基供体中间体是甜菜碱，是胆碱的氧化产物；但最近的研究没

有显示出对甜菜碱用于取代蛋氨酸的有益反应。

患有酮病或脂肪肝的奶牛与 VLDL 结构相关的血清载脂蛋白浓度很低，表明肝脏不能输出甘油三酯。与烟酸类似，胆碱在瘤胃中容易降解，因此需要以过瘤胃的形式饲喂才能有效。在对照脂肪肝诱导研究中，在诱导期每天喂 15 g 胆碱可降低血液 NEFA 和肝脏甘油三酯水平。诱导脂肪肝后，每天喂食 15 g 胆碱可增加肝脏甘油三酯清除率，从而有助于改善性能和健康。当分别在产前(21 天)和产后(60 天)内给予胆碱 25 和 50 g/d 时，肝脏甘油三酯水平降低，糖原含量增加。其他最近的基础研究发现奶牛对胆碱补充没有反应，可能是由于奶牛本身体况评分比较低，或能量负平衡风险较低。

越来越多的证据表明，胆碱是高产奶牛的限制性营养素，特别是在产犊前后。然而，需要注意补充的时间形式、剂量、体况评分、日粮蛋氨酸状况以及其他因素可能影响的反应。对产犊前后补充胆碱的汇总研究显示，干物质采食量和产奶量都有所提高，而仅对产后补充胆碱的研究的汇总分析显示，对采食量、产奶量和牛奶成分的影响最小。产前补充胆碱(15 g/d)能改善肝脏 VLDL 输出和减少脂肪积累，肝功能改善后，奶牛疾病风险降低，生产性能提高。

(三)瘤胃调节剂

在奶牛围产期，除了莫能菌素外，很少有数据专门报道其他瘤胃调节剂的使用。在美国、加拿大等国家，莫能菌素钠广泛用于奶牛生产。莫能菌素钠的作用主要是增加瘤胃丙酸盐的产量，这是由于瘤胃中与甲酸盐、乙酸盐、乳酸盐和丁酸盐产生菌相比，产生丙酸盐的细菌数的增加。瘤胃甲烷的产生随之减少，对瘤胃蛋白质的消化有限制作用。泌乳奶牛应用莫能菌素可使血液 BHB 浓度显著降低 13%，乙酰乙酸的浓度降低 14%，NEFA 降低了 7%。莫能菌素使血糖增加 3%，尿素增加 6%，但对胆固醇、钙、牛奶尿素或胰岛素没有显著影响。

在泌乳期奶牛中使用莫能菌素能够显著降低了 DMI 0. 3 kg，但牛奶产量提高 0. 7 kg，牛奶生产效率提高 2. 5%。莫能菌素降低乳脂率 0. 13%，但对乳脂产量没有影响。莫能菌素使奶牛体况评分增加 0. 03，同样改善体重变化(0. 06 kg/d)。这些结果表明，莫能菌素可以提高牛奶生产效率，同时能够保持奶牛的体况评分。莫能菌素对乳脂率和产量的影响受到日粮的限制。

莫能菌素能显著改善奶牛健康。莫能菌素的应用降低了酮病、真胃变位和乳腺炎的发生风险。莫能菌素对产褥热、跛行、难产、胎衣不下或子宫炎均无显著影响。莫能菌素对首次配种成功率或怀孕天数没有影响。然而,莫能菌素对难产、胎衣不下和子宫炎的作用是可变的。用 meta 回归分析差异的原因表明,在产犊前用莫能菌素较长时间治疗会增加难产的风险。同样,产犊前较长时间的治疗也增加了胎衣不下的风险。酮病、真胃移位和乳腺炎的改善是通过添加莫能菌素实现的。

总体来说,莫能菌素的使用能增加奶产量和牛奶蛋白质产量,同时提高生产效率并降低酮病的风险。在干奶期长期使用莫能菌素可能会增加难产和胎衣不下的风险,但使用 3 周左右会降低这些疾病的风险。莫能菌素的使用能够降低脂质动员疾病的风险。

第二节　围产期奶牛采食量的控制策略

围产期奶牛干物质采食量(DMI)减少,产前 3 周到分娩期间的 DMI 平均减少 30%,产前最后 1 周减少幅度最为明显。采食量下降是引起能量负平衡的重要风险要素。血浆胰岛素浓度的下降和组织对胰岛素敏感性的降低导致产后奶牛处于脂解状态。奶牛从产前数天起,血浆中游离脂肪酸(NEFA)浓度显著增加。肝脏从血液中吸收 NEFA,酯化并储存为甘油三酯(TG)或氧化成乙酰辅酶 A。乙酰辅酶 A 经完全氧化成 CO_2 或不完全氧化成酮体。过量的 NEFA 转化成 TG 储存在肝脏中会损害肝功能,而 NEFA 的氧化可能降低动物的食欲。据报道,肝脏中能源物质的氧化作用所引起的饱腹感可能是奶牛采食量下降的主要机制,特别是围产期奶牛。由此可见,为了提高奶牛采食量缓解奶牛能量负平衡,降低脂解率和脂解的持续时间是减少奶牛代谢性疾病发病率的关键,措施主要体现在 3 个方面,即预防分娩时奶牛过肥、提高产后奶牛能量摄入、将围产期应激反应降至最低。

一、围产期奶牛过度脂解影响干物质采食量

(一)脂解的启动

奶牛的脂解状态从产前几周开始,持续到产后几周,同时伴随着血浆中胰岛素浓度的降低和脂肪及肌肉组织胰岛素敏感性的下降。组织对胰岛素敏感性的降低可能是源于胎盘和脂肪组织分泌的生长激素、促炎细胞因子如肿瘤坏死因子α浓度的逐步增加,以及血浆NEFA浓度增加。妊娠相关信号分子启动脂解状态,为肝脏及肝外组织提供NEFA作为能量物质,供给胎儿发育所需的葡萄糖。至泌乳前,奶牛血糖含量一直维持在正常水平,这很可能是由于NEFA的使用减少了葡萄糖的消耗。此外,血液NEFA浓度的增加提高了初乳和乳汁中的脂肪含量。但是,过多的脂肪动员可引起肝脂聚集、酮症和其他与低采食量和NEB有关的代谢紊乱。重要的是,NEFA在肝脏的氧化可能引起饱腹感,这也许是影响动物采食量的主要原因。奶牛产后采食量的抑制阻止了血糖的恢复,并使脂解状态延长数天或数周。

(二)围产期血液中“酮体”的限制性增加可能是良好“过渡”的指标

由于NEFA的完全氧化可能会进一步抑制动物采食量,所以肝脏中酮体的产生在一定程度上来说是有益的。因此,围产期奶牛血液中酮体浓度的限制性增加[血浆(BHBA)<1.2 mmol/L]可以视为正常,因为脂肪动员和NEFA的氧化是奶牛应对分娩前后动物组织胰岛素敏感性和血浆胰岛素浓度的降低的可预期的反应。尽管如此,血浆中BHBA浓度低于1.2 mmol/L仍然是奶牛从妊娠期过渡到泌乳期的良好指标。相反,血浆酮体浓度的升高预示着动物处在脂解状态,采食量受到抑制。这种情况下,围产期奶牛需要通过调整日粮配方来获取所需能量直到由肝脏氧化活动导致的采食量下降状态减退,此时瘤胃运动增强。

二、采食量下降与代谢性疾病的相关性

(一)采食量下降与酮病和脂肪肝

干物质采食量(DMI)的降低增加了代谢紊乱的风险。干物质采食量降低的程度和脂肪动员的程度将会决定奶牛血浆酮体浓度处在正常范围内还是发展成亚临床或临床酮病。酮病的发生与分娩前后血浆 NEFA 浓度和分娩时体况评分过高有关。虽然酮病可能继发于其他降低动物采食量、提高能量负平衡的疾病,但也可能是原因不详的原发性疾病。不论哪种情况,肝脏中 NEFA 氧化活动所导致的采食量下降很可能是酮病的一大引发因素。

一般来说,体况得分越高的奶牛,产后干物质采食量下降越明显,进而增加代谢紊乱性疾病的发生率,包括酮病和肝脂沉积症。在妊娠到泌乳的过渡期间,体况过剩的奶牛(体况得分>3.5,评分范围 1～5)相较于那些体况得分较低的奶牛而言,其脂肪分解的速率和程度更大,这是因为它们体内可供调动的脂肪组织更多,而且大量的脂肪组织可以增加促炎性细胞因子的释放,从而降低了胰岛素敏感性。奶牛持续的脂解状态可能和长时间采食量下降及由此引发的能量负平衡相关。

肝脏对 NEFA 的利用与其在血液中的浓度成正比。血液中 NEFA 浓度过高会导致肝脏 TG 存储过剩,从而损害肝功能,减少糖异生以及血糖和胰岛素浓度的恢复,进一步延长脂解状态。由于反刍动物肝脏以极低密度脂蛋白(VLDL)的形式输出 TG 的能力有限,限制性脂解是奶牛成功从妊娠期过渡到泌乳期的重要因素。

(二)采食量下降与其他健康问题

奶牛其他健康问题也与围产期采食量下降有关。分娩后前几天采食量下降极大地改变了钙的吸收与分泌之间的平衡,增加了发生低钙血症的风险。此外,奶牛血液中 NEFA 浓度的升高及由此引发的采食量下降和血液酮体浓度增加会损伤机体免疫系统,增加胎衣不下和子宫炎的风险。此外,采食量下降导致瘤胃中消化的内容物减少,可能增加真胃变位以及由于瘤胃消化缓冲

容量的降低所引起的亚急性瘤胃酸中毒的风险。

三、影响奶牛采食量因素

影响奶牛采食量的因素有很多，包括日粮组成、饲养管理、养殖场环境、产奶量及其生理状态（如血浆胰岛素浓度和组织胰岛素敏感性）等。动物采食行为由下丘脑进食中心控制，该中心接收来自肝脏和肠道传入神经末梢以及机体代谢产物和激素的信号刺激。动物总的采食量由一次采食的多少和采食频率决定。一次采食量等于采食速率乘以采食时间，其中采食时间由动物饱腹感决定。采食频率受采食时间间隔的影响，由动物饥饿感控制。日粮组成和质量、社会行为及应激压力等均会影响奶牛的采食量，这些因素基本可以通过合理的饲养管理加以控制，比如保证奶牛舒适度、科学分组、避免过度拥挤、调整日粮配比等。因此，了解如何控制奶牛的采食行为对于提高围产期奶牛的采食量至关重要。

动物采食行为的控制机制非常复杂，受多种信号分子的调节。信号刺激的来源包括瘤胃的充盈（物理调节）、肠肽（内分泌调节）及能量物质的氧化活动（代谢调节）等。当然这些都是次要调节，决定动物采食行为开始和结束的关键还是来自下丘脑进食控制中心各种信号的综合调控。控制采食行为的主要信号分子在1天内以及整个泌乳期内会随着时间的变化而变化。

(一)物理调节

日粮的填充效果主要由中性洗涤纤维（NDF）、饲料脆性（经咀嚼和消化后颗粒的大小）以及影响纤维周转率的消化特性所决定。瘤胃的扩张由主要位于网胃和瘤胃颅囊的张力受体所感知，传递到下丘脑进食控制中心，结合其他信号分子来控制动物的采食行为。物理性填充所导致的瘤胃充盈是控制奶牛产奶高峰期采食量的主要信号分子。

(二)内分泌调节

能够影响动物采食量的肠肽包括胃促生长素、胆囊收缩素（CCK）和肠促胰高血糖样肽1(GLP-1),它们还可以刺激胰岛素的分泌。胃促生长素由真胃组织分泌,被称为“饥饿激素”,是目前已知的唯一能刺激采食的肠肽,可能通过增加胃排空和瘤胃通过率来实现。其他肠肽由小肠分泌,主要针对食糜中的营养物质。它们可能会降低采食量和胃排空,并通过增加消化酶或胆汁的分泌促进营养物质的消化。胃排空的减少可能会导致食物在瘤胃和小肠中滞留更长时间,有利于营养物质的消化吸收。肠肽信号(直接或间接影响动物胃部运动、胰岛素分泌以及新陈代谢)同样受到下丘脑进食控制中心的调控,调节动物采食行为。

(三)代谢调节

从日粮中获取和从身体储备物质中动员来的代谢产物能够影响动物的采食量,这可能和它们能够在肝脏中的氧化有关。

1.肝脏氧化调节因子

实验室研究表明,肝脏能量物质的氧化能够影响动物采食。氧化产生的信号分子通过肝脏迷走神经传递到大脑进食控制中心,氧化的增加能够减少动物的采食量。各种代谢抑制剂可以提高肝脏迷走神经的放电率,从而增加采食量,而肝脏迷走神经切断术可以阻断多种能量物质对饱腹感的促进作用。研究表明,外周组织中能量物质的氧化活动信号也会通过肝脏迷走神经传递到大脑进食控制中心,影响动物采食量。我们把它称之为肝脏氧化理论(HOT)。

2.肝能量负荷

动物采食行为与最终的肝脏能量状态有关,而与能量物质的氧化和ATP的产生本身并无关系。肝脏的能量状态可以由腺苷酸能荷表示:([ATP]+1/2[ADP])/([ATP]+[ADP]+[AMP]),与磷酸化电位有关,由高能磷酸键产生率(能量物质氧化)和利用率(耗能反应)之间的平衡所决定。肝脏能量状态的增加与肝脏传入迷走神经放电率的降低和饱腹感的产生有关。随着采食间隔期肝脏氧化作用减弱,能量消耗殆尽,肝脏传入迷走神经的放电率增加,动物出现饥饿感,从而开始采食。尽管已经证实了能量物质氧化作用所导致的采食量降低与肝脏能量状态的增加有关，但是肝细胞中能量物质的氧化影响肝脏迷走传入神经放电率的机制尚不清楚。

3.肝脏能量物质的氧化

反刍动物从血液中吸收进入肝脏的能量物质包括NEFA、甘油、乳酸和氨基酸（动员自身储备物质，由其他能量物质代谢产生，或者由日常饮食提供），以及由胃肠道中微生物发酵产生的丙酸和丁酸。以上所有能量物质的氧化均有可能在不同程度上引起动物的饱腹感。而血液中的乙酸和葡萄糖不能被肝脏吸收并利用，因为反刍动物肝脏中针对以上两种物质新陈代谢所需酶的活性较低。与肝脏氧化理论一致，这两种能量物质的氧化对反刍动物采食量降低的影响要远远低于肝脏中其他能量物质。

（1）丙酸在肝脏的氧化　丙酸主要通过淀粉的瘤胃发酵产生。反刍动物肝脏能量物质中，丙酸可能是引起动物饱腹感的一个主要信号分子，因为在动物采食过程中，肝脏中丙酸含量大大增加。采食过程中丙酸盐的产生速率和肝脏进入量主要由采食速率、日粮中淀粉浓度以及瘤胃发酵能力决定。丙酸能够被肝脏有效吸收，当其吸收率大于消耗率（用于葡萄糖合成）且乙酰辅酶A浓度较低时，可以氧化成乙酰辅酶A。当奶牛处于脂肪分解状态，肝脏中乙酰辅酶A浓度升高时，丙酸的氧化得到抑制，成为葡萄糖前体物质。然而，丙酸进入三羧酸（TCA）循环可刺激现有乙酰辅酶A的氧化，生成ATP并增加能量电荷。

大量文献已经记载了输注丙酸盐（丙酸或者丙酸钠盐）对反刍动物采食量的影响。相比较乙酸，丙酸输注绵羊门静脉和牛肠系膜静脉后，更加抑制了采食量，肝脏迷走神经切断术后，消除了丙酸盐对采食量的抑制效果；说明肝脏对能量的氧化以及由此产生的饱腹感的刺激可能对采食行为产生影响。动物的采食行为可能不是为了满足能量需求，而是受到饱腹感和饥饿感的控制。

（2）肝脏中NEFA的氧化　肝脏中NEFA含量的增加可能导致围产期奶牛采食量减少，这和许多研究中所观察到的血浆NEFA浓度与干物质采食量呈负相关性这一现象一致。

NEFA可以在肉毒碱酰基转移酶（CAT1）的作用下与肉毒碱结合，被转运到线粒体中。乙酰辅酶A转运和储存之间的平衡受若干因素的影响,包括肉毒碱的有效性、酶的浓度和活性等。向过渡期奶牛补充肉毒碱能够增加棕榈酸的氧化,降低围产早期奶牛的采食量,这与肝脏氧化理论一致。此外,CAT1能够被丙二酰辅酶A(脂肪酸合成中间体)和甲基丙二酰辅酶A(丙酸代谢中间体)抑制。NEFA进入线粒体后,通过β-氧化产生还原当量($FADH_2$和NADH)。这些还原当量能够产生ATP,增加细胞的能量。然而,需要注意的是,还原当量必须经过氧化磷酸化才能生成ATP。因此,在ATP生成之前,还原当量可能存在停滞累积阶段,不会立刻影响细胞的能量电荷。

每一次的β氧化能够使脂肪酸缩短两个碳原子,产生一分子乙酰辅酶A,$FADH_2$和NADH。该过程循环往复进行,不断产生新的乙酰辅酶A,直到脂肪链上的碳原子全部脱去(奇数脂肪酸最终为丙酰基CoA末端)。生成的乙酰辅酶A进入三羧酸循环(TCA)被氧化或者作为酮体输出。如果乙酰辅酶A在三羧酸循环中被氧化,相当于每一次β氧化循环产生了至少14个ATP,若作为酮体输出,则只产生4个ATP。鉴于此,如果动物采食量受肝脏能量状态控制,那么乙酰辅酶A以酮体形式输出则可以减轻采食量下降情况。

(3)乙酰辅酶A的氧化　乙酰辅酶A是三羧酸循环中的代谢枢纽,它是所有能量物质共同的中间代谢产物,最终被氧化成CO_2和水。在柠檬酸合成酶的催化作用下,乙酰辅酶A与草酰乙酸(OAA)结合形成柠檬酸盐,这是三羧酸循环的第一步。一次采食期间,动物体内乙酰辅酶A的快速氧化能够增加肝脏的能量电荷,从而迅速产生饱腹感,提早结束采食,导致干物质采食总量的下降。乙酰辅酶A的氧化速率可能受TCA循环中间体的影响,该中间体能够提供反应所需要的OAA。由于围产期奶牛对葡萄糖的高需求量,促进了肝脏糖异生,耗尽了TCA中间体,从而降低了乙酰辅酶A的氧化。

乙酰辅酶A的氧化不仅受线粒体TCA中间体浓度的影响,也受中间体三羧酸循环通量的影响。中间体在循环中的反应速度受所需酶浓度和活性的影响。这些酶活性受线粒体氧化还原状态的影响,其活性随着还原当量的积累而降低,具体反映在NAD1/NADH和FAD/$FADH_2$比值的降低上。还原当量由脂肪酸(FA)的β氧化和三羧酸循环中乙酰辅酶A的氧化产生,因此β-氧化速率过高(当血清 NEFA 浓度升高时会发生)会对乙酰辅酶 A 的氧化速率产生负反馈。由此,线粒体 NADH 浓度的升高将抑制乙酰辅酶 A 在三羧酸循环中的通量,导致柠檬酸合成酶催化反应中 OAA 的供应量减少。总之,肝脏氧化乙酰辅酶 A 的能力由中间体总量决定,而中间体总量受其进入率和流出率之间的平衡状态以及整个循环通量的影响(决定于酶浓度和活性以及氧化还原状态)。

(4)TCA 中间体的补充　TCA 中间体周而复始地被消耗和补充,中间体的回补主要是通过丙酸转化成琥珀酰 CoA,以及丙酮酸转化成草酰乙胺。生糖氨基酸可以转化成多种中间体进入循环。乳酸由含有青贮饲料和少量发酵饲料的日粮提供,通过内脏组织、红细胞和肌肉组织中葡萄糖的无氧代谢产生。氨基酸的氧化取决于其供需关系和氨基酸谱。肠道吸收和肌肉动员的氨基酸主要用于蛋白质的合成,氨基酸的过量供应导致其更多地进入三羧酸循环。当氨基酸的供应量超过蛋白质合成的需求量或者蛋白质合成受到单个氨基酸的限制时,进入三羧酸循环的氨基酸大大增加。淀粉在瘤胃中发酵能快速产生丙酸并且被肝脏吸收利用,因此当动物饲喂淀粉饲料时,丙酸可能是补充中间体的重要能量物质。高发酵性淀粉饲料能够极大地提高肝脏中丙酸的含量,增加了能量的摄入。

(5)三羧酸循环反应活性和氧化磷酸化的抑制　在围产期生产实践中,血浆 NEFA 浓度最高时,奶牛采食量也处于峰值;处于脂肪分解状态的奶牛(β-氧化产生大量的还原当量)采食量反而很大。究其原因,其实β-氧化产生的还原当量不会立即参与氧化磷酸化反应而产生 ATP。研究发现,氧化磷酸化反应由线粒体内 CO_2代谢衍生物碳酸盐控制。CO_2 主要来源于三羧酸循环,且不涉及β-氧化。动物采食过程中,CO_2 的产生速率最大,采食结束后开始下降。采食期间快速增加的 CO_2 能够促进氧化磷酸化反应,消耗之前累积的还原当量,增加肝脏能量。因此,采食过程中,肝脏 TCA 中间体含量上升,肝脏能量快速增加。采食结束后,中间体消耗殆尽,乙酰辅酶 A 的氧化和 CO_2 的产生速率也随之下降,从而减少氧化磷酸化反应活性,但是高能磷酸键可以在肝脏合成代谢反应中持续使用。随后,还原当量β-氧化放缓,进入停滞积累期，肝脏能量电荷减少，最终使动物产生饥饿感，进入下一轮的采食。

四、丙酸与脂解状态

动物采食过程中，丙酸盐向TCA中间体的快速转化可能会显著增加肝脏的能量电荷，一方面是因为肝脏中现有乙酰辅酶A的氧化增加，同时累积的还原当量经氧化磷酸化转变成ATP。由于在采食过程中，肝脏的丙酸含量会大幅度升高，导致肝脏能量的快速增加，这可能会降低动物采食量和能量摄入，从而抵消了丙酸作为葡萄糖前体的益处。

由于围产期奶牛肝脏中乙酰辅酶A的浓度较高，其摄入体内的丙酸盐本身几乎不会被氧化，大部分进入三羧酸循环，进行糖异生。乙酰辅酶A能够激活丙酮酸羧化酶，生成的中间产物可以作为葡萄糖前体物质，同时乙酰辅酶A还能抑制丙酮酸脱氢酶复合物，阻止丙酮酸转化为乙酰辅酶A，这是其氧化过程中的重要步骤。然而，如前所述，丙酸进入三羧酸循环后能够刺激现有乙酰辅酶A的氧化，故其对动物采食量的抑制作用会增强。

与泌乳期相比，丙酸对围产期奶牛采食量的抑制作用更为明显，这可能是因为丙酸刺激了乙酰辅酶A的氧化，而这些乙酰辅酶A由NEFA(来自体脂动员)的β-氧化供应。研究发现，将丙酸盐输注入奶牛体内，其对动物采食量的抑制作用与乙酰辅酶A的浓度呈线性关系。因此，尽管丙酸盐是一种重要的葡萄糖前体物质，但在采食过程中，肝脏丙酸盐含量的增加可能会导致处于脂解状态的奶牛采食量下降，且脂解作用越强，采食量的抑制就越明显。

五、奶牛采食量的调控与酮病治疗

NEFA的肝脏氧化可能抑制奶牛采食量，使其易患酮病。因此，成功治疗酮病的关键是降低机体脂肪分解从而促进采食，而不仅仅只是减少酮体的生成。酮病的常见治疗方法包括口服葡萄糖前体物质，包括丙二醇和丙酸钙。丙二醇和丙酸盐的口服治疗酮病原理，可以提供葡萄糖前体物质，丙二醇转变为草酰乙酸，丙酸盐转变为琥珀酰辅酶A，都是TCA中间产物，增加了乙酰辅酶A的氧化，减少酮体产生，但同时抑制了采食量。与丙酸盐相比，丙二醇被肝脏的吸收速度和自身代谢速度较缓，对采食量的抑制较轻。甘油可以转化为二羟基丙酮-磷酸盐，进入糖异生途径，潜在提供葡萄糖，同时不会进入TCA，减少了因增加氧化而抑制采食量的风险。由于甘油和丙二醇是口服，一部分会被瘤胃细菌代谢产生丙酸，形成丙酸盐，因而少量添加丙二醇或甘油是不会提高血糖浓度的，还会被丙酸盐的降低采食量的作用抵消。

丙酸也经常作为酮病治疗的选择之一。丙酸在细胞内能转化为甲基丙二酰辅酶A，抑制CAT的活性，减少NEFA向线粒体的转运，但与此同时，丙酸盐降低了HMG-COA合成酶的活性，减少了乙酰辅酶A向酮体的转化，增加了乙酰辅酶A在三羧酸循环的氧化。因此丙酸在减少NEFA向线粒体转运和增加氧化供能方面是矛盾的。

莫能菌素可选择性抑制革兰氏阳性细菌，改变瘤胃菌群，增加瘤胃丙酸产量并影响反刍动物的新陈代谢。分析表明，莫能菌素显著降低了奶牛体内酮体的浓度，对产后不足30 d的奶牛也有效果。但该药物可能会略微降低采食量，目前对围产期奶牛采食量的影响尚未确定。酮体浓度的降低源于血浆NEFA浓度的降低。与增加瘤胃淀粉发酵能力和将丙酸或丙酸盐前体直接添加到日粮中相比，日粮中添加莫能菌素对采食量的影响更小一些。

维生素B复合物和维生素B_{12}也可以用于酮病的治疗。某些B族维生素可以作为丙酸向葡萄糖转化的辅酶因子。但是，生物素和维生素B_{12}是丙酸盐进入TCA循环的辅酶因子，如果相关酶活性受到这些辅酶因子的限制，那么该治疗方案会导致动物在采食过程中肝脏能量大幅度增加。因此，尽管维生素B复合物和维生素B_{12}可能会增加葡萄糖的产生，但同时它们也可能缩短动物采食时间，从而减少采食量。

奶牛酮病治疗效果具有很大的个体差异。肥胖奶牛在分娩后几天内患酮病的风险更高，并且更加难以治疗。这可能是因为它们具有更高的胰岛素抗性，因此，短期内升高血糖可能不足以降低血浆NEFA浓度以刺激动物食欲。此外，肥胖奶牛患脂肪肝的风险更高，肝功能容易受到损害。而且，即使通过治疗手段升高葡萄糖和胰岛素的浓度能够减少脂肪分解，但随着时间的推移，以甘油三酯的形式储存在肝脏中的脂肪酸会渐渐被氧化，仍会继续抑制动物的采食量。所以,体况过剩奶牛可能需要延长疗程来克服酮病。相反,其他奶牛对于通过静脉注射葡萄糖或者肌内注射糖皮质激素来提高血糖浓度的治疗方案反应良好。体况得分较低的奶牛在泌乳期几周内倾向于自发增加血液酮体浓度,直到产奶最高峰。在这种情况下,奶牛机体脂肪动员,血浆 NEFA 浓度增加,但原因是低血糖引发的低胰岛素症或者应激压力,而不是它们具有更高的胰岛素抗性。当然,它们与高胰岛素抗性奶牛一样,因肝脏 NEFA 氧化的增加而导致采食量降低。对于这些奶牛,短期内增加血糖含量可使胰岛素浓度升高,足以中断脂肪动员,导致采食量增加和血糖的恢复,这也会降低血浆 NEFA 的浓度和酮体的生成,从而减缓动物的食欲下降。

六、围产期代谢紊乱控制策略

如果围产期奶牛的采食量受肝脏能量物质氧化的影响,那么大多数能量物质相关性代谢紊乱发生的根本原因是,在脂肪过度分解状态下,肝脏 NEFA 的流入量大大增加,抑制了奶牛采食量。因此,尽可能降低脂肪分解速率和脂肪分解状态持续时间是减少代谢疾病发生率的关键。降低脂肪分解的方法有控制体况、减小应激压力和调配日粮组成以增加肝脏葡萄糖产生。

(一)体况控制

奶牛体况过剩会导致其采食量降低,能量负平衡增加,患代谢性疾病的风险也会增加。目前,奶牛分娩时最佳体况得分为 3.0～3.5(5 分制)。在不降低产奶量的前提下,管理奶牛身体状况的最佳方法是建立完善的繁育体系,并根据奶牛的生理状态科学分组。能量负平衡的增加会降低奶牛繁殖能力,因此在泌乳早期增加奶牛的能量摄入将有助于改善其繁殖性能并防止泌乳期的延长。按照生理状态对奶牛进行分组也有助于提高其泌乳性能。虽然在奶牛泌乳早期至中期饲喂低填充、高发酵的日粮可以增加其能量摄入和产奶量,但如果在围产期饲喂,则可能会导致奶牛采食量的下降并增加代谢紊乱的风险。此外,虽然该日粮能够提高奶牛的产奶量,但随着泌乳的进行,也会导致奶牛的肥胖。脂肪组织对胰岛素敏感性随着血浆生长激素浓度的下降而增加,并且在泌乳过程中，随着乳腺对葡萄糖需求的减少，血浆胰岛素浓度增加。所以，在可能的情况下，可以使用重组牛生长激素来维持奶牛高产奶量而不会增加其体能储备。泌乳中后期，一旦奶牛体况恢复，应改为维持日粮饲喂，以控制体况，保持产奶量，避免体况过剩。

（二）降低应激压力

应激激素（儿茶酚胺）可以分解脂肪，它们的分泌加剧了过渡期奶牛（低胰岛素和低胰岛素敏感性）的脂解作用，使血浆 NEFA 浓度增加，动物采食量大幅度下降，能量负平衡时间延长。虽然过渡期本身就是一种很大的应激压力，但可以通过良好的管理方式来控制以下因素，包括奶牛的舒适度、社交行为、牛舍环境、分组、饲喂时间等，减少应激。在此期间，管理不善不仅会直接降低奶牛的干物质采食量，还会通过脂肪分解和血浆 NEFA 浓度的增加间接降低奶牛的干物质摄取量。

（三）调配日粮组成，优化分组

针对不同奶牛群调配不同组成的日粮，进一步优化奶牛能量摄入：①分娩前后，影响奶牛采食量的主要因素是肝脏 NEFA 的氧化，这与日粮中丙酸盐的供应有关；②一旦脂肪分解降低，肝脏中 NEFA 流入量减少，那么饲料摄入量将会增加，直到瘤胃的填充效应主导控制采食量；③随着泌乳的进行和产奶量的下降，肝脏能量物质的氧化开始控制动物的采食量，这可能是由于血糖和胰岛素浓度升高对糖异生的负面反馈。

1.分娩后前两周奶牛日粮组成

围产期奶牛与泌乳后期奶牛明显的不同之处在于，它们处于脂解状态，这是由低血浆胰岛素浓度和低组织胰岛素敏感性所造成的。这些奶牛需要葡萄糖前体，日粮中应尽可能包含更高的淀粉浓度。然而，它们对瘤胃的填充效果较差，可供瘤胃消化的量少，这增加了瘤胃酸中毒和真胃变位的风险。高发酵性淀粉饲料能够增加包括丙酸在内的发酵酸的产生，可以刺激肝脏能量物质的氧化，减少动物采食量。发酵酸产量的增加可以使瘤胃 pH 下降，降低纤维消化率，进一步抑制奶牛能量摄入。因此，这个时期的奶牛应限制高发酵性淀粉饲料的采食。对于大多数围产期奶牛来说，这种生理状态一般在分娩后前2周，但对于分娩时体况过剩或者遭受疾病和环境应激压力的奶牛来说，持续时间甚至会更长。高发酵淀粉饲料（如小麦、大麦、低密度蒸汽压片玉米、高水分玉米）应该被限制，以保证日粮中有足够量的淀粉浓度，同时减低瘤胃酸中毒和真胃变位的风险。干磨玉米是非常好的淀粉饲料，能够使日粮中淀粉含量达到22%～26%（以干物质为基础）。由于在此期间奶牛采食量受瘤胃充盈度限制较小，并且需要提供给瘤胃大量可消化物质，因此饲料中中性洗涤纤维的浓度应大于23%，必要时，可使用非饲料纤维来稀释淀粉浓度。饲喂高发酵淀粉饲料时，必须降低淀粉浓度（防止采食量和瘤胃pH下降），这可能会降低奶牛能量摄入。脂肪分解期间，奶牛之间的差异很大，当奶牛血液酮体浓度降低并且采食量受瘤胃充盈度影响时，应换成低填充、高度发酵的日粮饲喂。

2.泌乳早期至中期奶牛日粮组成

围产期之后，奶牛产奶量会继续稳定上升数周，且采食量控制越来越受到瘤胃充盈度的影响。此期间的奶牛对中性洗涤纤维浓度较低（低填充）和高度可发酵淀粉浓度较高的日粮反应良好。虽然淀粉最佳浓度取决于淀粉发酵能力、中性洗涤纤维浓度及对瘤胃底部空间的竞争等，但最好控制在25%～30%的范围内（以干物质为基础）。高淀粉、低填充日粮通常会提高产奶量的峰值并减少奶牛泌乳早期身体状况的损失。在适当时候该类日粮将有助于缩小奶牛机体葡萄糖供应和需求之间的差距，降低奶牛泌乳高峰期自发酮症的风险。但是，随着泌乳期的进行，应该更换低淀粉浓度和高填充日粮进行饲喂，以防止奶牛体况过剩。

3.维持期奶牛日粮组成

维持期日粮的目标是维持奶牛产奶量和身体状况。当奶牛体况评分为3时，应提供维持日粮。这个阶段的奶牛对胰岛素较为敏感，如果继续饲喂高淀粉日粮，其体况评分会继续增加，并且在下一次分娩时患代谢性疾病的风险会增加。当日粮中淀粉浓度高于目前产奶量所需时，会增加奶牛血浆葡萄糖和胰岛素浓度，促进奶牛生长。此外，低产奶牛在饲喂高发酵性日粮时，更易受不饱和脂肪酸生物氢化的影响，能量的分配从牛奶生产转向身体储备。降低日粮淀粉浓度可以限制奶牛体况增加，同时保持并增加动物采食量以及牛奶和乳脂的产量。淀粉的最佳浓度可能在18%～22%之间(以干物质为基础)。应避免使用高度可发酵淀粉饲料(比如高水分玉米、烘焙物、陈玉米青贮饲料)。干玉米是一种非常好的淀粉饲料,因为它在瘤胃中的消化率较低(50%～60%),但在肠道中的消化率较高(>90%)。维持日粮中淀粉含量应足够,但不能超过中性洗涤纤维的浓度,以维持动物干物质摄入量。需要注意的是,饲料纤维来源应该高度易消化;非饲料纤维来源(比如甜菜浆、玉米麸质饲料、豆壳)可将日粮中淀粉稀释到目标浓度。体况得分的实时监测对于及时调整维持日粮中淀粉的浓度是非常有必要的。

围产期奶牛采食量受肝脏能量物质氧化的影响。由于血液胰岛素浓度和组织胰岛素敏感性的降低,奶牛从产前几周开始便处于脂肪分解状态。奶牛采食量下降是由肝脏内大幅度升高的NEFA的氧化所引起的。由于葡萄糖供求关系的平衡,导致血浆胰岛素浓度降低,加上胰岛素抵抗,刺激脂肪的进一步分解,并且随着脂肪分解的增加,奶牛患代谢性疾病和其他健康疾病的风险也会增加。因此,由肝脏NEFA氧化导致采食量下降而引发的脂解状态在奶牛围产期间将持续存在。体况过剩且遭受应激压力的奶牛,因采食量下降更严重,患代谢性疾病的风险也越大。日粮组成与脂解状态相互关联;高度发酵淀粉饲料可快速产生丙酸,通过刺激肝脏氧化来降低动物采食量。科学饲喂可以控制泌乳后期奶牛的体况过剩,并增加产后奶牛的能量摄入,从而降低患代谢性疾病的风险。

第三节　体况评分在围产期奶牛健康评估中的应用

奶牛围产期的最重要生理特点是能量负平衡,是脂肪储备动员的关键期,也是发生能量代谢紊乱的重要风险节点。奶牛能量储备的高低、脂肪组织动员的多少都决定着奶牛能否成功应对能量负平衡的挑战。使用奶牛产前体况评分(BCS)和产后BCS变化量可用来估测围产期奶牛的能量平衡状态。

一、奶牛体况评分概述

奶牛体况评分(body condition score,BCS)是以奶牛体内脂肪沉积为主要依据，用于直接评估奶牛脂肪储备水平，间接评估奶牛能量积蓄程度，衡量奶牛能量代谢状况，可进一步反映牧场牛群的营养管理水平、健康水平、繁殖性能和生产效率等，是奶牛饲养管理中不可缺少的实用工具之一。我国大型牧场大多借助体况评分技术监测牧场的管理，掌握奶牛的营养状况，及时发现并调整饲养管理方案，从而提高奶牛的生产性能，增加牧场经济效益。

(一)奶牛体况评分的发展现状

多年以来，奶牛生产者将体重作为衡量奶牛能量储备的简单方法。但体重比较容易受到分娩、泌乳期、体型、妊娠期及品种等因素的影响。而且，泌乳早期奶牛组织动员的情况可能会被同期采食量的逐渐增加所引起的体重增加所掩盖，因此体重的变化并不能准确反应脂肪储备和脂肪组织动员情况。20 世纪 70～80 年代先后引入多个评价系统，用于对奶牛的能量储备进行主观评价，并对其进行评分，以反映出奶牛的表观肥胖程度，这些分数被称为“体况评分”。研究指出，研究人员为奶牛引入了用于肉牛分级的 BCS(0～5 分制)标准。随后，体况评分系统在世界范围内独立发展，其中英国将其进一步细化为 6 分制，澳大利亚发展为 8 分制，美国则建立了 5 分制，新西兰出台了 10 分制 BCS 系统。但无论使用何种评分制，其分值所代表的动物肥瘦程度均一致，即低值表示消瘦，高值表示肥胖。我国使用最广泛的评分标准是美国的 5 分制 BCS 系统，该系统每 0. 25 分为 1 个增量单位，1. 00 分为最低的分值，反映瘦牛体况，表示严重瘦弱；而最高分值为 5. 00 分，则表示牛体况过于肥胖。

(二)体况评分的有效性和局限性

多项研究总结了 BCS 在能量储量估算中的有效性，认为 BCS 与奶牛身体脂肪比例之间存在强正相关关系。研究显示，针对体脂肪库(肾周脂肪库、肠系膜脂肪库、网膜脂肪库、皮下脂肪库)的几种评价方法进行了评估，认为 BCS 与体脂之间具有较强的相关性，这种相关性仅次于腹部脂肪细胞直径测量所获得的结果。

虽然现代 BCS 系统更加完善与准确，但也必须认识到这些评分系统的局限性。BCS 能较准确的评估奶牛皮下脂肪水平，但对肌肉间及肌肉内脂肪的预测效果相对较差。肌肉间及肌肉内脂肪是机体主要的脂肪储存部位，包含全身脂肪总量的35%～45%。尽管皮下和"内部"贮库中的体脂变化通常是成比例的，BCS在皮下脂肪较少的奶牛中的应用可能不太准确。目前，已经可以运用数字图像处理技术、热成像仪等技术自动进行体况评分，其预测值比专业人员评定分数值的效率、准确度更高，且更具客观性。

二、人工体况评分的方法

体况评分是利用视觉和触觉来评价腰部、臀部和尾根部的脂肪覆盖情况，从1～5进行打分，级差为0.25，在评分之前要准确掌握评分部位的解剖结构，在体况评分中最重要的评定部位是荐骨、坐骨、荐骨韧带、尾基韧带、腰角、髋关节、短肋，主要由于这些部位的脂肪储量和奶牛体内脂肪含量相关。

步骤1　识别奶牛体况评分关键部位　明确奶牛以下的关键识别部位：腰椎横突、髋结节、髋关节、坐骨结节、荐骨韧带、尾根韧带（图5-1）。

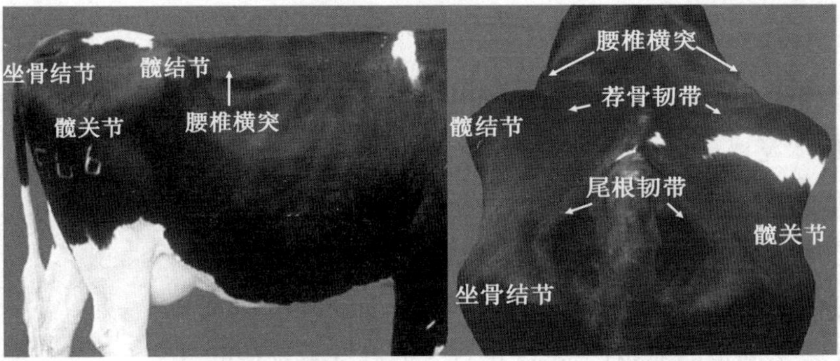

侧面观　　背面观

图5-1　奶牛体况评分的关键识别部位

步骤2　初步评分　体况低于或等于3分与大于3分的区分。

①体况低于或等于3分牛，站在牛的侧面进行观察，髋关节到髋结节和坐骨结节间所呈现的角度呈"V"字形。

②体况大于3分牛，站在牛的侧面进行观察，髋关节到髋结节和坐骨结节间所呈现的角度呈"U"字形。

③不能明确地确定"U"字形或"V"字形，转到牛的屁股后面观察髋关节到

髋结节和坐骨结节间部位，如果角度呈尖角，则奶牛体况评分的分值应该低于或等于 3 分，如果这个部位呈现的形状比较圆润，那么分值就大于 3 分(图 5-2)。

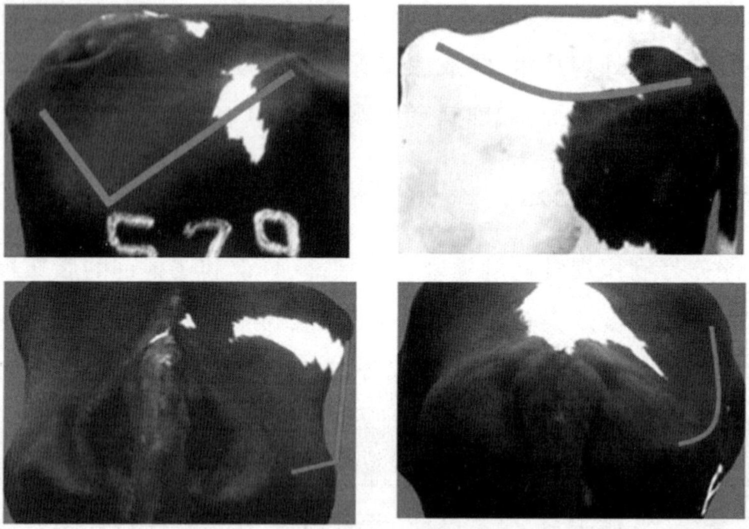

BCS≤3分　　BCS>3分

图 5-2　奶牛体况评分低于或等于 3 分与大于 3 分

步骤 3　体况低于或等于 3 分牛只评分(图 5-3)

■ 体况评分 = 3 分

①髋关节到髋结节和坐骨结节间所呈现的角度呈"V"字形。

②髋结节是圆润的。

③同时满足①和②两个条件，评定为 3 分。

④若不满足以上条件，继续进行 3 分以下牛只评分。

■ 体况评分 = 2. 75 分

①髋结节呈尖角。

②坐骨结节处是丰满的，有明显的脂肪垫。

③同时满足①和②两个条件，评定为 2. 75 分。

④没有明显的脂肪垫，则低于 2. 75 分，继续进行 2. 75 分以下牛只评分。

■ 体况评分 = 2. 5 分

①坐骨结节处没有明显的脂肪垫。

②通过触摸坐骨结节处脂肪的厚度，有脂肪覆盖。

③同时满足①和②两个条件,评定为 2.5 分。

④无脂肪覆盖,则低于 2.5 分,继续进行 2.5 分以下牛只评分。

■ 体况评分 = 2.25 分

①观察腰椎横突和脊椎。

②找到腰椎横突处,目测从腰椎横突末端到脊椎的距离。

③明显可见腰椎横突末端到椎骨是 1/2 的宽度。

④同时满足②和③两个条件,评定为 2.25 分。

⑤若不满足以上条件,继续进行 2.25 分以下牛只评分。

■ 体况评分 = 2 分

①观察腰椎横突和脊椎。

②找到腰椎横突处,目测从腰椎横突末端到脊椎的距离。

③明显可见腰椎横突末端到椎骨是 3/4 的宽度,评定为 2 分。

④对低于 2 分的牛只不做精确的评分。

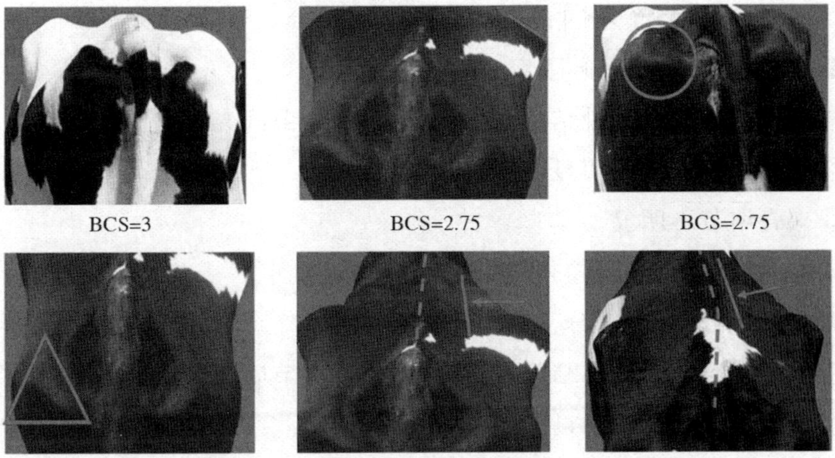

BCS=3　BCS=2.75　BCS=2.75

BCS=2.5　BCS=2.25　BCS=2

图 5-3　奶牛体况评分低于或等于 3 分

步骤 4　体况大于 3 分牛只评分(图 5-4)

■ 体况评分 = 3.25 分

①超过 3 分的牛只,需观察尾根和荐骨韧带。

②可以明显地看见两个韧带,评定为 3.25 分。

■ 体况评分 = 3.5 分

①观察尾根和荐骨韧带。

②有部分尾根韧带被脂肪覆盖，评定为3.5分。

■ 体况评分=3.75分

①观察尾根和荐骨韧带。

②不能看见明显的尾根和荐骨韧带，评定为3.75分。

■ 体况评分=4分

①观察髋关节，腰椎横突，坐骨结节和髋结节。

②观察髋结节和坐骨结节，髋结节和坐骨结节间充满脂肪。

③腰椎横突顶端可见。

④同时满足②和③两个条件，评定为4分。

■ 体况评分=4.25分

①观察髋结节和坐骨结节，髋结节和坐骨结节间充满脂肪。

②隐约可见腰椎横突顶端。

③同时满足①和②两个条件，评定为4.25分。

■ 体况评分=4.5分

①观察髋结节和坐骨结节，髋结节和坐骨结节间充满脂肪。

②腰椎横突顶端不明显。

③坐骨结节不明显。

④同时满足①、②和③3个条件，评定为4.5分。

■ 体况评分=4.75分

①观察髋结节和坐骨结节，髋结节和坐骨结节间充满脂肪。

②腰椎横突顶端不明显。

③坐骨结节和髋结节都不明显。

④同时满足①、②和③3个条件，评定为4.75分。

■ 体况评分=5分

①所有突出的骨头呈现出圆润和脂肪覆盖。

②尾根处有明显脂肪囤积。

③同时满足①和②两个条件，评定为5分。

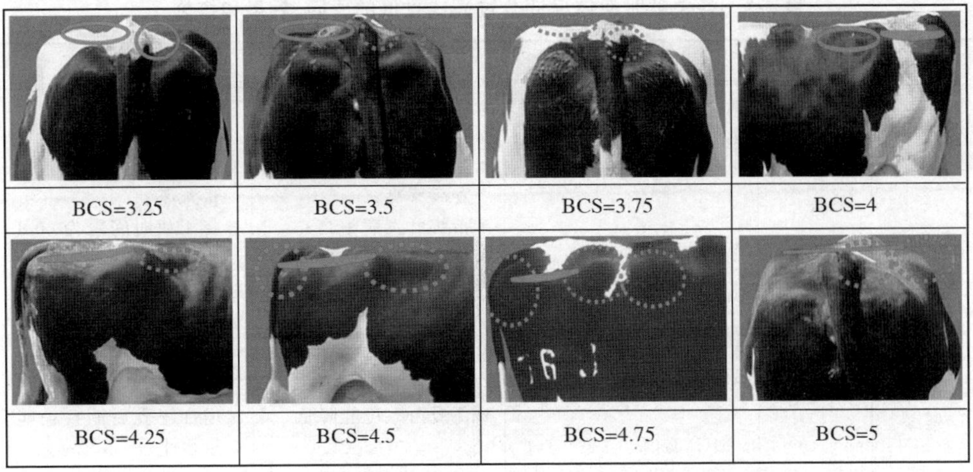

图 5-4　奶牛体况分大于 3 分

三、奶牛在各关键时期适宜的体况评分及纠偏措施

(一)奶牛各关键时期适宜的体况评分

①奶牛产犊前体况处于 3. 25～3. 75 分，由于泌乳早期动用体脂储备维持较高产奶量的需要，造成体重下降。泌乳早期体损失不应超过 50～70 kg（1 分≈55 kg）。

②产后 4～6 周奶牛体况降到最低谷（约 2. 5 分），若 BCS＜2. 5 分则会影响奶牛健康和繁殖性能。随着产奶量的变化和奶牛采食量的增加，体重开始恢复。

③奶牛在泌乳中期体重应得到恢复，200 d 时体况应达到 3 分。

④为下一个泌乳期做好准备就要在泌乳后期（产乳 200 d 之后）关注奶牛的体膘情况（应达到 3. 5 分），确保奶牛获取足够的营养以补充奶牛体内营养储存。

⑤停奶前达到适宜体况 3. 25～3. 75 分，并在干奶期维持体况。

(二)各关键时期体况评分过高或过低的原因、后果和措施

各关键时期体况评分过高或过低的原因、后果和措施见表 5-1。

表 5-1　各关键时期体况评分过高或过低的原因、后果和措施

阶段	评分	原因	后果	措施
分娩时	>3.5	◆干奶期过多脂肪沉积； ◆干奶时体况过肥； ◆干奶期太长	■食欲差； ■产后瘫痪发病率高； ■亚临床或临床性酮病发病率高； ■脂肪肝发病率高； ■胎衣不下发病率高； ■产奶性能不能充分发挥	❖降低干奶期日粮能量水平； ❖降低泌乳后期日粮能量水平； ❖将干奶时间限为 60 d
	<3.0	◆干奶期掉膘； ◆在干奶时体况过瘦	■营养不足时动用的体脂储存不足； ■乳蛋白率可能降低	❖增加日粮能量和蛋白质水平； ❖增加泌乳后期日粮能量水平
泌乳高峰期	>3.0	◆产奶量潜力未发挥	■影响产奶量	❖提高日粮蛋白质水平
	<2.0	◆在产犊时奶牛太瘦； ◆在泌乳早期失重过多	■不能达到潜在产奶高峰； ■第一次配种受胎率低	❖检查奶牛进食量和饲养措施； ❖提高日粮能量水平
泌乳中期	>3.5	◆产奶量低； ◆饲养高能日粮时间太长； ◆易见于采用全混合日粮方式饲养的未分群牛场	■进入泌乳后期可能会太肥； ■下一胎酮病及脂肪肝发病率高	❖降低日粮能量水平或采用泌乳后期日粮； ❖检查日粮蛋白质水平； ❖提早将牛转至低产牛群饲养
	<2.5	◆泌乳早期失去的体况未能及时得以恢复	■影响产奶和繁殖性能	❖提高日粮能量水平或按泌乳早期能量水平进行饲养，避免过早降低日粮能量浓度
泌乳后期	>4.0	◆日粮中精料过多，能量水平太高	■干奶及产犊时过肥； ■难产率高； ■下一胎次的泌乳早期食欲差，掉膘快； ■下一胎次酮病及脂肪肝发病率高； ■下一胎次繁殖率低	❖减少精料比例，降低日粮能量水平
	<3.0	◆泌乳中期日粮能量水平偏低； ◆泌乳早期奶牛失重过多	■长期营养不良； ■产奶量低，牛奶质量差	❖检查日粮中能量、蛋白是否平衡； ❖提高泌乳中期日粮能量水平

续表 5-1

阶段	评分	原因	后果	措施
干奶期	＞4.0	◆泌乳后期日粮能量水平； ◆未能及时配种	■由于储存在骨盆内的脂肪会堵塞产道，难产率高	◈调整泌乳后期日粮能量水平； ◈考虑淘汰； ◈如已出现脂肪肝，应在干奶期减少能量摄入
	＜3.0	◆泌乳后期未能达到理想体况	■产犊时体况差，为维护产奶及牛奶质量动用了过多的体脂储存	◈提高泌乳后期日粮能量水平； ◈提高干奶期日粮能量水平

三、体况评分与奶牛生产性能

多年来，奶牛选育的主要关注点一直是产奶量。多项研究证实奶牛产奶量的增加与脂肪组织中脂解酶活性的增强，以及与体脂动员相关基因表达量增加有关，由此断定能量储备是牛奶生产的关键组成部分。然而，BCS 和 BCS 的变化与产奶量之间的相关性并不明确，有的数据还得出相反的关系。如有研究报道了 BCS 与产奶量的正相关，也有的研究报道了两者之间的负相关。这些看似矛盾的结果表明 BCS 与产奶量之间可能存在非线性关联。

人们普遍认为奶牛 BCS 与 DMI 呈负相关。产后 BCS 的损失以及负能量平衡的严重程度随着分娩 BCS 的增加而增加。在确定最佳 BCS 时，必须考虑 BCS 对 DMI 的影响。但是目前 BCS 对 DMI 的影响机制尚未完全揭示。由脂肪细胞分泌的瘦素被认为是调控 DMI 的主要信号，但瘦素的表达和分泌受外部环境以及对代谢状况敏感的其他激素系统的调控。

但多数文献提出了能够获得最高奶产量的最佳分娩 BCS 值为 3.0～3.5，高于此值就会出现产奶量和乳蛋白的降低(尽管乳脂率与 BCS 存在正相关)，建议分娩后 BCS 的损失不应超过 0.5～1.0 个 BCS 单位。分娩和泌乳早期 BCS 通常与乳脂和乳蛋白含量呈正相关。

四、体况评分与奶牛健康

尽管越来越多的公众认为体况较差的牛的福利会受到损害，但几乎没有研究支持或反驳这一假设。之前的研究表明，奶牛的过度肥胖以及由此导致的产后更多的 BCS 损失会损害健康以及导致淋巴细胞和肝功能的改变，由此我们认为奶牛的能量平衡/状态和健康之间存在一定的关系，瘦牛或负能量平衡严重的牛更容易受到感染，而奶牛健康状态不佳时会导致干物质摄取量降低，由此引发身体组织动员加大，以满足产奶量的需求，进而影响到奶牛体况。

大多数围产期代谢性疾病源于奶牛体况评分的过度下降、营养不良或者代谢状态未能从妊娠期向哺乳期过渡。越来越多的证据表明，奶牛健康状况和日常管理之间存在着联系，操作不当可能会引发奶牛代谢性疾病（如脂肪肝、产乳热、酮病）和其他感染性疾病。

（一）BCS 与围产期奶牛脂肪肝

脂肪肝，或者称为肝脂肪变性，可能是围产期奶牛体况过剩相关的代谢紊乱造成的。当肝脏对 NEFA 的摄取超过其氧化和分泌速度时，会导致肝脏中 TAG 的过度积累，这主要发生在奶牛产后前 4 周的某些时间点。脂肪肝通常发生在分娩时体况过剩的奶牛中，导致其干物质摄取量急剧下降，并发生不可逆转的能量负平衡状态。然而，脂肪肝也可能发生在体况未过剩的奶牛身上。据报道，高达 50%的奶牛在泌乳早期会受到脂肪肝的困扰。

从生物化学的角度来看，牛肝脏酯化 NEFA 的速率与单胃动物类似，但是反刍动物肝脏输出 TAG 的速率要显著低于其他动物。这一特征是造成奶牛产后几周肝脏 TAG 持续累计的原因。

（二）BCS 与围产期奶牛产乳热

研究显示，BCS 和奶牛产乳热发生率之间的非线性关系。与分娩时体况得分为 3 的奶牛相比，分娩时体况得分小于 2.5 或大于 3.5 的奶牛患产乳热的概率分别增加了 13%和 30%。分娩时体况过剩的奶牛更易患产乳热可能是由奶牛产后干物质摄取量的下降和组织储备分解代谢导致产奶量的增加共同造成的。但分娩时体型过瘦奶牛（BCS＜2.5）产乳热发生率增加的原因尚不清楚，因为一般来说，分娩前处于能量负平衡状态的奶牛比营养过剩的奶牛能够更有效地控制血钙浓度。所以，上述现象可能反映了过瘦奶牛整体健康状态不佳，没有维持血钙的能力，而不是低体况得分本身对血钙的影响。

(三)BCS 与围产期奶牛酮症

据报道,奶牛分娩时体况得分和分娩后体况得分损失率之间存在着中度相关性,这意味着分娩时体况过剩的奶牛在泌乳早期会动员更多的脂肪。由于产前体况过剩会导致产后干物质摄取量下降,产奶量的升高使得乳糖需求增加(导致肝脏糖异生),肝脏草酰乙酸可能成为 FA 氧化的限制因素,FA 和酮体将会积累。与此一致的是,其他研究报道了与分娩时体况得分为 3.25 的奶牛相比,分娩时体况得分大于 3.5 的奶牛患酮症的风险加倍。分娩时体况得分为 3.0 并在产后进行限饲的奶牛,其血浆 BHB 浓度要比分娩时体况得分为 2.85 并同样进行产后限饲的奶牛高 50%～100%。这些数据以及分娩时奶牛体况得分增加 0.25 就能使酮症的发病率增加 1 倍的现象表明,奶牛对体况得分的微小差异非常敏感。

(四)BCS 与围产期奶牛感染

据报道,分娩时体况得分较高的奶牛在泌乳期间发生临床乳腺炎的概率更高。然而,也有研究认为较瘦的奶牛患子宫炎的风险更大。这表明 BCS 与感染之间的关系是非线性的,BCS 得分极端的奶牛感染的风险更大。目前尚不清楚为什么泌乳早期肥胖奶牛更容易出现高体细胞数指征和临床乳腺炎。但值得注意的是,酮症更容易发生在分娩时体况过剩的奶牛身上而酮症的发生使得奶牛更易患临床乳腺炎。由此我们推测奶牛肥胖导致的代谢紊乱与感染性疾病之间存在一定的联系。另外感染与 BCS 之间的关系因奶牛胎次的不同而呈现出不同的相关性。据报道,首次和第 2 次分娩的奶牛泌乳早期 BCS 和 SCC 之间表现出负相关性,而第 3 次及 3 次以上分娩奶牛则表现出正相关性(即 SCC 随着产后 BCS 的增加而增加)。据以上研究结果我们推测,年轻奶牛在过瘦的情况下更易发生感染和炎症,而分娩时体况过剩(BCS＞3.5)引发的代谢紊乱增加了奶牛患乳腺炎的风险。

五、BCS 与胰岛素抵抗

胰岛素以及组织对胰岛素的敏感性在调节组织间能量分配以及调控脂肪

生成和脂肪分解的平衡方面起着核心作用。在奶牛由怀孕后期到泌乳早期的过渡阶段，胰岛素抵抗（IR）的发生发展是一个重要谐调适应过程。该机制有助于奶牛在营养和能量缺乏的条件下，通过促进外周组织（主要是脂肪组织）中的能量储备的释放，减少外周组织对葡萄糖的利用，保证泌乳的需求。一般来说，胰岛素会激活体内负责能量储存的通道，如葡萄糖摄取、脂肪生成和糖生成等。在脂肪组织中，胰岛素信号转导开始于胰岛素与其受体（INSR）的结合。由此产生的细胞内级联反应主要通过 PI3K/AKT/mTOR 通路促进胰岛素依赖型葡萄糖转运体 4 的表达、易位和与细胞膜融合，进而诱导脂肪组织对葡萄糖的摄取。而胰岛素抵抗会抑制脂肪组织对葡萄糖的摄取，促进脂肪分解，过度的脂解会导致血液中高浓度的 NEFA 和 β-羟基丁酸（beta hydroxybutyric acid，BHBA）积聚，从而导致奶牛健康问题。奶牛营养水平是影响胰岛素敏感性和胰岛素信号通路的重要因素。已知产前肥胖或高 BCS 的奶牛在围产期间更容易发生脂肪过度动员，并与泌乳早期代谢紊乱的发生有密切的关系。以前的研究表明过度饲喂或 BCS 较高的奶牛会呈现出更为显著的胰岛素抵抗。最近的研究认为肥胖奶牛的脂肪组织在产前呈现出显著的胰岛素抵抗，与 $GLUT_4$ 的生成减少有关，而奶牛 BCS 并未影响产后脂肪组织的胰岛素抵抗。

第四节　过瘤胃胆碱对围产期奶牛代谢的调控

在分娩之前的最后 10～5 天，奶牛的脂肪代谢在发生急剧变化，特别是在泌乳启动后，能量需求大大增加，加上激素水平的变化和食欲的降低，导致产后奶牛立即出现能量负平衡状态，引起脂肪组织储备的分解和动员。据报道，血液循环中 NEFA 浓度和肝脏中甘油三酯（TAG）增加 5～10 倍。尽管产前最后 3 周奶牛肝脏氧化能力提高了 20%，大量 NEFA 流入肝脏还是超过了肝脏的氧化功能和分泌酯化脂肪酸的功能。

肝脏在协调脂肪酸代谢过程中起着中心作用。在肝脏中，NEFA 可以完全或不完全氧化，而后者导致酮体的形成。肝脏也将 NEFA 转化为甘油三酯（TAG）。为了从肝脏中将 TAG 释放出来，TAG 被包装成低密度脂蛋白

(VLDL)。低密度脂蛋白主要是在肝脏中合成的，由一个内生合成的 TAG 和外面包被的极性磷脂和载脂蛋白 B-100、C 和 E 组成。

过度的脂肪动员可能会刺激肝脏中的脂肪酸酯化。当这种增加的酯化不能通过增加 VLDL 的合成和释放来平衡，TAG 可能在肝脏积累，发生奶牛肝脏脂质症，又称为脂肪肝。另外，肝脏不能利用过多的 NEFA 作为燃料，会导致酮病发生，酮体的产生和分泌增加，其中主要包括 β-羟丁酸、乙酰乙酸和少量的丙酮。50%～60%的过渡期奶牛经历中度到重度的脂肪肝和酮病，给奶牛健康和福利带来严重的挑战。

为了防止脂肪肝的发生，有必要采取措施促进肝脏中 VLDL 的合成，增加肝脏 TAG 的释放。胆碱是 VLDL 的重要组成成分，可促进 VLDL 的合成，同时还可作为肉毒碱的甲基供体加快肝脏脂肪酸的 β 氧化，降低肝脏脂肪沉积。在生产实践中，胆碱已经在养殖业上广泛应用。国内外较多研究报道证实了日粮添加胆碱对猪和鸡的增产效果；也有研究证明胆碱是未成年羔羊和犊牛的必需养分。由于反刍动物具有瘤胃，饲喂胆碱时面临瘤胃微生物的分解破坏作用，使日粮中胆碱对泌乳奶牛的生产性能几乎起不到任何的添加效应，因此目前大多研究通过过瘤胃技术对饲料中的胆碱进行处理，使其能够通过瘤胃被瘤胃后消化系统吸收，提高胆碱的利用率。

一、围产期奶牛脂肪肝的发生

(一)围产期奶牛肝脏的代谢途径

由于泌乳的启动，奶牛分娩时的能量需求增加。由于脂肪组织动员以支持泌乳，分娩后 NEFA 的循环浓度立即增加。产犊时，肝组织对输入的 NEFA 的酯化能力增加，肝组织中 TAG 的浓度升高直至产后 1 天。由于 NEFA 的摄入超出了肝脏的氧化能力和 VLDL 的分泌能力，脂肪肝综合征在过渡奶牛中很常见(图 5-5)。

按肝湿重中 TAG 的百分比，可以对脂肪肝进行分类。通常，TAG 占肝湿重的比例小于 1%，但轻度、中度和重度脂肪肝的比例分别为 1%～5%、5%～10%和＞10%。

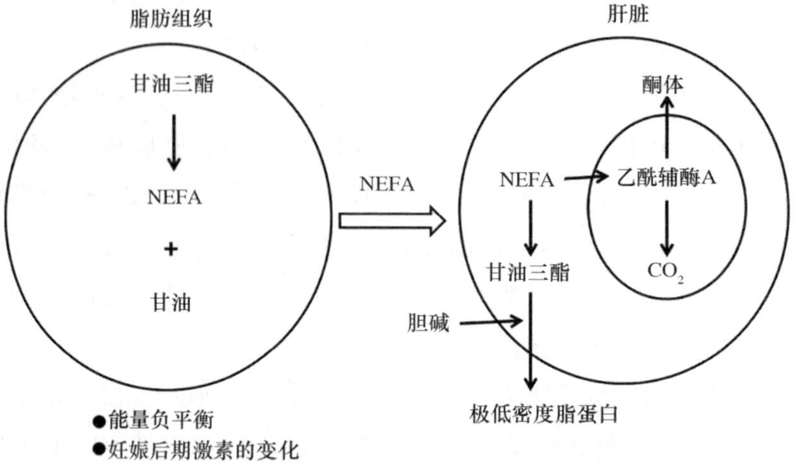

图 5-5　肝脏中脂肪的代谢途径及胆碱的作用

(二)脂肪肝奶牛肝脏的分子和形态学变化

患病奶牛肝脏的大体形态学和细胞特征受到影响而改变,肝脏因实质内的胞质脂滴积累而增大和肿胀。肝脏的颜色由暗红色变为淡黄色。肝细胞表现出多种形态学变化,包括:增大;线粒体损伤;核压缩和体积减小,DNA 从中心向边缘迁移;粗面内质网体积减小;细胞器数量减少。

肝细胞完整性和功能的改变导致细胞坏死和细胞渗漏。脂肪肝奶牛,特别是处于严重状态奶牛的肝酶,如天冬氨酸转氨酶(AST)、γ-GT,肌酸激酶(CK)和乳酸脱氢酶(LDH)的循环浓度升高。血浆中胆红素(胆红素、胆酸和胆汁酸)浓度增加,表明脂肪肝奶牛胆汁流量减少。

对嗜中性粒细胞/巨噬细胞有趋化作用的肝脏血清淀粉样蛋白 A1(SAA1)表达的变化反映了免疫功能的改变。脂肪组织中脂质的动员与促炎细胞因子和 SAA1mRNA 的表达呈正相关,说明脂质动员诱导了炎症反应。同时,炎症也促进了肝脏中 TAG 的聚集,这可能是脂肪肝奶牛葡萄糖生成减少的原因。

二、胆碱在奶牛代谢中的作用

(一)胆碱的结构来源与生理功能

1. 结构来源

尽管有人将胆碱归类为B族维生素复合物的一员，但它不符合维生素的条件，因为胆碱的需要量较多，不是酶反应的辅因子，可以内生合成。由于瘤胃微生物的广泛降解，反刍动物体内的胆碱生物利用度非常低(<30%)。然而，胆碱可以在肝脏中由蛋氨酸合成。因此，代谢池中的蛋氨酸水平是决定不同代谢途径中胆碱生物利用度的重要因素。

胆碱是β-羟乙基三甲铵的羟化物，纯品为无色、黏滞、微带鱼腥味的强碱性液体，可与酸反应生成稳定的结晶盐，具极强的吸湿性，易溶于水，对热很稳定，在干燥环境下可长时间贮存，但在碱性条件下不稳定，饲料工业中用的氯化胆碱为吸湿性很强的白色结晶，易溶于水和乙醇，水溶液pH近中性(6.5～8)。

天然存在脂肪都含有胆碱，含脂肪的饲料都可提供一定数量的胆碱，蛋黄(1.7%)，腺体组织粉(0.6%)、脑髓和血(0.2%)是最丰富的来源，绿色植物、酵母、谷实幼芽、豆科植物籽实、油料作物籽实、饼粕含量丰富，玉米含胆碱少，麦类含胆碱量比玉米高1倍。反刍动物可在肝脏合成胆碱，丝氨酸在吡哆醛的作用下脱羧成为乙醇胺并逐步甲基化为胆碱，合成胆碱的甲基由S-腺苷蛋氨酸转移而来。天然胆碱和日粮中补充胆碱在瘤胃中均能被大量水解，瘤胃微生物降解胆碱生成乙醛和三甲胺，并最终生成甲烷，因此在反刍动物肠道中几乎没有可吸收的胆碱。

2. 生理功能

(1)保证信息传递　胆碱磷酯介导信息传递，研究认为膜受体接受刺激可激活相应的磷脂酶而导致分解产物的形成。这些产物本身即是信号分子，或者被特异酶作用而再转变成信号分子。

(2)构成生物膜的重要组成成分　胆碱是细胞膜的重要组成部分，主要以卵磷脂(磷脂酰胆碱，PC)和溶血磷脂酰胆碱的形式存在，在细胞结构和活动中起着至关重要的作用。

(3)促进脂肪代谢　胆碱对脂肪有亲和力,可促进脂肪以磷脂形式由肝脏通过血液输送出去或改善脂肪酸本身在肝中的利用,并防止脂肪在肝脏里的异常积聚。

(4)促进体内转甲基代谢　在机体内,能从一种化合物转移到另一种化合物上的甲基称为不稳定甲基,该过程称为酯转化过程。体内酯转化过程有重要的作用,诸如参与肌酸的合成对肌肉代谢很重要、肾上腺素之类激素的合成并可甲酯化某些物质使之从尿中排出。胆碱是不稳定甲基的一个主要来源,蛋氨酸、叶酸和维生素 B_{12} 等也能提供不稳定甲基。因此,需在维生素 B_{12} 和叶酸作为辅酶因子帮助下,胆碱在体内才能由丝氨酸和蛋氨酸合成而得。不稳定甲基源之间的某一种可代替或部分补充另一种的不足,蛋氨酸和维生素 B_{12} 在某种情况下能替代机体中部分胆碱。

胆碱是甲基代谢中甜菜碱的直接前体。作为甲基供体,胆碱参与了涉及叶酸和维生素 B_{12} 的转甲基化反应,如蛋氨酸和肉碱合成和 DNA 甲基化。磷脂酰胆碱(PC)合成受甲基供体生物利用度,代谢池中胆碱和蛋氨酸水平的影响。有研究表明补充饲喂过瘤胃蛋氨酸的奶牛,PC 在 VLDL 的合成中发挥更大的作用。因此,确保饮食中含有足够的蛋氨酸是至关重要的。此外,胆碱还通过参与乙酰胆碱的合成而参与胆碱能神经系统。有研究认为,饲喂胆碱和蛋氨酸缺乏的饲料,会导致维生素浓度的减少,其中包括抗坏血酸,α 和 γ-生育酚(维生素 E)和视黄醇,可能会导致上皮细胞感染、肌肉变性、肝损伤和对感染的抵抗力降低。最具生物活性的维生素 E,即 α-生育酚,需要通过肝脏合成的 VLDL 运输到组织中利用,包括红细胞、脂肪组织、心脏和骨骼肌。因此,胆碱对动物的一般健康,尤其是免疫有间接影响。

三、过瘤胃胆碱添加与生产性能

有关在围产期奶牛日粮中添加 RPC 对其产奶量影响的报道并不一致,可能跟过瘤胃胆碱开始添加的时间、添加持续时间、添加水平和试验牛的体况水平等因素有关。某项研究显示在围产前期至产后 28 天这一时期,日粮中添加过瘤胃胆碱(14 g/d)可显著提高奶牛分娩后 60 天内的产奶量,且饲喂过瘤胃胆碱的奶牛比未饲喂的奶牛平均每天多产奶 1.2 kg，对于肥胖奶牛（BCS≥4.0）的效果更显著，饲喂 RPC 组的平均每天产奶量比未饲喂 RPC 组多 4.4 kg。这一现象表明，将 RPC 应用到围产期奶牛的生产中可提高奶牛的生产性能，且有持续的效果。国外对 11 项研究的数据分析表明，当过瘤胃胆碱添加量超过 40 g/d（>10 g/d 的氯化胆碱）时，过瘤胃胆碱的添加量与产奶量呈正相关。

蛋氨酸是泌乳牛的限制性氨基酸，饲粮中添加蛋氨酸可提高产奶量，改善乳成分。蛋氨酸和胆碱在机体内作为一种重要的甲基供体，它们可以相互转化，所以在奶牛日粮中添加过瘤胃胆碱理论上会对乳成分产生影响。研究发现，RPC 具有提高乳脂率或乳蛋白率的作用，也有研究发现 RPC 能够同时提高乳脂率和乳蛋白率。有研究在产前 21 天至产后 42 天的奶牛日粮中添加 60 g RPC（有效胆碱为 14.4 g），结果发现添加 RPC 对奶中所含乳蛋白、乳脂和乳糖的比例无影响。关于 RPC 对奶牛乳脂率影响的作用机理尚不清楚，可能是提高了体内可合成乳脂肪的前体物质乙丁酸的比例，也可能是由于胆碱动员体内脂肪和脂肪酸的运输，提高了肝脏能力，满足了奶牛泌乳时期对能量的需求。

四、过瘤胃胆碱对能量代谢的调控

血浆中 BHBA 和 NEFA 的浓度常被用作奶牛能量状况的指标。有的研究也指出过瘤胃胆碱没有对血清 NEFA 浓度产生影响，也有研究认为过瘤胃胆碱添加降低了血液 NEFA 浓度。血浆 NEFA 浓度的降低似乎并不是因为脂解水平的降低，而可能归因于细胞内 NEFA 缓冲和运输的改善、以及碳水化合物代谢能力的提高等。有些研究发现过瘤胃胆碱添加对围产期奶牛血液 BHBA 浓度有降低的效果，这归因于胆碱在肝脏基因网络促进 VLDL 合成和输出中发挥的积极作用。胆碱促进围产期奶牛的能量平衡的途径可以归纳为以下 3 个方面：①降低血液瘦素水平，进而提高干物质采食量，增加碳水化合物、蛋白质（氨基酸）等营养物质的摄入量；②加快肝脏脂肪转运，缓解肝脏代谢压力，增强肝脏糖异生能力，最终促进机体葡萄糖营养平衡；③促进肝脏脂肪酸的 β 氧化，增加能量供应。

五、过瘤胃胆碱对奶牛健康的影响

有研究在分娩前25天至分娩后80天之间，每天补充60 g过瘤胃胆碱(含15 g氯化胆碱)，可降低临床酮症的发生率和发病率，也可降低乳腺炎的发生率。也有人在妊娠的最后21天补充15 g胆碱/d的奶牛，胎衣不下的发生率较低，但补充了RPC的奶牛发烧的发生率更高，更容易患子宫炎。过瘤胃胆碱对奶牛免疫功能的影响及其机制还有待于进一步研究。研究表明，维生素E在血液循环中主要以VLDL的形式运输，因此，胆碱可能通过调控VLDL的合成而提高奶牛维生素E水平，进而增强机体抗氧化能力，但这方面的研究还比较少。有研究在产前14天开始在饲粮添加20 g/d RPC(试验期45 d)可提高奶牛血浆维生素E水平，这提示围产期添加RPC还可提高奶牛抗氧化功能，但这需要更多的试验支持。

综上所述，胆碱是神经递质乙酰胆碱的重要营养物质，对神经递质乙酰胆碱、细胞膜结构和功能以及肝脏VLDL合成具有重要作用。在泌乳早期出现能量负平衡的奶牛，由于肝脏无力应对大量的NEFA流入，会发展为中度至重度脂肪肝综合征。补充胆碱可以补充膳食胆碱，以满足日益增长的合成PC的需求，涉及TAG从肝脏输出。考虑到天然膳食胆碱的广泛的反刍性降解，以及在过渡时期大量的FA流入肝脏，我们有理由假设过渡时期的奶牛体内胆碱缺乏。为了支持这一假设，补充RPC可以减少过渡时期奶牛肝脏中标记的积累。在过渡牛中，RPC补充的好处已经在动物水平(增加产奶量)、器官水平(减少肝标记)和细胞水平(增加MTTP和ApoB100 mRNA的表达)上观察到。需要进一步研究以确定过渡时期奶牛的RPC的最佳饮食水平，并更准确地阐明胆碱的作用机制。

第五节　围产期奶牛代谢紊乱早期预警与群体监测技术

资料表明，有30%～50%的围产期奶牛会不同程度受到各种代谢病的影响。围产期奶牛通过谐调机制，如提高肌肉、脂肪组织的胰岛素抗性，来满足胎儿或乳腺组织的营养需求，但随之带来一系列健康风险因素，包括泌乳初期的采食量减少、能量负平衡、体脂大量动员、低血钙、免疫功能降低、子宫感染等。预测或早期监测围产期奶牛健康问题，做好疾病风险评估，及时做好预防控制措施，是保障围产期奶牛健康的有效途径。

一、围产期奶牛代谢紊乱早期预警技术

（一）临床监控预警

临床监控措施主要包括临床发病记录、采食量、产奶量和体况评分等数据的搜集、整理和分析。虽然规模化牛场已将上述数据的搜集、整理作为日常性工作内容，但大多数仅停留在表面，或者仅与相关人员的奖惩相联系，缺乏对数据的综合分析。围产期奶牛健康监控的重要意义还没有充分体现。

1. 临床发病记录

准确获取围产期奶牛临床发病数据是围产期健康监测评估的起点。临床疾病通常只是健康问题的“冰山一角”，反映的是潜在的、限制生产性能的健康问题流行情况。例如，泌乳初期临床酮病发病率通常为 5%～10%，而亚临床酮病的发病率约为 40%。牛场需要重点记录在特定阶段奶牛难产/助产、胎盘滞留、产后瘫痪、子宫炎、真胃变位、酮病发病率，以及泌乳早期淘汰或死亡的发生率。如果集中管理的牛群在泌乳阶段发病率超过以下标准时，需要对动物的发病模式及风险因子进行调查：助产/难产＞20%，胎盘滞留＞10%，产后瘫痪＞2%，子宫炎＞10%，真胃变位＞3%，临床酮病＞10%。助产/难产比例过大应考虑产前体况过肥或胎犊体重过大，胎衣不下发病率高应考虑产前饲料维生素及微量元素是否缺乏，产前高钙日粮等会导致产后瘫痪的发病率升高。

监测酮病的发病时间还可以为预防性措施指明方向。如果酮病集中发生于产后两周，需将干奶期奶牛的体况控制在中等水平，避免干奶前期过度摄入能量，并提高分娩前最后阶段的干物质采食量；如果酮病集中发生于产后 3～6 周，预防措施应重点放在提高新产牛的采食量上；如果酮病发生于泌乳 2～3 周之后，可能与不能满足高奶产量所需的营养需求，或者饲喂了发酵不完全饲料或富丁酸饲料有关。目前证据表明，大多数亚临床酮病发生于产犊后前

两周。因此，以亚临床酮病监测为目的的监测计划应该集中在产后的前2周。

2.采食量

保证足够的采食量对于保证奶牛围产期健康及随后的繁殖至关重要。监测奶牛产前和产后早期阶段奶牛干物质采食量是非常有必要的。目前，准确监测每头奶牛采食量的技术还仅限于科学研究，但是可以通过测定牛群平均采食量的数据来反映牛的采食情况，比如，当某日首次饲喂前饲料残余量小于2%，说明当前的自由采食量不能满足牛群中所有奶牛的需要。目前，自动获取奶牛个体干物质采食量的监控系统或替代性评估采食量是否足够的反刍监控系统已经研发并投入使用，相信在未来会广泛应用到商业化牛场。

3.产奶量

正常情况下，产奶量会在泌乳早期迅速增加，而持续的增加则要依赖于良好的健康状况和充足的采食量。虽然泌乳初期奶牛日产奶量会受到天气、日粮变化、转群等非健康因素的影响出现变异，但产奶量的降低通常发生在临床疾病出现之前。因此，在泌乳前几周监测产奶量是找出临床疾病或亚临床健康问题奶牛，筛选奶牛早期疾病的有效途径。

4.体况评分

体况评分可以快速、简单地对奶牛能量代谢状况或身体肥胖程度进行精确估计，反映出奶牛几周前的营养、代谢情况和其他健康史。许多研究揭示了体况评分与健康、生殖的关系。产犊时肥胖的奶牛，或者泌乳早期的体况评分下降1个点或更多的奶牛，出现不良后果的风险更高。目前，体况评分已成为牛场饲养管理中重要的一项指标。通过体况评分数据做出体况评分报告，分析查找造成体况不正常的原因，并对日粮能量水平做出合理调整。由于体况评分是由技术人员通过视觉和触觉来完成，主观因素较强，只有业界统一体况评分标准，加强技术人员的培训与交流，才能充分发挥体况评分的优势。

5. 直肠温度

评估并筛选出子宫疾病高风险奶牛，并采取及时的治疗措施是围产期奶牛监控的重要内容。子宫炎的诊断主要依据以下症状中的两点：恶臭出现，发热和全身性表现（沉郁、厌食和产奶量下降）。产后7～10天每天监控新产牛的直肠温度可以增加子宫炎的诊断率。为了提高新产牛子宫健康问题的检出率，有必要通过培训提高牛场兽医人员的技术水平和经验值，评估奶牛的各种行为表现。牛场亚临床子宫内膜炎是非常普遍的，影响到奶牛的繁殖性能。但亚临床子宫内膜炎的早期快速诊断技术还有待于进一步研究提高。

(二)实验室监控预警

所有奶牛在围产阶段都会发生能量负平衡。不能很好地适应能量负平衡的奶牛就会使奶牛发生围产期代谢疾病的风险加大。通过实验室手段检测游离脂肪酸和β-羟丁酸的循环浓度可以衡量奶牛是否成功适应了能量负平衡。

1. *游离脂肪酸*

游离脂肪酸的浓度反映了奶牛脂肪组织的动员情况和干物质采食量。在能量负平衡、干物质采食量不足的情况下，体脂动员产生的过量游离脂肪酸，或者被肝脏摄取完全氧化为能量和二氧化碳，或者合成极低密度脂蛋白输出肝脏，进入乳腺组织。当游离脂肪酸的供应超过肝脏处理能力时，游离脂肪酸就会以甘油三酯形式在肝脏沉积，或者转变为酮体，形成脂肪肝或酮病。在预产期前的最后7～10天内，高浓度游离脂肪酸(＞0.4 mmol/L)会产生巨大风险：真胃左方变位的发病风险增加2～4倍；60个泌乳日之前淘汰的风险增加2倍，整个泌乳期淘汰的风险增加1.5倍。在产后2周，游离脂肪酸＞0.6 mmol/L与胎衣不下、子宫炎或真胃变位的风险增加有关；游离脂肪酸＞0.7 mmol/L与经产奶牛空怀时间增加和泌乳期产奶量降低有关。

在产前1周采集血样并检测血清或血浆中游离脂肪酸浓度的方法对于评估围产期奶牛健康是非常有用的。目前，游离脂肪酸的检测还需要在实验室完成，迫切需要应用于牛场的游离脂肪酸现场快速检测方法。正常情况下，游离脂肪酸浓度在产前2～4天开始增加，在分娩后的第3天升到高峰。但有代谢疾病风险的奶牛游离脂肪酸浓度升高的幅度会加大，升高的时间提前。

2. *β-羟丁酸*

酮体是脂肪酸在肝脏氧化的中间代谢产物，来源于脂肪酸到乙酰辅酶A的不完全氧化。β-羟丁酸是血液中比较稳定的、主要的酮体，是脂肪在肝脏中是否彻底氧化的主要指示物，也与疾病、泌乳和繁殖有着密切的关系。在产后第 1 周，β-羟丁酸＞ 1 200 μmol/L 时，患子宫炎的风险增加 3 倍以上，临床酮病的风险增加 4～6 倍；β-羟丁酸＞ 1 400 μmol/L 时，产奶量下降 1.9 kg/d；在产后第 2 周，β-羟丁酸＞2 000 μmol/L 时，产奶量下降 3.3 kg/d。β-羟丁酸浓度的升高还会导致奶牛不排卵或者怀孕间隔延长等繁殖障碍问题。

二、围产期奶牛群发性营养代谢病早期诊断技术

(一)酮病和亚临床酮病的早期诊断技术

传统的奶牛酮病诊断主要依赖临床症状和尿、乳酮体的检测。尿、乳酮体检查主要是检测乙酰乙酸，因其化学性质不稳定易于氧化，且含量不如 β-羟丁酸高，以致尿液酮体检查的结果敏感性高但特异性差，存在假阳性；而乳汁酮体检查特异性高但敏感性低，存在假阴性。血液 β-羟丁酸含量被认为是酮病评价的"金标准"。国外将血液 β-羟丁酸浓度 1 200～1 400 μmol/L 作为亚临床型酮病的诊断标准。目前已有商品化的快速检测仪应用于血 β-羟丁酸的现场检测。由于昼夜和采食都是 β-羟丁酸变异的主要因素，采样需在每天的相同时间点进行，以确保检测条件和检测结果判定的一致性。

(二)脂肪肝早期诊断技术

肝组织活检技术是目前奶牛脂肪肝诊断唯一可靠的方法。但是由于肝组织活检属介入性诊断技术，很难为奶牛场的管理者所接受，在很大程度上限制了其应用。可用于脂肪肝检验诊断的血液生化指标主要包括能量代谢指标(如 NEFA、BHBA)、蛋白代谢指标(如白蛋白、总蛋白)、肝机能指标等。肝脏超声作为一种非介入性诊断技术有可能成为奶牛脂肪肝诊断的手段和方法。酮粉法作为早期诊断脂肪肝的初选方法，肝功能异常可作为诊断脂肪肝的辅助方法，两者结合可作为奶牛脂肪肝的实用、有效和准确的早期诊断方法，准确率可达 80%。

(三)低血钙症的早期诊断技术

亚临床低血钙无临床症状，其诊断需要血钙浓度的定期检测。如血钙浓

度在 8.5 mg/dL 或者更低，且无明显临床症状，即可判定为亚临床低血钙。奶牛在产犊后 12～24 小时血液钙离子浓度最低。有条件的牛场需要建立奶牛产后亚临床低血钙的监测体系。国外学者建议，在产犊后 12～24 小时，对不同年龄奶牛采样，用 30% 的发病率作为临产期奶牛亚临床低血钙问题的分界线。一旦超过该限度，就需进行产后亚临床低血钙的防控。

(四)亚急性瘤胃酸中毒早期诊断技术

目前，诊断亚急性瘤胃酸中毒的唯一方法是根据牛群常规的监测和相关疾病发病率的记录，以及异常的临床常用参数。瘤胃炎、采食量减少、蹄叶炎、真胃变位和真胃溃疡、瘤胃臌气及繁殖障碍等疾病的发病率增加应考虑牛群存在亚急性瘤胃酸中毒。监视亚急性瘤胃酸中毒的症状，如粪便发亮淡黄色，有甜酸味，有泡沫，含多量未消化纤维和谷物，以及鼻出血，淘汰和死亡率显著增加。监测临床常用参数如瘤胃液参数，pH≤5.8，可诊断为亚急性瘤胃酸中毒。

三、围产期群发性营养代谢病群体监测技术

(一)群体营养代谢监测指标

1.能量平衡监测指标

评价奶牛能量平衡的指标主要包括体质量、体况评分、背部脂肪的厚度、血浆 β-羟丁酸(BHBA)、非酯化脂肪酸(NEFA)和葡萄糖浓度等。BHBA 是最常用的指标，但敏感性稍差，而且可来自食物。血清 NEFA 浓度是能量负平衡所致的脂肪动员的结果，直接反映脂肪组织分解程度。

2.蛋白质营养状态监测指标

蛋白质营养状态监测通常应用血液尿素氮(BUN)、肌酐、总蛋白、白蛋白和肌酸激酶(CK)等多个参数共同评估蛋白质状态。血浆 3-甲基组氨酸浓度和超声测定背最长肌厚度可用于评价肌蛋白动员情况。

3.矿物质营养状态评价的指标

矿物质营养状态评价关注最多的元素包括 Ca、P、K、Mg、Cl、S 等。上述

元素与生产瘫痪及母牛躺卧不起综合征的发生有关。机体内环境调控机能正常时，血液中元素浓度不能反映日粮状态。产犊前后血钙浓度对钙调控系统的机能状态和产犊后超过2周的临床或亚临床低钙血症可能是有用的指标。

(二)代谢性疾病的监测

1. 血液代谢物

常用的血液代谢物主要是反映能量代谢状态的指标，如NEFA和BHBA等。一般认为产前2周血清NEFA浓度和产后2周内血清BHBA浓度与代谢疾病的发生、产奶量、繁殖性能和淘汰率有较大的关系。血清NEFA和BHBA浓度的临界阈值是根据其产前产后浓度的变化与之后围产期代谢疾病发生的相关性确定的。监测指标的阈值分别是：血清NEFA浓度产前7～10天为>0.4 mmol/L，产后为0.57 mEq/L(mmol/L×原子价)；血清BHBA浓度产后第1周、第2周为>1.2～1.4 mmol/L。第1周、第2周期间最大的血清BHBA表达与低产奶量、低乳脂率和低乳蛋白率相关。对产奶量的影响起于产后第1周、第2周血清BHBA的浓度分别为≥1.2 mmol/L和≥1.4 mmol/L。

对表现亚急性瘤胃酸中毒相关临床症状(如跛行、瘦弱、群淘汰和死亡率高)的牛群应测定瘤胃液pH，监测亚急性瘤胃酸中毒的发生情况；对那些泌乳初期真胃变位发病率高或淘汰率高的牛群，应检测泌乳早期血液BHBA浓度，监测牛群亚临床酮病的患病率。对泌乳3周有亚临床酮病的牛群，应考虑检测临近分娩牛的血清NEFA浓度，以确定临近分娩牛的能量负平衡状态。通过检测分娩当天奶牛血钙浓度有助于及早发现亚临床低钙血症。

2. 饲养管理参数

许多饲养管理因素可影响围产期代谢疾病的发生。常纳入监测范围的危险因素涵盖牛群特征、营养因素、环境和管理因素。牛群特征涵盖品种、胎次、年龄、体况、产奶量等因素；营养因素主要是指日粮组成及营养水平；环境、管理因素包括季节、气候、舍饲、放牧、运动、干乳期长度及产前挤奶等因素。

3. 样品的采集

监测牛群产前、产后1～2周营养代谢状态有助于围产期代谢病的早期诊断和预测。亚临床酮病患病率一般在泌乳前 6 周最高，峰值出现在泌乳第 2 周。测定泌乳早期血液 BHBA 监测牛群亚临床酮病的患病率可适用于所有的牛群，尤其是泌乳初期真胃变位发病率高和淘汰率高的牛群。监视分娩当天牛的低钙血症可用于奶牛机体钙稳态的早期监测。有研究采用每 10 天标准在围产期疾病发生率高的牛群能检出体况过剩，低白蛋白、胆固醇和镁，及高 NEFA 血症的牛，能发现群和个体的代谢异常，可成功用于围产期奶牛。

在样本数量方面，通常按每群每一泌乳阶段的牛不少于 7 头牛，对于较大的牛群每一泌乳阶段的样本数量可增至 12 头。

应尽可能选择同一泌乳阶段具有代表性的体况一般的牛，不可选择体况过高或过低的牛。对于更换饲料的牛群，应在 2 周后待瘤胃活性完全恢复后进行。采食影响血液生化指标的改变，特别是喂饲过多精料的牛，应在挤奶后 2 h 采样。

参考文献

[1] 曹宇，张洪友，夏成，等. 浅析维生素 E 对奶牛健康的影响[J]. 黑龙江畜牧兽医，2016(3)：69-72.

[2] 陈清华，贺建华. 奶牛微量矿物质元素的营养需要[J]. 中国奶牛，2003(1)：20-24.

[3] 程园. 关于奶牛的矿物质营养[J]. 贵州畜牧兽医，1995，19(1)：43-46.

[4] 初汉平. 奶牛钙、磷营养需要研究进展[J]. 湖北畜牧兽医，2007(2)：18-20.

[5] 代迎春. 围产期奶牛血清中抗氧化酶活性与铜锌锰镁含量变化规律的比较研究[D]. 呼和浩特：内蒙古农业大学，2007.

[6] 戴丽梅，阮兆晶，马长华，等. 硒锌联合应用对奶牛抗氧化功能影响的试验[J]. 中国奶牛，1999(6)：21-22.

[7] 刁其玉. 奶牛规模养殖技术[M]. 北京：中国农业科学技术出版社，2003.

[8] 杜春梅，孙福昱，蒋林树，等. 饲粮中添加硫胺素缓解奶牛亚急性瘤胃酸中毒的研究进展[J]. 动物营养学报，2019，31(2)：530-535.

[9] 范铤. 日粮中 NDF 水平及粗饲料 NDF 降解率对奶牛采食量及生产性能的影响的研究[D]. 泰安：山东农业大学，2014.

[10] 冯群. 硒在奶牛养殖中的作用[J]. 中国畜牧兽医文摘，2014(3)：182.

[11] 付辑光，高艳霞，李妍，等. 饲粮铜水平对奶牛生产性能、养分表观消化率及血清生化指标的影响[J]. 动物营养学报，2018，30(8)：3005-3016.

[12] 高民，温雅俐，杜瑞平. 反刍动物生产中碳、氮、磷、钾的减排问题[J]. 畜牧与饲料科学，2011，32(9-10)：94-95.

[13] 郭爱伟，熊春梅，万海龙，等. 矿物质营养对奶牛繁殖性能的影响[J]. 中国奶牛，2008(9)：29-32.

[14] 郭勇庆,屠焰,张乃锋,等. 中国饲料磷推荐水平及磷酸盐应用现状和优化分析[J]. 中国农业科学,2018,51(3):581-592.

[15] 郭勇庆. 日粮中快速降解淀粉比例对奶牛瘤胃发酵、泌乳性能和乳脂组成影响的研究[D]. 北京:中国农业大学,2012.

[16] 郝志敏,王梦芝,王龙,等. 硫胺素对体外培养奶牛瘤胃微生物发酵的影响 [J].上海畜牧兽医通讯,2011(5):5-7.

[17] 何宝祥,江精华,李恭贺,等.奶牛酮病的监测研究[J].中国畜牧兽医,2006(1): 27-29.

[18] 侯引绪. 规模化牧场奶牛保健与疾病防治[M]. 北京:中国农业科学技术出版社,2017.

[19] 侯玉洁,徐俊,李伟红,等. 烟酸在反刍动物中的应用研究进展[J]. 广东饲料,2014,23(12):35-37.

[20] 姜雅慧,卜登攀,杨红建,等. 不饱和脂肪酸在瘤胃氢化的微生物学机制研究进展[J]. 华北农学报,2015(A1):376-382.

[21] 蒋亚军,周凌云,赵芸君,等. 灌注烟酸、核黄素对奶牛生产性能和血液参数的影响[J].中国畜牧兽医. 2011(9):10-15.

[22] 金穗华,刘桂霞,刘阳春. 铜元素与公牛的繁殖性状[J]. 浙江畜牧兽医,1991(2):4-6.

[23] 冷静,刘鸿,朱仁俊,等. 蒸汽压片玉米、烟酸和蛋氨酸锌对泌乳早期奶牛血液生化指标和酮体阳性率变化的影响[J]. 中国饲料,2010(17):15-18.

[24] 李建国,韩永利,李秋凤,等. 烟酸对高温环境中奶牛生产性能和血清生化指标的影响[J]. 动物营养学报,2006(3):154-159.

[25] 李建军. 反刍动物微量元素铜营养[J].饲料研究,1999(11):19-22.

[26] 李绍钰,吴胜耀. 有机铬改善高温季节下奶牛生产性能的研究[J]. 中国奶牛,1999(5):18-19.

[27] 李文立,陆治年. 锌对黑白花种公牛精液品质及某些生化指标的影响[J].饲料研究,1997(7):6-8.

[28] 李新.奶牛的维生素营养[J]. 草食家畜,2002(3):38-40.

[29] 李鑫,李佃场,刘刚,等. 浅析微量元素在奶牛生产中的重要性[J]. 畜牧兽医杂志,2007,26(4):43-46.

[30] 李忠鹏. 奶牛肢蹄病患牛体内矿物元素和氧化应激指标的变化[D]. 泰安:山东农业大学, 2014.

[31] 廖智慧,陈志军,贾敬亮,等. 复方中药与烟酸合用对热应激奶牛生产性能及部分生理指标的影响[J]. 中国兽医杂志,2018,54(8):48-49.

[32] 刘阳,杨昕涧,杜红方,等. 反刍动物对磷的利用[J]. 动物营养学报,2018,30(9):3403-3409.

[33] 刘国文,李心慰,李小兵,等. 奶牛生产疾病的早期诊断及群体监测[J]. 中国兽医学报,2014,34(9):1544-1550.

[34] 刘宏峰,王中华,李福昌. 奶牛产乳热的发生机理与营养预防措施[C]. 中国畜牧兽医学会第七届养牛学分会 2009 年学术研讨会论文集,2009.

[35] 刘明珠,瞿明仁,欧阳克蕙,等. 玉米-棉籽粕-稻草型日粮中添加烟酸对锦江黄牛体外瘤胃发酵的影响[J]. 中国饲料,2013(9):13-15.

[36] 刘旭. 奶牛养殖中被忽视的常量矿物元素-钾、镁和硫[J]. 新疆畜牧业,2008(2):12-14.

[37] 刘雨田. 微量元素锌的营养学研究进展[J]. 饲料博览,2000(5):14-15.

[38] 刘振. 日粮磷水平对奶牛生产性能及磷排放的影响[D]. 杭州:浙江大学,2010.

[39] 刘宗平. 现代动物营养代谢病[M]. 北京:化学工业出版社,2003.

[40] 卢娜,宗学醒,王雅晶. 不同类型维生素 D_3 对奶牛产奶性能、血液指标及钙磷代谢的影响[J]. 动物营养学报,2018,30(8):2997-3004.

[41] 美国国家科学研究委员会. 奶牛营养需要(第 7 次修订版)[M]. 孟庆翔译. 北京:中国农业大学出版社,2002.

[42] 齐长明. 奶牛疾病学[M]. 北京:中国农业科学技术出版社,2006.

[43] 钱伟东,高阳,夏成,等. 奶牛瘤胃酸中毒早期诊断及防治的研究进展[J]. 黑龙江畜牧兽医,2015 ,6(11):47-52.

[44] 石军,孙德文,陈安国. 微量元素硒的生物学功能及其应用[J]. 兽药与饲料添加剂,2002,7(1):34-37.

[45] 双金，包俊生，杨双喜，等. 硫酸钠对奶牛增乳效果的研究[J]. 中国饲料，1999(3)：14.

[46] 隋君霞，丰艳妮，田文儒. 围产期奶牛低钙血症发病机制研究进展[J]. 中国兽医杂志，2018，54(11)：61-63.

[47] 田桂平. 反刍动物维生素营养研究进展[J]. 中国农业信息，2017(06下)：42-45.

[48] 王殿生. 高产奶牛矿物营养学特性[J]. 中国奶牛，1990(4)：22-24.

[49] 王洪荣. 反刍动物瘤胃酸中毒机制解析及其营养调控措施[J]. 动物营养学报，2014，26(10)：3140-3148.

[50] 王加启. 现代奶牛养殖技术[M]. 北京：中国农业出版社，2006.

[51] 王菊花，卢德勋，冯宗慈，等. 添加烟酸条件下绵羊瘤胃发酵底物降解动力学变化特征[J]. 中国草食动物，2008，28(6)：7-10.

[52] 王俊东，刘奇，刘桂林，等. 补硒对后备奶牛若干生理生化指标的影响[J]. 畜牧与兽医，1992(3)：99-100.

[53] 王龙，郝志敏，余徐润，等. 硫胺素对诱导型奶牛慢性瘤胃酸中毒的影响[J]. 上海畜牧兽医通讯，2012(2)：2-7.

[54] 王小龙. 畜禽营养代谢病和中毒病[M]. 北京：中国农业出版社，2009.

[55] 王秀. 矿物质营养对母畜繁殖性能的影响[J]. 黄牛杂志，2004，30(6)：30-31.

[56] 韦子海，王迪铭，刘建新. 反刍动物日粮中非纤维性碳水化合物营养代谢的研究进展[J]. 中国畜牧杂志，2018，54(5)：6-10.

[57] 吴建设，呙于明，杨汉春，等. 微量元素铜的营养与免疫研究进展[J]. 国外畜牧科技，1999(4)：5-8.

[58] 吴卫杰. 萨福克羊和蒙古羊饲喂瘤胃缓释胶丸前后体内集中矿物质元素及其相关酶变化的比较研究[D]. 呼和浩特：内蒙古农业大学，2006.

[59] 吴心华，孙文华. 奶牛健康养殖技术[M]. 银川：阳光出版社，2013.

[60] 郗伟斌，颜卉，李国勇. 高产奶牛的营养代谢疾病[J]. 辽宁畜牧兽医，2001(3)：41-43.

[61] 夏成，徐闯，吴凌. 奶牛主要代谢病[M]. 北京：科学出版社，2015.

[62] 徐峰,梁金平. 奶牛日粮中矿物元素的作用[J]. 养殖技术顾问,2008(3):29-31.

[63] 徐晓锋,张力莉. 奶牛营养代谢与研究方法[M]. 银川:宁夏人民出版社,2016.

[64] 杨凤. 动物营养学[M]. 北京:中国农业出版社,2000.

[65] 杨耐德,高振华,黄晓亮,等. 烟酸对热应激条件下奶牛生产性能、血清离子浓度的影响[J]. 中国畜牧兽医,2010(7):21-24.

[66] 杨卫国,李常福,闵向波. 奶牛日粮的配合原则与方法[J]. 养殖技术顾问,2009(11):37.

[67] 杨运玲,丁雪,刘薇,等. 日粮纤维在奶牛饲养中的应用[J]. 黑龙江畜牧兽医,2018(2):158-159.

[68] 姚军虎,曹斌云,窦铖,等,锌对青年牛生长发育的影响[J]. 西北农业大学学报,1996,24(4):55-58.

[69] 于倩楠.微量元素和抗氧化剂对奶牛生产性能和营养代谢的影响[D]. 武汉:华中农业大学,2013.

[70] 袁雪,曲永利,韩云胜,等. 不同类型过瘤胃脂肪对泌乳前期奶牛体况及生产性能的影响[J]. 中国畜牧杂志,2016,56(7):40-45.

[71] 张凡建,李丹,孙健,等. 围产期奶牛炎性反应与代谢紊乱[J]. 中国兽医杂志,2018,54(9):66-68.

[72] 张凡建,乔立东,王明利,等. 围产期奶牛代谢健康的监控措施分析[J]. 中国兽医杂志,2017(6):72-74.

[73] 张骞,赵国琦,邬彩霞. PeNDF 水平对泌乳中后期奶牛产奶性能的影响[J].饲料工业,2010,31(9) : 33-35.

[74] 张鹏,林雪彦,苏鹏程,等. 生物素补饲量对泌乳中国荷斯坦牛生产性能及肢蹄健康的影响[J]. 畜牧兽医学报, 2014(8):1288-1294.

[75] 张萍. 奶牛钙的营养需要[J]. 乳业科学与技术,2001(3):33-36.

[76] 张庆茹. 动物生理学[M]. 北京:中国农业科学技术出版社,2007.

[77] 赵术帆,张晓明,咸玉龙,等. 过瘤胃保护烟酸对奶牛生产性能的影响及经济效益分析[J]. 中国奶牛,2012(11):10-15.

[78] 赵芸君,孟庆翔. 日粮添加烟酸对活体外瘤胃发酵和纤维降解的影响[J]. 中国农业大学学报,2006(5):46-50.

[79] ALHAVA E M, OLKKONEN H, PUITTINEN J, et al. Zinc content of human cancellous bone[J]. Acta Orthopaedica Scandinavica, 1977, 48(1): 1.

[80] ALLEN M S, PIANTONI P. Metabolic control of feed intake: implications for metabolic disease of fresh cows[J]. Veterinary Clinics of North America Food Animal Practice, 2013, 29(2):279-297.

[81] ANDRIEU S. Is there a role for organic trace element supplements in transition cow health? [J]. Veterinary Journal, 2008, 176(1):77-83.

[82] BOECKAERT C, MORGAVI D P, JOUANY J P, et al. Role of the protozoan Isotricha prostoma, liquid- and solid-associated bacteria in rumen biohydrogenation of linoleic acid[J]. Animal, 2009, 3(7): 961-971.

[83] BOURNE N, WATHES D, LAWRENCE K, et al. The effect of parenteral supplementation of vitamin E with selenium on the health and productivity of dairy cattle in the UK [J]. Veterinary Journal, 2008, 177(3): 381-387.

[84] BOUWSTAR R, NIELEN M, STEGEMAN J, et al. Vitamin E supplementation during the dry period in dairy cattle. Part I: Adverse effect on incidence of mastitis postpartum in a double - blind randomized field trial [J]. Journal of dairy science, 2010, 93(12): 5684-5695.

[85] BRADFORD B J, YUAN K, FARNEY J K, et al. Invited review: inflammation during the transition to lactation: New adventures with an old flame[J]. Journal of dairy science, 2015, 98(10):6631-6650.

[86] CASTAGNINO D S, KAMMES K L, ALLEN M S, et al. Particle length of silages affects apparent ruminal synthesis of B vitamins in lactating dairy cows[J]. Journal of dairy science, 2016, 99(8):6229-6236.

[87] CHANG X, MOWAT D N, SPIERS G A. Carcass characteristics and

tissue-mineral contents of steers fed supplemental chromium[J]. Canadian Journal of Animal science, 1992, 72(3):663-669.

[88] CONTRERAS G A , STRIEDER-BARBOZA C , RAPHAEL W. Adipose tissue lipolysis and remodeling during the transition period of dairy cows[J]. Journal of Animal Science and Biotechnology, 2017, 8 (1):41.

[89] DAWSON R M, KEMP P. The effect of defaunation on the phospholipids and on the hydrogenation of unsaturated fatty acids in the rumen[J]. Biochemical Journal, 1969, 115(2):351-352.

[90] DE KOSTER J D, OPSOMER G. Insulin resistance in dairy cows[J]. Veterinary Clinics of North America Food Animal Practice, 2013, 29 (2):299-322.

[91] DRACKLEY J K. Biology of dairy cows during the transition period: the final frontier? [J]. Journal of dairy science, 1999, 82(11):2259-2273.

[92] EDWARDS H D, ANDERSON R C, MILLER R K, et al. Glycerol inhibition of ruminal lipolysis in vitro[J].Journal of dairy science,2012, 95(9): 5176-5181.

[93] ORENT E R, MCCOLLUM E V. Effects of deprivation of manganese in the rat[J]. Journal of biological chemistry, 1931, 92(3):651-678.

[94] GAO X, OBA M. Effect of increasing dietary nonfiber carbohydrate with starch, sucrose, or lactose on rumen fermentation and productivity of lactating dairy cows[J]. Journal of dairy science, 2016, 99(1): 291-300.

[95] GORDON J L, LEBLANC S J, DUFFIELD T F. Ketosis treatment in lactating dairy cattle[J]. Veterinary Clinics of North America Food Animal Practice, 2013, 29(2):433-445.

[96] HUWS S A,KIM E J,KINGSTON-SMITH A H,et al. Rumen protozoa are rich in polyunsaturated fatty acids due to the ingestion of chloroplasts [J].FEMS Microbiology Ecology,2009,69(3) : 461-471.

[97] JENKINS T C. Lipid metabolism in the rumen[J]. Journal of dairy science, 1993, 76(12):3851-3863.

[98] LACASSE P, VINET C M, PETITCLERC D. Effect of prepartum photoperiod and melatonin feeding on milk production and prolactin concentration in dairy heifers and cows[J]. Journal of dairy science, 2014, 97(6):3589-3598.

[99] LEAN I J, VAN SAUN R, DEGARIS P J. Energy and protein nutrition management of transition dairy cows[J]. Veterinary Clinics of North America Food Animal Practice, 2013, 29(2):337-366.

[100] LI J Y,ZHANG L W,HAN X E,et al. Effect of incubation conditions and possible intestinal nutrients on cis-9,trans-11 conjugated linoleic acid production by Lactobacillus acidophilus F0221[J]. International dairy journal, 2013,29(2) : 93-98.

[101] MAIA M R,CHAUDHARY L C,FIGUERES L,et al. Metabolism of polyunsaturated fatty acids and their toxicity to the microflora of the rumen[J]. Antonie Van Leeuwenhoek,2007,91(4) : 303-314.

[102] MAROUNEK M,SKRIVANOVA V,SAVKA O. Effect of caprylic, capric and oleic acid on growth of rumen and rabbit caecal bacteria[J]. Journal of Animal and Feed Sciences,2002,11(3): 507-516.

[103] MILLER J K , BRZEZINSKA-SLEBODZINSKA E, MADSEN F C. Oxidative stress, antioxidants, and animal function[J]. Journal of Dairy science, 1993, 76(9):2812-2823.

[104] NRC. Nutrient requirement of dairy cattle. US Academy of Science, Washington, D C. 1996.

[105] NRC. Nutrient requirement of dairy cattle. US Academy of Science, Washington, D C. 1998.

[106] NRC. Nutrient requirement of dairy cattle. US Academy of Science, Washington, D C. 2011.

[107] PARADIS V, KOLLINGER M, FABRE M, et al. In situ detection of

lipid peroxidation by-products in chronic liver diseases[J]. Hepatology, 2010, 26(1):135-142.

[108] PLAIZIER J C, SHUCONG L, GOZHO G, et al. Minimizing the risk for rumen acidosis[C]. Tri-state Dairy Nutrition Conference. 2014.

[109] POLITIS I. Reevaluation of vitamin E supplementation of dairy cows: bioavailability, animal health and milk quality[J]. Animal, 2012, 6 (9): 1427-1434.

[110] ROCHE J R, KAY J K, PHYN C V C, et al. Dietary structural to nonfiber carbohydrate concentration during the transition period in grazing dairy cows [J]. Journal of dairy science, 2010, 93 (8): 3671-3683.

[111] SCHWAB E C, SCHWAB C G, SHAVER R D, et al. Dietary forage and nonfiber carbohydrate contents influence B-vitamin intake, duodenal flow, and apparent ruminal synthesis in lactating dairy cows [J]. Journal of dairy science, 2006, 89(1):174-187.

[112] SHAHSAVARI A, D'OCCHIO M J, AL JASSIM R. The role of rumen-protected choline in hepatic function and performance of transition dairy cows[J]. British Journal of Nutrition, 2016, 116(1):35-44.

[113] SORDILLO LM, RAPHAEL W. Significance of metabolic stress, lipid mobilization, and inflammation on transition cow disorders [J]. Veterinary Clinics of North America Food Animal Practice, 2013, 29 (2):267-278.

[114] SPEARS J W, KEGELY E B. Influence of Zn proteinate on performance and Carcass Characteristics of steers[J]. Journal of animal science,1994, 72(2):12.

[115] TAFAJ M, SCHOLLENBERGER M, FEOFILOWA J, et al. Relationship between thiamine concentration and fermentation patterns in the rumen fluid of dairy cows fed with graded concentrate levels[J]. Journal of Animal Physiology and Animal Nutrition,2006,90 (7/8) : 335-343.

[116] WALLER K P. Mammary gland immunology around parturition[M]. Biology of the Mammary Gland. Springer, 2002.

[117] WEISBJERG M R, WIKING L, KRISTENSEN N B, et al. Effects of supplemental dietary fatty acids on milk yield and fatty acid composition in high and medium yielding cows[J]. Journal of dairy research, 2008, 75(2):142-152.

[118] WEISS W P, HOGAN J S, TODHUNTER D A, et al. Effect of vitamin E supplementation in diets with a low concentration of selenium on mammary gland health of dairy cows[J]. Journal of Dairy Science, 1997, 80(8): 1728-1737.

[119] ZOM R L G, VAN BAAL J, GOSELINK R, et al. Effect of rumen-protected choline on performance, blood metabolites, and hepatic triacylglycerols of periparturient dairy cattle [J]. Journal of dairy science,2011,94(8):4016-4027.